機械構造振動学

MATLABによる有限要素法と応答解析

小松敬治 著

森北出版株式会社

本書に掲載されているサンプルプログラムは，
下記のURLからダウンロードできます．
http://www.morikita.co.jp/soft/66611/

●本書のサポート情報を当社Webサイトに掲載する場合があります．
下記のURLにアクセスし，サポートの案内をご覧ください．

https://www.morikita.co.jp/support/

●本書の内容に関するご質問は，森北出版 出版部「(書名を明記)」係宛
に書面にて，もしくは下記のe-mailアドレスまでお願いします．なお，
電話でのご質問には応じかねますので，あらかじめご了承ください．

editor@morikita.co.jp

●本書により得られた情報の使用から生じるいかなる損害についても，
当社および本書の著者は責任を負わないものとします．

■本書に記載している製品名，商標および登録商標は，各権利者に帰属
します．

■本書を無断で複写複製（電子化を含む）することは，著作権法上での
例外を除き，禁じられています．複写される場合は，そのつど事前に
(一社)出版者著作権管理機構（電話03-5244-5088，FAX03-5244-5089，
e-mail:info@jcopy.or.jp）の許諾を得てください．また本書を代行業者
等の第三者に依頼してスキャンやデジタル化することは，たとえ個人や
家庭内での利用であっても一切認められておりません．

まえがき

　本書は機械構造物の振動についての考え方と解析法を述べたものである．学部学生のレベルでは本書の内容のようなレベルの講義が行われることは少ないのが現状であろう．しかし，就職して現実の機械の設計・製造に関われば構造解析・強度解析・振動解析を行わざるを得ない．とくに解析で使う道具としては汎用の有限要素法プログラムとなるが，どういう解析の流れになるのか具体的にわかっていなければ入力データの作成も危うく，得られた結果の解釈にも困ることであろう．最近の市販のプログラムでは初歩的な教科書にはのっていないような用語がどんどん出てくるありさまである．

　本書はこのような現状を考慮して，大学での講義と現場第一線の技術者で必要とされる知識との間を埋めるべく企画した．したがって意欲のある学部学生，大学院生，現場技術者を読者として想定している．ただし頁数の少ない本であるので，網羅的な記述はやめて，他書で手薄な重要基本項目に絞って十分に説明したつもりである．

　工学では数値が出せて初めて設計製造できるものであるので，理論だけで終わることなく数値も出せるよう配慮した．そのため，いたるところで計算プログラムリストが出てくるが，これは理論式だけでは十分に説明できない具体的な解析手順を示したものである．プログラム言語としてはMATLABを使っているが，無料で入手できるOctave, Scilab, MaTXでもほんの少しの修正で実行できるプログラムを掲載した．

　内容は前半において構造力学を有限要素法的手法で説明し，後半において構造振動の応用について述べた．有限要素法の入門書は多く出版されているが，機械構造物の解析に要求される薄板構造の実際的な教科書が少ないことを考え，プログラムとしては平面板の曲げ振動と3次元骨組構造の振動のプログラムリストを示した．骨組構造のプログラムに三角形板曲げ要素と平面要素を組み込めば実用的な汎用プログラムとなるが，市販のプログラムの教育版で同様の解析はできるので，ここではそれらをばらばらにした個別プログラムを示すことによってブラックボックスとなっている市販の汎用ソフトの内部でどのようなことが行われているかを示すにとどめている．

　後半で力を注いだのはランダム振動に関する部分である．これは往年のランダム振動に関する教科書が洋書を含めて今日ほとんど入手できなくなっていることを考慮し，他の部分とのバランスを壊すくらい詳しく説明した．この他，シェル構造の振動，実験

的モード解析，液体の振動，弾性体と制御との干渉など書きたいことはたくさんあったが頁数の都合で見送った．

　振動学や有限要素法の教科書は今日たくさん出版されているが，本書ではそれらの教科書では十分に記述されていない項目について力を注ぎ，実際問題の解決において役立つよう記述した．そのかわり振動学そのものの説明は手薄になった．振動学の基本については本書でも簡潔に説明したつもりではあるが，より詳しくは教科書[1][2]などを適宜参照されたい．筆者の意図が本書に現れ，読者のお役にたてれば幸いである．
　最後に，本書執筆の発案時から推敲，上梓にいたるまで多大のご尽力を頂いた森北出版の石田昇司氏，石井智也氏，富井晃氏に深く感謝いたします．

2009 年 1 月

著者

もくじ

第 1 章　機械構造概論 1

1.1　構造要素と構造様式　*1*
1.2　応力とひずみ　*2*
1.3　工業材料の諸性質　*5*
1.4　座　屈　*8*
1.5　動的荷重　*9*
1.6　強度と剛性，安全率　*10*
1.7　MATLAB について　*12*

第 2 章　骨組構造の材料力学 16

2.1　はりの曲げ　*16*
2.2　断面二次モーメントの計算　*20*
2.3　曲げ変形　*21*
2.4　棒のねじり　*24*
2.5　開断面のねじり剛性　*25*
演習問題 2　*27*

第 3 章　有限要素法の基礎 28

3.1　はり要素　*28*
3.2　立体骨組解析　*36*
3.3　有限要素法解析の流れ　*43*
3.4　一般定式化　*44*
演習問題 3　*49*

第 4 章　薄板構造力学 50

4.1　板の曲げ理論　*50*
4.2　板の有限要素（その 1：長方形要素）　*57*
4.3　板の有限要素（その 2：多角形要素）　*60*

iv　もくじ

　　　4.4　板要素の集合としての曲面近似　*68*
　　　演習問題4　*68*

第5章　機械振動の基礎　*69*

　　　5.1　1自由度振動系　*69*
　　　5.2　強制振動　*74*
　　　5.3　振動伝達率　*76*
　　　5.4　振動絶縁　*79*
　　　5.5　衝撃に対する応答　*81*
　　　演習問題5　*83*

第6章　構造振動の理論　*85*

　　　6.1　棒の縦振動とねじり振動　*85*
　　　6.2　ニュートン‐ラフソン法　*90*
　　　6.3　剛体の慣性モーメント　*91*
　　　6.4　はりの曲げ振動　*95*
　　　6.5　板の曲げ振動　*100*
　　　6.6　等価質量とその応用　*101*
　　　6.7　オーダー評価とは　*103*
　　　演習問題6　*104*

第7章　有限要素法による振動解析　*105*

　　　7.1　固有値問題　*105*
　　　7.2　各要素の質量行列　*111*
　　　7.3　大規模固有値計算法　*122*
　　　7.4　減衰行列　*123*
　　　7.5　初期応力のある系の振動　*124*
　　　演習問題7　*128*

第8章　振動解析プログラムの実際　*129*

　　　8.1　プログラム言語　*129*
　　　8.2　使用法　*130*
　　　8.3　板の振動解析　*131*
　　　8.4　3次元骨組構造振動解析　*142*

8.5　固有値計算法（Octave などを使うとき）　*154*

第 9 章　過渡応答と衝撃 ················· *157*

9.1　時系列解析　*157*
9.2　モーダルパラメータとモード重畳法　*162*
9.3　有効モード質量　*163*
9.4　衝撃応答スペクトル　*167*
演習問題 9　*172*

第 10 章　周波数応答関数とランダム応答 ········ *173*

10.1　フーリエスペクトル　*173*
10.2　相関関数とパワースペクトル　*183*
10.3　周波数応答関数　*190*
10.4　ランダム応答　*194*
演習問題 10　*204*

第 11 章　ランダム振動にともなう破壊 ········· *205*

11.1　ランダム過程と確率密度関数　*205*
11.2　閾値横断　*211*
11.3　初通過破壊と極値の分布　*220*
11.4　ランダム振動による疲労破壊　*227*

演習問題の解答 ···················· *233*
参考文献 ······················ *242*
さくいん ······················ *245*

第1章 機械構造概論

　機械というものは硬くて丈夫であるというイメージがあるが，実際の機械では軽量化・薄肉化が進み，機械を変形する弾性構造物であると考えて変形や振動を十分に考慮した設計でなければならなくなっている．軽量化は材料の節約，運動性能の向上，燃費の向上，運搬費の節約，可搬性の向上などに結びつく．逆に軽量化・薄肉化で問題となってくるのが強度の低下，剛性の低下であり，とくに剛性の低下は，乗用車によくあるような振動・騒音問題を引き起こす．

　本章では，機械構造振動で必要となる機械工学の一般的な事項のうち，構造様式，応力とひずみ，材料，安全率など，機械構造の設計に必要な最小限のことをまとめる．

1.1 構造要素と構造様式

　機械そのものは，エンジンブロックのように3次元ソリッドの形態をとるものが多い．しかし，構造物となると，高強度を保ったままでの軽量化の要請から，図**1.1**に示すような板-はり構造が用いられる．以下に，それぞれを簡単に紹介する．

- **骨組構造** (frame structure)：骨組構造の要素としては柱 (column)，棒 (bar)，はり (beam)，軸 (axis) がある．柱やはりはそもそも建築用語であり，柱は垂直に立って軸圧縮荷重を受ける部材，はりは重力に対して横に使われて曲げを受ける部材，軸はねじりを受ける部材である．棒は，はりと区別して引張・圧縮を受ける部材として使われる．しかし，実際には一つの部材が引張・圧縮・曲げ・ねじりを受けるので，これらをまとめて棒とよぶことも多い．

  骨組構造も，トラス構造とラーメン構造とに分けられる．

    - **トラス構造** (truss structure)：トラス構造は部材の結合部で曲げを伝えない構造で，棒を要素とし，結合部分は**ピン結合**（回転を許す結合）である．
    - **ラーメン構造** (Rahmen structure)：ラーメン構造は部材の結合部で曲げモーメントを伝達する．したがって，はりを要素とし，結合部は溶接やボルト結合である．近年は用語があいまいになり，ラーメン構造も総括的にトラス構造とよばれることが多くなってきた．

- **シェル構造** (shell structure)：曲面構造を持つ構造で，各種圧力容器や石油貯

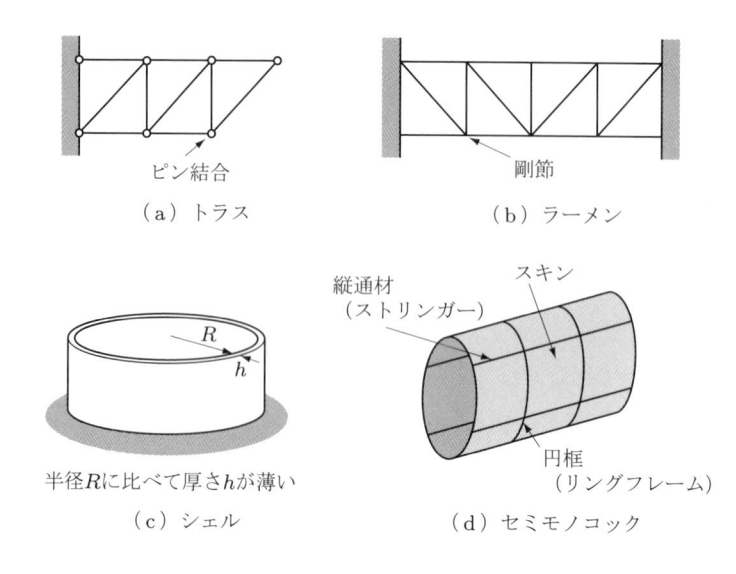

図 1.1 各種構造形式

槽などに使われる．

- **セミモノコック構造** (semi-monocoque structure)：セミモノコック構造とは，自動車での骨組構造のシャシーと上部車体のシェル構造との結合体であるようなものを呼称する．モノコックはフランス語で shell only という意味で，先のシェル構造と同じであるが，自動車や航空機で使われる言葉である．航空機の翼や客室も薄板のシェル構造にリング（円框），ストリンガー（縦通材）で補強がしてあり，セミモノコック構造の例である．

1.2 応力とひずみ

1.2.1 引張応力と圧縮応力

物体に力を加えると，わずかであるが変形する．力を取り除けば変形がなくなり，もとに戻る．この性質を**弾性** (elasticity) とよぶ．さらに大きな力を加えると，力を取り除いても変形が残る場合があるが，このような性質を**塑性** (plasticity) とよぶ．力を加えられたことにより物体に生ずる単位面積当たりの内力を**応力** (stress)，変形量の割合を**ひずみ** (strain) とよぶ．これを，棒を例にとって考えてみよう．

図 1.2 のように，断面積 A，長さ L の丸棒が両側から力 F で引っ張られている場合を考える．任意断面の単位面積当たりの内力は

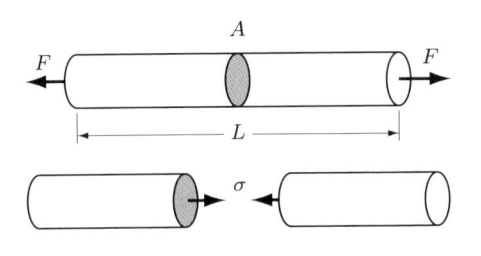

図 1.2　引張を受ける棒

$$\sigma = \frac{F}{A}$$

であり，この値を（引張）応力 (tensile stress) とよぶ．この棒は力により長さ ΔL だけ伸びるが，元の長さ L に対する量を ε として

$$\varepsilon = \frac{\Delta L}{L}$$

がひずみとなる．ひずみは無次元量で，小さな量なので 10^{-6} 単位で表示する．たとえば，ひずみが 0.002 (0.2%) であれば 2000 マイクロとよぶ．**フックの法則**から応力 σ とひずみ ε には比例関係が成立して

$$\sigma = E\varepsilon \tag{1.1}$$

となり，応力-ひずみ関係式を得る．比例定数 E は**ヤング率** (Young's modulus)，または**縦弾性係数**とよばれ，弾性力学からもっと厳密に定義される量である．E の値が大きいほど変形しにくい（**剛性**が高いという）材料である．

普通の物体では 1 方向の応力があると，その方向にひずみとして ε だけ伸びるが，同時に横方向に $\nu\varepsilon$ だけ縮む．この無次元量 ν を**ポアソン比** (Poisson's ratio) といい，金属材料で 0.3 前後の値である．金属は体積変化があるが，液体のように体積が変化しない場合にはポアソン比が 0.5 となる．なぜなら，断面積は直角方向の寸法の 2 乗で変化するので，体積が一定となるためには伸びの 1/2 となる必要があるからである．

ここまでの説明では引張力を考えたが，圧縮力の場合も同様であり，そのときの応力とひずみをそれぞれ圧縮応力，圧縮ひずみとよぶ．引張応力と引張ひずみは正の値であるが，圧縮の場合には負の値となる．

1.2.2　せん断応力

図 1.2 では，力に対して垂直な断面を考えたが，角度 θ を持つ斜めの断面を考えると，図 1.3 のように，もはや応力は断面に垂直な応力 σ だけでなく，断面に平行な応

力 τ を発生する.この断面に平行な応力を,**せん断応力** (shear stress) という.

図 1.3 のようにせん断力 T が作用しているとき,その中の小さな部分を取り出すと,図 1.4 のように,回転を防ぐため反力が生じて上下左右の 2 組の偶力が生じる.これらの力により長方形断面が平行四辺形化する.このときの角度変化量(ラジアン; radian で表す)γ は

$$\gamma = \frac{\Delta L}{L}$$

と,ひずみの定義式になっており,この γ を**せん断ひずみ** (shear strain) とよび,先のせん断応力 $\tau = T/A$ との比例関係式

$$\tau = G\gamma \tag{1.2}$$

の比例定数 G を**横弾性係数** (shear modulus) という.先の σ と ε については,引張が正,圧縮が負であるが,τ と γ の正負は時計回り,あるいは反時計回りというような方向を定義して決める.

以上の三つの量,E, ν, G を物体に固有の**弾性係数** (elastic modulus) といい,材料が等方性(いずれの方向にも同じ性質を持つこと)であれば

$$G = \frac{E}{2(1+\nu)} \tag{1.3}$$

の関係がある.

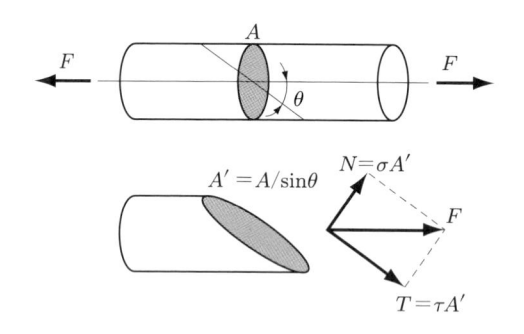

図 1.3 斜めの断面と考えたときの応力

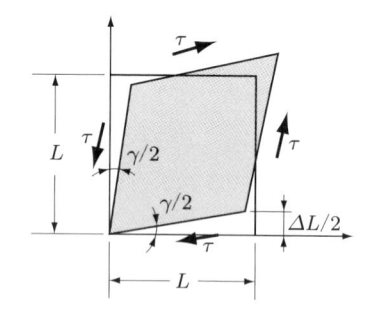

図 1.4 せん断ひずみとせん断応力

1.3 工業材料の諸性質

　機械構造物に用いる代表的な材料についての大まかな物理的性質を，表 1.1 に示す．振動解析においては，弾性係数に GPa（ギガパスカル）単位の値より，密度 ρ と同じ単位系の $\mathrm{kg/s^2\,m}$ の単位を使うほうが間違いが少ない．複合材料は，繊維の方向とマトリックス材の配合割合で数値は変わる．表のヤング率の 60 GPa は擬似等方性の数値，210 GPa は 1 方向性の数値である．

表 1.1　各種材料の性質の例 ($1\,\mathrm{GPa} = 10^9\,\mathrm{N/m^2} = 10^9\,\mathrm{kg/s^2\,m}$)

	鉄鋼	チタン合金	アルミ合金 7075	複合材料 CFRP
密度 ρ ($\mathrm{kg/m^3}$)	7800	4400	2800	1600
ヤング率 E (GPa)	200	110	70	60–210
横弾性係数 G (GPa)	70	109	28	—
ポアソン比 ν	0.29	—	0.34	—

1.3.1　金属材料

　引張応力とひずみとの関係を，鉄鋼材料とアルミ材料とについて示せば，図 1.5 のようになる．点 A を引張強さ，点 B を比例限，点 C を**降伏点**という．引張力を上げていくと，点 B までは応力とひずみに比例関係が成立するが，それ以降は成立しなくなり，点 C で塑性変形（力を除いても変形が残る）がはじまる．さらに力を加えると，点 A で破断する．

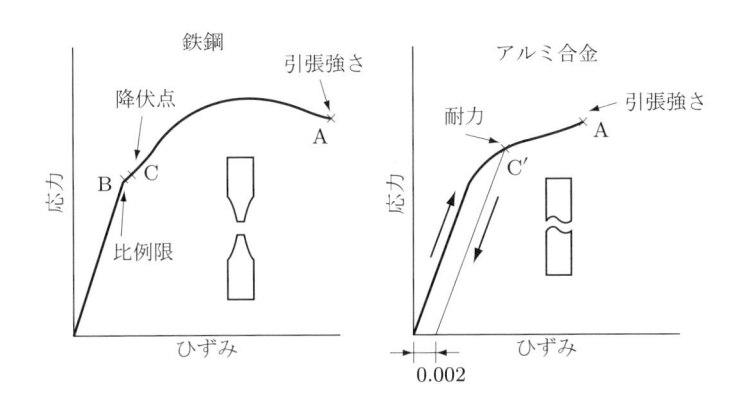

図 1.5　鉄鋼とアルミ合金の応力 - ひずみ曲線

アルミ合金のように降伏点が明瞭でない材料の場合は，比例限や降伏点の代わりに，除荷すると 0.002 (0.2%) の永久ひずみが残る応力点 C' を定義し，その応力を**耐力**という．

機械設計においては，強度だけでなく，それより低い強度である疲労強度で設計を行わねばならないことも多い．**疲労**とは，材料に周期的な運動や振動などによる繰り返しの力を加えていくと強度が低下する現象のことである．応力の片振幅を S，荷重の繰り返し回数を N としてプロットすると，図 1.6 のような曲線（**S-N 曲線**という）となる．図に示すように，鉄鋼については繰り返し数が $10^6 \sim 10^7$ 程度（図中の横軸点 C）より多くなっても強度は下がらなくなる．これを**疲労耐久限**（図の縦軸点 E）といい，その応力は 200〜400 MPa である．アルミ合金についてはこのような耐久限はないので，繰り返し数を指定してその応力を示す．アルミ合金の 10^7 回（図の横軸点 D）に対する指定疲労限は 100 MPa のオーダー（図の縦軸点 F）である．振動による疲労については，第 11 章で説明する．

力の単位 kgf は重力単位系で，現場ではよく使われている．1 kg の質量に 1 G の加速度がかかったときの力で 1 kgf = 9.8 N，したがって，応力の単位は 1 kgf/mm² = 9.8×10^6 Pa = 9.8 MPa（メガパスカル）である．

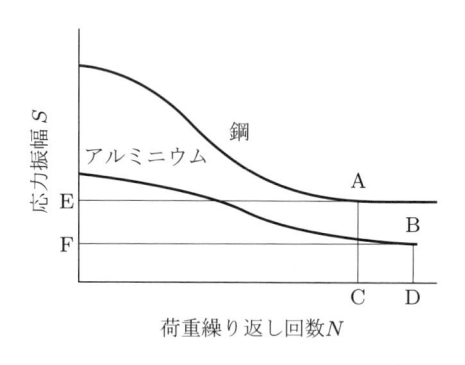

図 1.6 鉄鋼とアルミ合金の S-N 曲線

1.3.2 複合材料

複合材料の代表的なものは FRP (Fiber Reinforced Plastics) であり，これは，ガラス繊維などを，マトリックスとよぶ充填樹脂（たとえばエポキシ樹脂）で固めたものである．繊維には方向性があるので，本質的に異方性材料であり，繊維方向を適切に変えてやることにより，強度の必要な方向に強い強度を持たせることができる．具

体的には，図 1.7 に示すように，カーボンなどの繊維をエポキシなどのマトリックスに浸した薄いシート（プリプレグという）を方向を変えて数枚重ねて積層し，焼き固めて 1 枚の板として使う．先の金属材料が構造に応じて使い分けられるのに比べ，**複合材料**は構造に応じて積層方向，枚数を変えることにより**材料設計**ができるのが特徴である．

複合材料の代表的なものに GFRP (Glass FRP)，CFRP (Carbon FRP，または Graphite-Epoxy Composites)，KFRP (Kevlar FRP)，BFRP (Boron FRP) がある．値段は高いが性能がよいのは CFRP で，例題 1.1 で示されるように**比弾性率**（ヤング率/密度）でアルミ合金の 2 倍程度であり，軽量化を強く要請される分野，たとえば航空宇宙分野で使用されている．

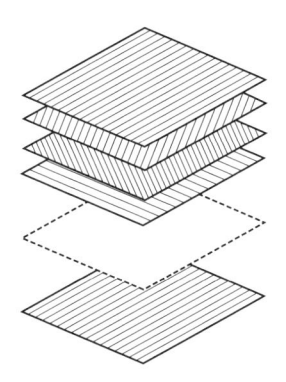

図 1.7　プリプレグを積層して作る複合材料の板

複合材料の弾性係数は，繊維とマトリックスの配合の比率で決まる．応力は繊維とマトリックスで分担して

$$\sigma = \frac{F}{A} = \frac{\sigma_f A_f + \sigma_m A_m}{A} \tag{1.4}$$

である．ここに，繊維とマトリックスの応力を σ_f，σ_m とし，断面積を A_f，A_m としている．繊維とマトリックスは同じ伸びなのでひずみも等しく

$$\varepsilon = \frac{\sigma}{E_e} = \frac{\sigma_f}{E_f} = \frac{\sigma_m}{E_m}$$

である．ここに，E_e はこの複合材の全体としてのヤング率である．これを応力の式 (1.4) に代入して

$$E_e \varepsilon = \frac{\varepsilon E_f A_f + \varepsilon E_m A_m}{A}$$

よって，$V_f = A_f/A$ として繊維の**体積含有率** (volume fraction) とすると，

$$E_e = V_f E_f + V_m E_m \tag{1.5}$$

となる．ここに，$V_m = 1 - V_f$ であり，上式を繊維方向の弾性係数の**複合則** (law of mixture) という．

例題 1.1

体積含有率 $V_f = 65\%$ の CFRP 棒の比弾性率（弾性係数を密度で割ったもの）を求めて，アルミ合金の場合と比べよ．

解答

炭素繊維，エポキシのヤング率はそれぞれ

$$E_f = 2.4 \times 10^{11}\,\text{Pa}, \quad E_m = 3.5 \times 10^9\,\text{Pa}$$

であるので，

$$E_e = 0.65 \times (2.4 \times 10^{11}) + 0.35 \times (3.5 \times 10^9) = 1.57 \times 10^{11}\,\text{Pa}$$

となり，ヤング率そのものはアルミの $E_A = 0.7 \times 10^{11}\,\text{Pa}$ の約 2.2 倍となる．さらに，比弾性率をみるとこの複合材の密度 ρ_e は

$$\rho_e = 0.65 \times 1.6 + 0.35 \times 1.4 = 1.5$$

であるので，比弾性率は CFRP とアルミについて

$$\frac{1.57 \times 10^{11}}{1.5} = 1.05 \times 10^{11}, \quad \frac{0.7 \times 10^{11}}{2.7} = 0.26 \times 10^{11}$$

となり，CFRP の方が重量当たりの弾性が圧倒的に高い．ただし，この例では CFRP を一方向性としているので大きな差がつくが，通常の等方性に近い積層の板では，差はもっと小さい．

1.4 座 屈

機械構造物は，構造そのものに価値があるのではない．構造は機械の機能を発揮させる支えとなったり，機器を収納・保護したり，位置を決めたりする．要するに 3 次元的に中が詰まっているものではなく，空間を造っているものである．よって，外側形状に比べて空間容積が大きいほどよい設計となる．また，ハンドリング，材料費，運転エネルギーのことを考えれば軽量なほどよい．多くの機械構造物が目指すところは軽量薄肉構造である．

このような機械構造においては，材料の強度を有効に使うには引張状態で使うのがよい．というのは，薄肉構造となると**座屈**という構造不安定現象が起こるおそれがあるからである．これは，たとえば紙を引っ張るとかなりの強度に耐えても，圧縮すればすぐに曲がって（座屈という）まったく役にたたないことでわかるように，板や棒を圧縮部材として使うと，引張の数分の1の荷重にも耐えられないことになる．

よって，構造設計においてはできるだけ部材は引張状態にあるようにし，やむを得ず圧縮状態になるときには，座屈現象を考慮し，座屈応力以下の荷重で使用するようにしなければならない．具体的にどの程度，圧縮と引張で構造としての強度の差があるかは，例題 7.7 で示す．

1.5 動的荷重

荷重は，ゆっくりと静的にかかるものと，振動現象のような，動的にかかるものとに分けることができる．弾性体が動的な荷重を受けるときは，同じ大きさの静荷重がかかったときに比べてはるかに大きな荷重となるので注意しなければならない．よくとりあげられる例であるが，図 **1.8** のように長さ L，断面積 A の棒の中途の高さ h から，質量 m を落としたときの棒の応力を考える．このとき，棒は弾性体なので δ 伸びるとする．棒の下には剛な受け皿があるとする．

質量の位置エネルギーが弾性体のひずみエネルギー（3.4.2 項参照）に変わるので，g を重力加速度として

$$mg(h+\delta) = \frac{1}{2}AL\sigma\varepsilon$$

ここで，ひずみ ε は

$$\varepsilon = \frac{\delta}{L}$$

であるので，

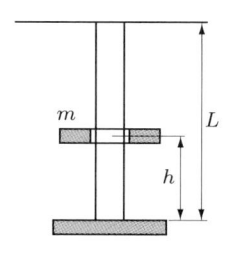

図 **1.8** 動的荷重による応力

$$\delta = L\varepsilon = L\frac{\sigma}{E}$$

として，最初の式に代入して σ の2次式

$$\frac{AL}{2E}\sigma^2 - mg\frac{L}{E}\sigma - mgh = 0$$

を得る．この式を解けば

$$\sigma = \sigma_s\left(1 + \sqrt{1 + \frac{2h}{\delta_s}}\right) \tag{1.6}$$

となる．ここに，σ_s，δ_s はそれぞれ静的な荷重 mg による応力と伸びで

$$\sigma_s = \frac{mg}{A}, \quad \delta_s = L\varepsilon_s = L\frac{\sigma_s}{E} = \frac{mgL}{AE}$$

である．式 (1.6) が意味するのは，h を限りなく小さくしても，ゴトンと質量が置かれれば静的応力の2倍以上の応力が発生するということである．このような理由もあって，次節に示す安全率の設定で，動的荷重や衝撃荷重に対しては静的荷重の安全率の倍以上の値が設定されている．この問題のもっと厳密な取り扱いは 5.5 節で行う．

1.6 強度と剛性，安全率

構造の強度とは，その構造がどの程度の荷重に耐えられるかである．一方，構造の剛性とは，与えられた荷重に対しての変形量の割合である．剛性が高いというのはこの変形量が小さいことで，材料でいえばヤング率が大きいこととなる．同じヤング率の材料を使っても，構造設計次第で，剛性の高い構造になったり，低い構造になったりする．剛性の高い構造では，同じ質量でも振動数が高くなるので，振動騒音設計で有利である．概念的に表すと

$$強度 = 構造が破壊するときの荷重$$
$$剛性 = \frac{荷重}{変形量}$$

となる．

設計上許容できる最大応力を**許容応力**という．予測した設計上の許容応力は，実際の**破壊応力**より小さくなければいけないので

$$安全率 = \frac{破壊応力}{許容応力}$$

として**安全率**を定義する．

破壊というのは，構造がその機能を果たせなくなることで，図 **1.9**，図 **1.10** に示すように，破断，降伏，座屈などさまざまな形態がある．すべての破壊パターンを考慮

して安全設計をしなければならない．**図 1.9** は，材料の亀裂に起因する**破壊モード**である．**図 1.10** には，機械構造としての座屈の代表的な例を示している．図(a)，(b)は，説明するまでもなく，よく経験する現象である．図(c)は，ドーム屋根が雪の重さで荷重を受けているようなパターンである．図(d)は，基本的には引張を受けているが，曲率があるため，円周方向は圧縮状態となって座屈する現象（縦方向にしわが入る）である．

安全率をどの程度に設定するかは，種々の条件を考慮して設計者が決める場合もあるし，基準で定められている場合もある．安全率の目安を**表 1.2** に示す．空を飛ぶ航空機の設計においては，安全率を大きくとれば重くなって飛べなくなるので，安全率は 1.5 程度である．ロケットや衛星も航空機に準じている．

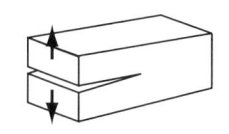

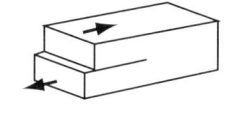

（a）モードⅠ（開口型）　（b）モードⅡ（面内せん断型）　（c）モードⅢ（面外せん断型）

図 1.9　き裂変形のパターン

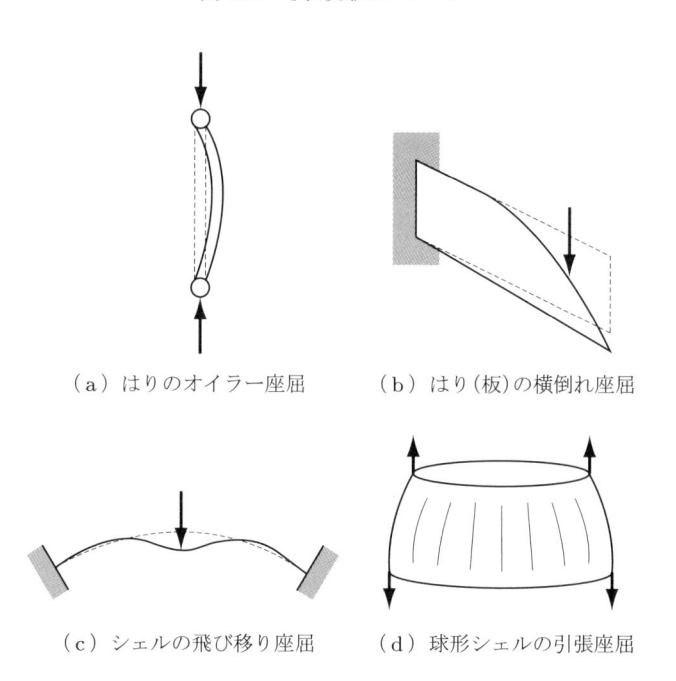

（a）はりのオイラー座屈　（b）はり（板）の横倒れ座屈

（c）シェルの飛び移り座屈　（d）球形シェルの引張座屈

図 1.10　座屈の例（点線が座屈前）

表 1.2 安全率の例

構造	荷重の種類	安全率
鋼製品	静荷重に対し	3
	繰り返し荷重	5〜8
	衝撃荷重	10〜12
鋳鉄	静荷重に対し	4
	繰り返し荷重	6〜10
	衝撃荷重	15
膜構造	短期的荷重	4
	長期的荷重	8
建築用フロート板ガラス	破損確率 1/1000	2
航空機構造		1.5
ロケット・衛星構造		1.25〜1.5
船体	静的短時間荷重	2
	静的長時間荷重	4
	動的荷重,繰り返し荷重,疲労	6
	衝撃荷重の繰り返し	10

1.7 MATLAB について

1.7.1 MATLAB および互換ソフト

　工学では，理論式だけでは設計製造できない．そこで本書は，実際に数値を使って確かめられるよう配慮した．そのため，いたるところで計算プログラムリストが出てくるが，これは理論式だけでは十分に説明できない具体的な解析手順を示したものである．プログラム言語としては MATLAB を使っている．これは，MATLAB が世界的に広く使われている技術者用の言語であることが理由であるが，さらに，MATLAB が高価で入手できない場合でも，MATLAB と互換性のある無料の言語が使えるからである．

　MATLAB の互換言語としては
- Octave
- Scilab
- MaTX

などがある．この互換言語はいずれも無償のソフトウェアで，ダウンロードサイトから取り扱い説明とともに本体プログラムがダウンロードできる．インターネット上にはたくさんの解説が掲載されており，出版物としてもいろいろな解説書[3][4][5]が出され

ている．グラフィックスに関しては互換性が多少劣るが，それは **GNUPLOT**（Octave などと同様にダウンロードできる）を使っているためであり，説明書を読めば，本書で使っているグラフィックスのプログラムは簡単に修正できる．MATLAB 言語の概要を，本書で用いる程度の範囲で以下に説明する．

1.7.2 MATLAB のコマンド概要

この項では，MATLAB における演算の入力と出力例を示す．MATLAB は基本的に

```
>> (ここに MATLAB のコマンドが入る)
   (改行されて結果が示される)
```

という記述となっている．

ベクトルの入力

```
>> a=[1 2 3]
または
>> a=[1,2,3]
a = 1  2  3
```

行列の入力

```
>>B=[1 2 3;2 0 4;1 1 1]
B =1  2  3
   2  0  4
   1  1  1
```

行列やベクトルの転置

```
>>a1=a'
a1 = 1
     2
     3
```

行列とベクトルの掛け算

```
>>c=B*a1
c = 14
    14
     6
```

逆行列

```
>>B1=inv(B)
B1 =-0.6667   0.1667   1.3333
     0.3333  -0.3333   0.3333
     0.3333   0.1667  -0.6667
```

連立1次方程式

```
>>a1=B\c
a1 = 1
     2
     3
```

行列やベクトルのサイズ

```
>>D=size(B)
D = 3   3
```

行列やベクトルの成分

```
>>B(2,3)
ans =   4
```

その他の演算

コメント	%以後の文は無視
π	pi（予約語）
実行結果	ans =（実行結果）
出力の抑制	コマンドの後に ; をつける
4×5のゼロ行列	zeros(4,5)
4×5の成分が1の行列	ones(4,5)
1 2 3 4 5の連続した数の生成	1:5
行列 A の行列式	det(A)

For コマンド

```
for I=1:5
   繰り返したいコマンド
end
```

If-Else コマンド

```
if 条件文
   条件が合えばここに書いたコマンドを実行
else
   条件が合わなければここに書いたコマンドを実行
end
```

サブルーチン

a，b，c を引数とするサブルーチンの名前が com1 のとき，結果が A，KEKKA の二つの変数で返される場合

```
>>[A,KEKKA]=com1(a,b,c)
```

第2章 骨組構造の材料力学

　本章は，材料力学の中のはりの曲げ理論の再入門である．本書では構造物の振動を扱ううえで，技巧を要する特殊な解析法によるのでなく，有限要素法で統一的に扱うこととしているが，最低限の理論的な理解は必要である．よって本章は，有限要素法を導入するための準備として，骨組構造の材料力学について説明する．まず，はりの曲げについて説明し，はりを中心線で表すことに付随する断面特性としての断面二次モーメントを導入する．その後で，典型的な例題を解くことにより理解を深める．章の最後に，棒のねじりについて説明する．

2.1 はりの曲げ

　棒が曲げを受けるとき，この棒を**はり**とよぶ．断面寸法に比べて十分に長いはりが曲げを受けた場合，図 2.1(a) のように変形前の中心軸に垂直な面は変形後も平面を保つという仮定をおく．この仮定に従うはりを**ベルヌーイ-オイラーはり** (Bernulli-Euler beam) という．これに対し，短いはりでは，図 2.1(b) のように平行四辺形化，すなわちせん断変形も生じる．せん断変形も考慮するはり理論は**チモシェンコはり** (Timoshenko beam) という．普通にはりという場合は，前者のベルヌーイ-オイラーはりのことをいう．チモシェンコはりについては 6.4.3 項で説明する．

(a) ベルヌーイ-オイラーはり　　(b) チモシェンコはり

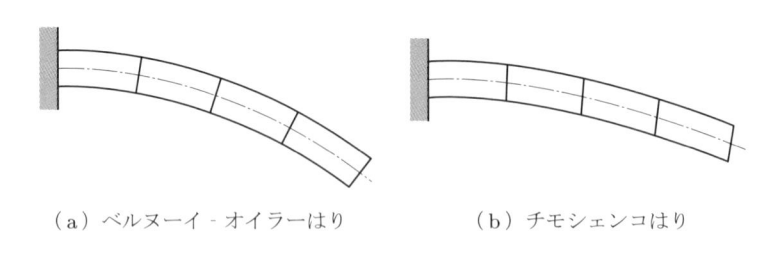

図 2.1　ベルヌーイ-オイラーはりとチモシェンコはり

2.1.1 曲げモーメントとせん断力

さて，図 **2.2**(a)のように，片端が固定された長さ L のはり（片持はり；canti-levered beam, clamped-free beam）に集中荷重 F_z（添え字は z 方向の意味）が作用しているとする．このとき，固定端から x の距離の場所の曲げモーメント（bending moment）M_y（添え字は y 軸周りの意味）は

$$M_y = -F_z x \tag{2.1}$$

であり，固定部には F_z と大きさが等しく逆向きの反力 R が働いていることになる．荷重 F_z はせん断変形を起こそうとする力なので，せん断力（shear force）という．力と変位の正の方向を，図 **2.2**(b)に示す．

ここで，分布荷重 $p(x)$，せん断力 $F_z(x)$，曲げモーメント $M_y(x)$ の間の関係を考える．F_z は z 方向を正にとり，曲げモーメント M_y は右手系の y 軸周り右ねじの方向を正にとる．変位 w も z 方向を正とする．本章では，以後 M_y を M，F_z を F で表すこととする．図 **2.2**(c)は，微小長さ dx 離れた両側での力とモーメントのつり合いを示している．まず，左右の力が等しいので

$$F + p(x)\,dx = F + \frac{dF}{dx}dx$$

となる．よって，

$$\frac{dF}{dx} = p(x) \tag{2.2}$$

すなわち，

$$F(x) = \int_{x_1}^{x_2} p(x)\,dx$$

となる．次に，長さ dx の右端の点周りのモーメントを考えると

$$M - F\,dx - p(x)\,dx\frac{1}{2}dx = M + \frac{dM}{dx}dx$$

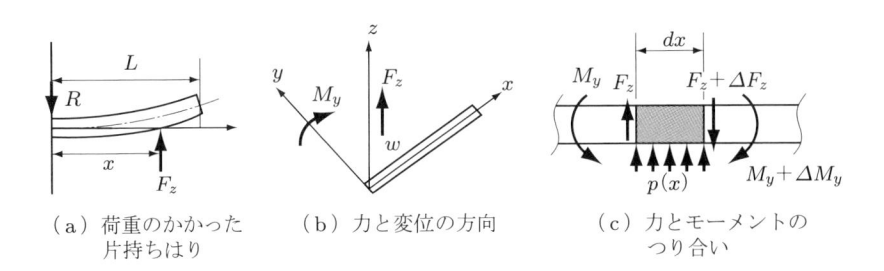

(a) 荷重のかかった片持ちはり　　(b) 力と変位の方向　　(c) 力とモーメントのつり合い

図 **2.2** 力とモーメントの方向

となり，dx の 2 乗項は微小として

$$F = -\frac{dM}{dx} \qquad (2.3)$$

を得る．

2.1.2 はりの応力とひずみ

ここで，はりの断面に生じるひずみと応力を考える．曲げを受けているはりの微小長さ dx 分を取り出して考える．はりの中央線（曲げによって伸びを生じない）が，図 2.3 のように曲率半径 ρ の円弧になったものとする．このときの ρ と変形 w との関係を求める．図から

$$w = \rho(1 - \cos\theta), \quad x = \rho \sin\theta$$

である．θ が 1 にくらべて小さいとして

$$\sin\theta \fallingdotseq \theta, \quad \cos\theta \fallingdotseq 1 - \frac{\theta^2}{2}$$

と近似できるので，$x = \rho\theta$ として

$$w = \frac{1}{\rho}\frac{x^2}{2}$$

が得られ，x を消去するために両辺を x に関して 2 回微分すると

$$\frac{d^2w}{dx^2} = \frac{1}{\rho}$$

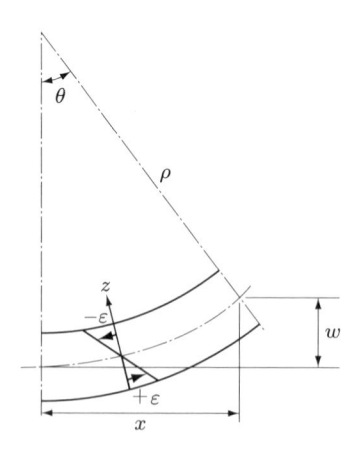

図 2.3 曲率半径と変形との関係

となる．曲率に関しては上述のように直感的に導いたが，厳密には微分幾何学より導くことができて，dw/dx は 1 に比べて十分に小さいので

$$\frac{1}{\rho} = \frac{\dfrac{d^2w}{dx^2}}{\left\{1 + \left(\dfrac{dw}{dx}\right)^2\right\}^{\frac{3}{2}}} \cong \frac{d^2w}{dx^2} \tag{2.4}$$

である．次に，図 **2.3** のように，角度 $d\theta$ で作られるはりの微小部分について，中心軸線から z 離れた部分のひずみを考える．ひずみは定義より

$$\varepsilon(z) = \frac{(\rho - z)\,d\theta - \rho\,d\theta}{\rho\,d\theta} = -\frac{z}{\rho} \tag{2.5}$$

となり，中心線上で 0 で，その上下で比例関係にある．すなわち，変形後も断面が直線を保っていると仮定する．さらに，この面と中央線が直角である（せん断変形を考えない）とするのがベルヌーイ-オイラーの仮定である．応力は

$$\sigma(z) = E\varepsilon = -\frac{Ez}{\rho} \tag{2.6}$$

であるので，断面の中心軸周りのモーメントは

$$M = \int_{z_1}^{z_2} \sigma(z) z \, dA = -\frac{E}{\rho}\int z^2\,dA$$

となる．ここで，

$$\int z^2\,dA = I \tag{2.7}$$

として，これを**断面二次モーメント** (area moment of inertia) と定義すると

$$M = -EI\frac{1}{\rho} = -EI\frac{d^2w}{dx^2} \tag{2.8}$$

となる．これを微分すれば，式 (2.3) より

$$F(x) = -\frac{dM}{dx} = EI\frac{d^3w}{dx^3} \tag{2.9}$$

となり，さらに微分すれば，

$$\frac{dF}{dx} = EI\frac{d^4w}{dx^4}$$

となる．分布荷重 $p(x) = \dfrac{dF}{dx}$ として

$$EI\frac{d^4w}{dx^4} = p(x) \tag{2.10}$$

を，はりの基礎方程式とよぶ．また，EI をはりの**曲げ剛性** (flexural rigidity) という．断面の応力は，式 (2.6) より

$$\sigma(x,z) = -\frac{Ez}{\rho} = M\frac{z}{I} = \frac{M}{Z} \tag{2.11}$$

で得られる．$Z = I/z$ は断面での応力分布を表す量で，この Z をはりの**断面係数**という．

2.2 断面二次モーメントの計算

以下に，代表的な断面の断面二次モーメントを計算してみる．図 2.4 に示すはりの各種断面について，式 (2.7) の積分を行う．

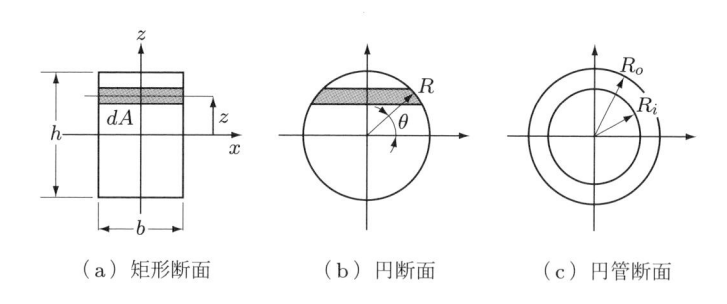

(a) 矩形断面 　　(b) 円断面 　　(c) 円管断面

図 2.4 はりの各種断面

矩形断面 　定義式より

$$I = \int z^2\, dA = \int_{-h/2}^{h/2} z^2 (b\, dz) = \left[\frac{z^3}{3}\right]_{-h/2}^{h/2} b = \frac{bh^3}{12} \tag{2.12}$$

円断面 　極座標で計算して

$$I = \int z^2\, dA = \int_{-\pi/2}^{\pi/2} (R\cos\theta)^2 (2R\sin\theta\, dz) = 4R^4 \int_0^{\pi/2} \sin^2\theta \cos^2\theta\, d\theta$$

$$= R^4 \int_0^{\pi/2} \left(1 - \frac{1+\cos 4\theta}{2}\right) d\theta = \frac{\pi}{4} R^4 \tag{2.13}$$

円管断面 　この場合，外側の円断面部から内側の円断面部の差をとれば

$$I = \frac{\pi}{4}\left(R_o^4 - R_i^4\right) \tag{2.14}$$

で，R_o が外側，R_i が内側の半径である．半径に比べて厚さ h が薄い場合

$$I = \frac{\pi}{4}(R_o^2 + R_i^2)(R_o + R_i)(R_o - R_i) \approx \pi R_o^3 h \tag{2.15}$$

である．

2.3 曲げ変形

この節では，はりの変形について例題を解きながら考えてみる．

例題 2.1 集中荷重を受ける片持ちはり

図 2.5 のような片持ちはりの先端に，集中荷重が作用している場合の変形を求めよ．

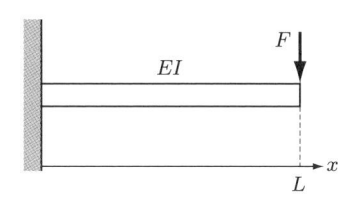

図 2.5 集中荷重を受ける片持ちはり

解答

この場合，分布荷重がないので，解くべき基礎方程式 (2.10) は

$$EI\frac{d^4 w}{dx^4} = 0$$

である．この一般解は x の多項式で与えられて

$$w(x) = c_0 + c_1 x + c_2 x^2 + c_3 x^3 \tag{2.16}$$

となり，四つの未知数 c_0, c_1, c_2, c_3 を両端の境界条件から決定していく．まず，左の固定端で変位と傾きがゼロであるので，

$$w(0) = c_0 = 0, \quad \left.\frac{dw}{dx}\right|_{x=0} = c_1 = 0$$

次に，右の自由端では，荷重が $-z$ 方向なので，反力としてのせん断力が $+F$，曲げモーメントが 0 なので，

$$EI\left.\frac{d^3 w}{dx^3}\right|_{x=L} = 6EIc_3 = F$$

$$-EI\left.\frac{d^2 w}{dx^2}\right|_{x=L} = -EI(2c_2 + 6c_3 L) = 0$$

これらから

22　第2章　骨組構造の材料力学

$$c_3 = \frac{F}{6EI}, \quad c_2 = -\frac{FL}{2EI}$$

よって，変形（たわみ）は

$$w = -\frac{FL}{2EI}x^2 + \frac{F}{6EI}x^3$$

となり，最大変位は $x=L$ において

$$w_{\max} = -\frac{PL^3}{3EI} \tag{2.17}$$

となる．

例題 2.2　分布荷重を受ける片持ちはり

図 2.6 のように，片持ちはりに一様に分布荷重 p が作用している場合の変形量 $w(x)$ を求めよ．

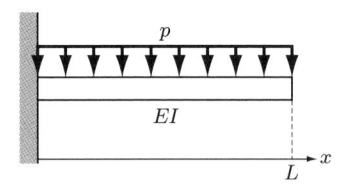

図 2.6　分布荷重を受ける片持ちはり

解答

本例題では下方向に一様分布荷重 p があるので，式 (2.10) において $p(x) = -p$ として

$$EI\frac{d^4w}{dx^4} = -p$$

である．この解は，一般解と基礎式を積分して得られる特解を加えて

$$w(x) = c_0 + c_1 x + c_2 x^2 + c_3 x^3 - \frac{px^4}{24EI}$$

である．先の例題と同じく左の固定条件から $c_0 = c_1 = 0$ となり，右側の自由条件から，

$$-F = EI\frac{d^3w}{dx^3}\bigg|_{x=L} = 6EIc_3 - pL = 0$$

$$M = -EI\frac{d^2w}{dx^2}\bigg|_{x=L} = -EI(2c_2 + 6c_3L) + \frac{pL^2}{2} = 0$$

これらより

$$c_3 = \frac{pL}{6EI}, \quad c_2 = -\frac{pL^2}{4EI}$$

よって，変位 $w(x)$ は
$$w(x) = \frac{1}{EI}\left(\frac{-pL^2}{4}x^2 + \frac{pL}{6}x^3 - \frac{p}{24}x^4\right)$$
となり，最大変位は $x = L$ において
$$w_{\max} = -\frac{pL^4}{8EI} \tag{2.18}$$
となる．

例題 2.3 集中荷重を受ける両端単純支持はり

図 2.7 のように，両端を単純支持されたはりが，中央点に集中荷重 F を受けているときの変形量 $w(x)$ を求めよ．

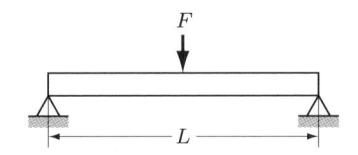

図 2.7 集中荷重を受ける両端単純はり

解答

本例題は，1 本のはりの中央に荷重が作用する．その荷重作用点でせん断力が不連続となるので，解析においては不連続点で場合分けをしなければならない．まず，基礎式の解は分布荷重がないので，例題 2.1 と同じく
$$w(x) = c_0 + c_1 x + c_2 x^2 + c_3 x^3$$
である．荷重点を $x = 0$ として左半分について解くと，左端で単純支持条件 (simply support)，すなわち変位とモーメントがゼロで
$$w\left(-\frac{L}{2}\right) = c_0 - \frac{L}{2}c_1 + \frac{L^2}{4}c_2 - \frac{L^3}{8}c_3 = 0 \tag{2.19}$$
$$\left.-EI\frac{d^2w}{dx^2}\right|_{x=-L/2} = -2c_2 + 3Lc_3 = 0 \tag{2.20}$$
中央点で傾斜がゼロで，左端での反力としてのせん断力が $F/2$ であるので，
$$\left.\frac{dw}{dx}\right|_{x=0} = c_1 = 0 \tag{2.21}$$

$$EI\frac{d^3w}{dx^3}\bigg|_{x=0} = 6EIc_3 = \frac{F}{2} \tag{2.22}$$

後半の2式 (2.21), (2.22) より,

$$c_1 = 0, \quad c_3 = \frac{F}{12EI}$$

これを前半の2式 (2.19), (2.20) に代入して

$$c_2 = \frac{FL}{8EI}, \quad c_0 = -\frac{FL^3}{48EI}$$

を得る．よって，

$$w(x) = \frac{F}{EI}\left(-\frac{L^3}{48} + \frac{Lx^2}{8} + \frac{x^3}{12}\right)$$

最大値は $x=0$ において

$$w_{\max} = -\frac{FL^3}{48EI} \tag{2.23}$$

である．この解は左半分だけに有効であり，右半分についての変形の式は新たにたてねばならないが，計算しても左右対称となる解を得る．

2.4 棒のねじり

図 2.8 のような棒の軸の周りに，ねじりモーメント M_T が作用している．このとき，単位長さ当たりのねじれ角度 ϕ を**ねじり率**という．

M_T により，ねじられた断面にはせん断ひずみ γ が生じる．γ の大きさは断面の中心からの距離 r に比例し，

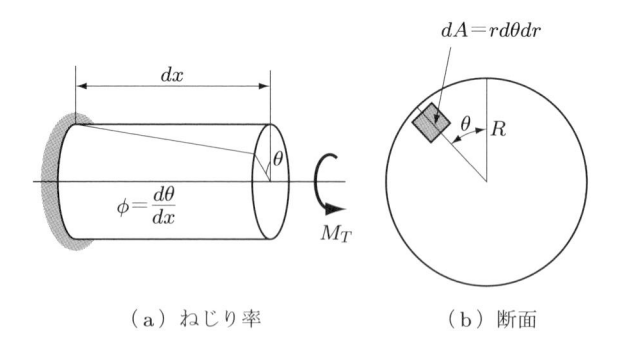

（a）ねじり率　　　（b）断面

図 2.8 ねじりを受ける丸棒

$$\gamma = r\phi$$

である．せん断応力はひずみに比例するので，比例定数に G をとって

$$\tau = G\gamma = Gr\phi$$

であり，このせん断応力によるモーメントが M_T とつり合うから

$$M_T = \int_0^R \tau r \, dA = G\phi \int r^2 \, dA$$

となり，ここで，

$$J = \int r^2 \, dA \tag{2.24}$$

と定義して**断面二次極モーメント** J を導入すると

$$M_T = GJ\phi \tag{2.25}$$

を得る．GJ を棒の**ねじり剛性**という．図 **2.4**(b) のような円形断面のとき

$$J = \int_0^R 2\pi r^3 \, dr = \frac{\pi R^4}{2} \tag{2.26}$$

となる．図 **2.4**(c) の円管の場合は，外径を R_o，内径を R_i とすれば，式 (2.26) よりただちに

$$J = \frac{\pi(R_o^4 - R_i^4)}{2} \tag{2.27}$$

が得られる．

円形以外の断面のねじりについては弾性学によらなければならないが，図 **2.4**(a) の角棒の場合，結果[6] のみをまとめると

$$J = \frac{b^3 h}{3}\left\{1 - \frac{192}{\pi^5}\frac{b}{h}\tanh\left(\frac{\pi}{2}\frac{h}{b}\right)\right\} \tag{2.28}$$

である．ここに，b, h は角棒断面の縦横の寸法で $h \geq b$ である．円管のように閉じた断面棒のねじり剛性は断面積に比べて大きいが，開断面（たとえば切り欠きがある場合）の場合，著しくねじり剛性が落ちる[7] ので注意しなければならない．次に，開断面のねじり剛性を考えてみよう．

2.5 開断面のねじり剛性

図 **2.9** のような薄肉断面はりは現実によく使用される．このうち，閉じた断面のはり（図 (a)）と，開いた断面のはり（図 (c)）は，曲げ剛性に大きな差はないが，開断面は

りのねじり剛性は小さい．薄肉閉断面のねじり剛性は

$$GJ = \frac{4GA^2}{\oint \frac{du}{t} du} \tag{2.29}$$

である．ここに，A ははりの壁の中央線で囲まれる面積である．一方，薄肉開断面のねじり剛性は

$$GJ = \frac{G}{3} \int_0^l t^3 \, du \tag{2.30}$$

となる[8]．これは**せん断流れ** (shear flow) の概念を使って導くが，詳しくは弾性力学の教科書[7][9]を参照されたい．

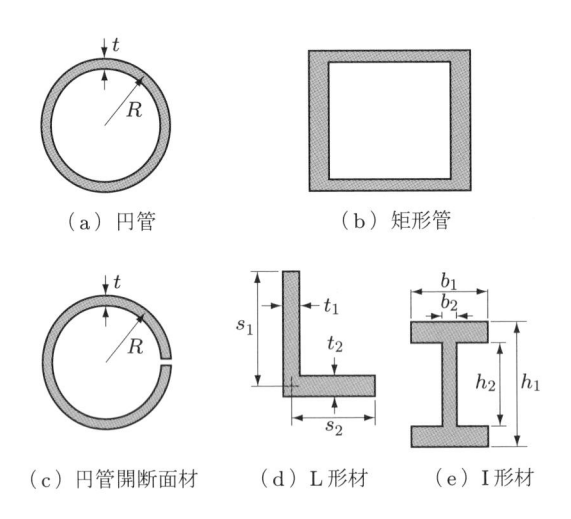

(a) 円管　　(b) 矩形管

(c) 円管開断面材　　(d) L形材　　(e) I形材

図 2.9　閉断面はりと開断面はり

例題 2.4

閉じた円管断面（図 2.9(a)）と開いた円管断面（図 2.9(c)）のねじり剛性を比較せよ．

解答

式 (2.29) と式 (2.30) に従って計算する．閉断面では

$$GJ = \frac{4GA^2}{\oint \frac{du}{t} du} = 4G(R^2\pi)^2 \frac{t}{2\pi R} = 2G\pi R^3 t$$

となる．これは $R_o - R_i = t$ とした式 (2.27) に一致する．開断面では

$$GJ = \frac{G}{3}\int_0^l t^3\,du = \frac{G}{3}t^3 2\pi R = \frac{2G\pi R t^3}{3}$$

となる．両者の比をとれば

$$\frac{2G\pi R^3 t}{2G\pi R t^3/3} = 3\left(\frac{R}{t}\right)^2$$

であるので，$R/t = 10$ としても，断面に切り欠きがあるだけで，ねじり剛性が $1/300$ 倍に落ちることになる．

例題 2.5

図 2.9（d）のような L 形材のねじり剛性を求めよ．

解答

このような形材のねじり剛性は，断面を長方形断面に分割して考えてよいので，

$$GJ = \frac{G}{3}\int_0^l t^3\,du = \frac{G}{3}(t_1^3 s_1 + t_2^3 s_2)$$

となる．

演習問題 2

1. 図 2.9（e）の I 形断面のはりの断面二次モーメントを求めよ．
2. 例題 2.1 でのはりの最大応力を求めよ．

第3章 有限要素法の基礎

有限要素法 (FEM, Finite Element Method) が，構造力学の分野に具体的な形で導入されたのは，1954年の超音速航空機の翼の剛性にかかわる論文が最初であるとされている．有限要素法では，構造物を要素に分割し，要素の節点での変形量や荷重を未知数として解析を行う．要素内での荷重や変形は，すべて節点での値に置き換える（近似する）．有限要素法的考え方は，骨組構造の分野では必ずしも新しい概念ではなかったが，連続体にまで適用が広がったことで新しい解析法として認知されるにいたった．現在，有限要素法は偏微分方程式の一般的な解法として，構造解析以外でもさまざまな分野で利用されている．

本章は，そのような有限要素法の入門の章である．通常の平面応力問題から入るのではなく，はり要素について有限要素法を導入し，第2章で扱った問題が有限要素法で定式化することにより簡単に解けることを示す．次に，はり要素を例題として有限要素法の一般的な定式化を行い，有限要素解析の流れを習得することとする．このあとの第4章では，板についての有限要素法の説明を行い，実際のコンピュータプログラムの作成については第8章において説明する．

3.1 はり要素

有限要素法においては，外力も境界条件も節点において考える．もちろん分布荷重は考慮できるが，要素上の分布荷重は，節点への等価な集中荷重として置き換える．こう考えると，はりの曲げの方程式 (2.10) において分布荷重なし ($p(x) = 0$) とした

$$EI_y \frac{d^4 w}{dx^4} = 0 \tag{3.1}$$

を出発式とする．この一般解は，例題 2.1 での式 (2.16) で示したように，

$$w = c_0 + c_1 x + c_2 x^2 + c_3 x^3 \tag{3.2}$$

となる．図 3.1 のように，長さ L の直線はり要素を考え，その力と変位の正方向を右ねじの方向とする．β_y は y 軸周りの回転角で

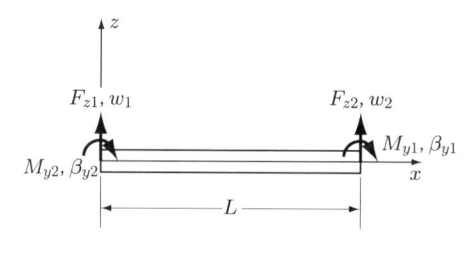

図 **3.1** はり要素と記号

$$\beta_y = -\frac{\partial w}{\partial x}$$

である．M_y は y 軸周りのモーメントという意味である．M_{y1}, M_{y2} などの添え字 1, 2 は節点を意味する．同様に，F_z は z 方向の力の意味である．I_y についても y 軸周りの断面二次モーメントの意味である．前章では y, z の添え字はつけなかったが，本章では 3 次元要素とするため，別の軸での定式化もあるので，このような添え字を使用する．

さて，第 2 章では，この多項式 (3.2) を両端 $x = 0, L$ にて境界条件を導入して解いてきた．いまここで考えるのは，はりの中の一部を切りとった要素である．未知数が四つ ($c_0 \sim c_3$) であるので，両端で二つずつの境界条件を入れればよい．入れ方として

$$M_y \quad \text{または} \quad \beta_y = 0$$
$$F_z \quad \text{または} \quad w = 0$$

の二つの量の組み合わせが考えられるが，右と左の節点で採用する物理量が異なっては統一性がとれない．したがって，一つの方法として w と β_y の変位を採用する方法があり，これを変位法という．さて，この境界条件

$$w = w_1, \quad \beta_y = \beta_{y1} \quad (x = 0)$$
$$w = w_2, \quad \beta_y = \beta_{y2} \quad (x = L)$$

を入れて c_0, c_1, c_2, c_3 について解けば

$$c_0 = w_1, \quad c_1 = -\beta_{y1}, \quad c_2 = \frac{3}{L^2}(w_2 - w_1) + \frac{1}{L}(2\beta_{y1} + \beta_{y2}),$$
$$c_3 = \frac{2}{L^3}(w_1 - w_2) - \frac{1}{L^2}(\beta_{y1} + \beta_{y2})$$

を得る．$\xi = x/L$ と無次元化して

$$w = \{1 - 3\xi^2 + 2\xi^3,\ L(-\xi + 2\xi^2 - \xi^3),\ 3\xi^2 - 2\xi^3,\ L(\xi^2 - \xi^3)\}$$

$$\times \begin{Bmatrix} w_1 \\ \beta_{y1} \\ w_2 \\ \beta_{y2} \end{Bmatrix} \tag{3.3}$$

となるが，これを

$$w = \{N(x)\}\{\delta\} \tag{3.4}$$

と表現して内部変位 w と節点変位 $\{\delta\}$ とを結びつけ，$\{N\}$ を**変位関数**とよぶ．

以上の準備をしておいて，このはり要素の節点での力と変位との関係式を求めてみる．まず，力とモーメントのつり合いから，

$$F_{z1} + F_{z2} = 0 \tag{3.5}$$

$$M_{y1} + M_{y2} - F_{z2}L = 0 \tag{3.6}$$

が成立する．F_{z1} から決めていくと，式 (3.3) より

$$\frac{\partial^2 w}{\partial x^2} = \frac{1}{L^2}\{6(-1+2\xi),\ L(4-6\xi),\ 6(1-2\xi),\ L(2-6\xi)\}\{\delta\}$$

$$\frac{\partial^3 w}{\partial x^3} = \frac{1}{L^3}\{12,\ -6L,\ -12,\ -6L\}\{\delta\}$$

であるので，

$$F_{z1} = EI_y \left.\frac{\partial^3 w}{\partial x^3}\right|_{\xi=0} = 6c_3$$

が得られ，力のつり合い式 (3.5) から

$$F_{z2} = -F_{z1} = -6c_3$$

が得られる．また，F_{z1} のために M_{y2} が発生し，変位関数の関係から

$$M_{y2} = -EI_y \left.\frac{\partial^2 w}{\partial x^2}\right|_{\xi=1} = -2c_2 - 6c_3 L$$

となる．モーメントのつり合い式 (3.6) から

$$M_{y1} = F_{z2}L - M_{y2} = -2c_2$$

となる．これを行列で書き直すと

$$\left\{\begin{array}{c} F_{z1} \\ M_{y1} \\ F_{z2} \\ M_{y2} \end{array}\right\} = \frac{EI_y}{L^3} \begin{bmatrix} 12 & -6L & -12 & -6L \\ -6L & 4L^2 & 6L & 2L^2 \\ -12 & 6L & 12 & 6L \\ -6L & 2L^2 & 6L & 4L^2 \end{bmatrix} \left\{\begin{array}{c} w_1 \\ \beta_{y1} \\ w_2 \\ \beta_{y2} \end{array}\right\} \tag{3.7}$$

となる．これを，

$$\{F\} = [K]\{\delta\} \tag{3.8}$$

と表示して**剛性方程式**とよび，$[K]$ を**剛性行列**という．$[K]$ は対称行列になっていることに留意されたい．これは偶然でなく，3.4 節のエネルギー原理による導出により明らかになる．一定の力 $\{F\}$ に対して，$[K]$ が大きければ変形 $\{\delta\}$ は小さくなるので，$[K]$ が大きいほど剛な構造ということができる．分布荷重がなければこれが厳密解である．したがって，分布荷重のない一様なはりの場合，いくら長くても要素分割は一つでよい．分布荷重がある場合，一つのはりをいくつかの要素に分割して，分布荷重を等価な集中荷重に置き換える．これについては，次の例題で実例にそって考える．

なお，ここで $[K]$ を導いた方法は一般的な方法ではない．剛性行列の導き方として別の方法[10]もあるが，これらより 3.4 節で示す方法（例題 3.5 参照）が最も合理的かつ一般的である．また，式 (3.7) は x-z 平面で作られたもので，x-y 平面で作ると $\beta_z = \partial v/\partial x$ となって回転角の符号が反転するので，後で示す式 (3.14) のようになる．

例題 3.1

例題 2.1 の問題を，有限要素法を用いて解け．

解答

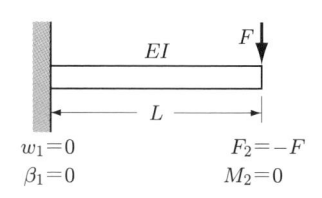

図 3.2 集中荷重を受ける片持ちはり

前章の 2.3 節と同じ例題で，左の固定点において $w_1 = 0$，$\beta_{y1} = 0$，右の自由端で $F_{z2} = -F$，$M_{y2} = 0$ であるので，図 3.2 のようになる．剛性方程式は

$$\left\{\begin{array}{c} F_{z1} \\ M_{y1} \\ -F \\ 0 \end{array}\right\} = \frac{EI_y}{L^3} \begin{bmatrix} 12 & -6L & -12 & -6L \\ -6L & 4L^2 & 6L & 2L^2 \\ -12 & 6L & 12 & 6L \\ -6L & 2L^2 & 6L & 4L^2 \end{bmatrix} \left\{\begin{array}{c} 0 \\ 0 \\ w_2 \\ \beta_{y2} \end{array}\right\} \quad (3.9)$$

である．この式を計算すると，上半分と下半分について剛性行列が

$$\left\{\begin{array}{c} F_{z1} \\ M_{y1} \end{array}\right\} = \frac{EI_y}{L^3} \begin{bmatrix} -12 & -6L \\ 6L & 2L^2 \end{bmatrix} \left\{\begin{array}{c} w_2 \\ \beta_{y2} \end{array}\right\} \quad (3.10)$$

$$\left\{\begin{array}{c} -F \\ 0 \end{array}\right\} = \frac{EI_y}{L^3} \begin{bmatrix} 12 & 6L \\ 6L & 4L^2 \end{bmatrix} \left\{\begin{array}{c} w_2 \\ \beta_{y2} \end{array}\right\} \quad (3.11)$$

となる．上半分の式 (3.10) は，変位 w_2, β_{y2} が得られたあと反力を計算する式で，下半分の式 (3.11) は，外力が与えられたときに変位 w_2, β_{y2} を計算する式である．この後者の式 (3.11) を未知数 w_2, β_{y2} について解くと，

$$\left\{\begin{array}{c} w_2 \\ \beta_{y2} \end{array}\right\} = \frac{EI_y}{L^3} \begin{bmatrix} 12 & 6L \\ 6L & 4L^2 \end{bmatrix}^{-1} \left\{\begin{array}{c} -F \\ 0 \end{array}\right\}$$

$$= \frac{L^3}{EI_y} \begin{bmatrix} \frac{1}{3} & -\frac{1}{2L} \\ -\frac{1}{2L} & \frac{1}{L^2} \end{bmatrix} \left\{\begin{array}{c} -F \\ 0 \end{array}\right\} = \left\{\begin{array}{c} -\dfrac{FL^3}{3EI_y} \\ \dfrac{FL^2}{2EI_y} \end{array}\right\}$$

となる．w_2 が最大変位で式 (2.17) に一致する．また，節点 1 での反力 F_{z1}, M_{y1} は，得られた節点変位 w_2, β_{y2} を剛性方程式の右上半分の式 (3.11) に適用して，

$$\left\{\begin{array}{c} F_{z1} \\ M_{y1} \end{array}\right\} = \frac{EI_y}{L^3} \begin{bmatrix} -12 & -6L \\ 6L & 2L^2 \end{bmatrix} \left\{\begin{array}{c} -\dfrac{FL^3}{3EI_y} \\ \dfrac{FL^2}{2EI_y} \end{array}\right\} = \left\{\begin{array}{c} F \\ -FL \end{array}\right\}$$

となる．

例題 3.2

例題 3.1 を，MATLAB でプログラミングせよ．

解答

式 (3.11) を解くプログラムを考える．L, EI_y, F についていろいろ数値を変えられるようプログラムしてみる．ここで使う文法は 1.7 節に示してある．

```
function[W2,BY2]=reidai32(L,EI,F)
K=[12,6*L;6*L,4*L^2];
K=(EI/L^3)*K;
```

```
    FV=[-F,0]';
    KEKKA=(K\FV)';
    W2=KEKKA(1);BY2=KEKKA(2);
    end
```

MATLABでは文字計算はできないので，具体的に数値を設定する．たとえば，

$$L = 1\,\mathrm{m}, \quad EI_y = 100\,\mathrm{kg\,m^3/s^2}, \quad F = 1.0 \times 9.8\,\mathrm{kg\,m/s^2}$$

とする．実際の計算ではプログラムに`reidai32.m`というファイル名で保存しておく．ファイル名に`.m`の拡張子がつくのは，MATLABでのファイルであることを表し，mファイルとよばれる．計算の実行はMATLAB上で

```
    [W2,BY2]=reidai32(1,100,9.8)
```

と入力すれば

```
    W2 =   -0.0327,   BY2 =   0.0490
```

を得る．

例題 3.3

例題 2.3 の問題を，有限要素法を用いて解け．

解答

図 3.3 のように，前章の例題 2.3 の中央に集中荷重がある場合を解いてみる．有限要素法では，力と変位は節点においてのみ与えられるから，中央点にも節点を設け，2要素3節点でモデル化することになる．今後，2要素以上でモデリングする場合，はりの全長を l とする．節点1と2，節点2と3とで作られる剛性行列を重ね合わせ，力の条件 $M_{y1} = M_{y2} = M_{y3} = 0$，$F_{z2} = -F$ を代入すると

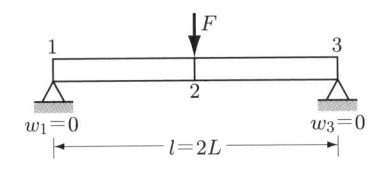

図 3.3 集中荷重を受ける両端単純支持はり

$$\left\{\begin{array}{c} F_{z1} \\ 0 \\ F_{z2} \\ 0 \\ F_{z3} \\ 0 \end{array}\right\} = \frac{EI_y}{L^3} \begin{bmatrix} 12 & -6L & -12 & -6L & & \\ -6L & 4L^2 & 6L & 2L^2 & & \\ -12 & 6L & 24 & 0 & -12 & -6L \\ -6L & 2L^2 & 0 & 8L^2 & 6L & 2L^2 \\ & & -12 & 6L & 12 & 6L \\ & & -6L & 2L^2 & 6L & 4L^2 \end{bmatrix} \left\{\begin{array}{c} 0 \\ \beta_{y1} \\ w_2 \\ \beta_{y2} \\ 0 \\ \beta_{y3} \end{array}\right\}$$

を得る．ここで，節点2において両要素が重なっていることに注意されたい．例題3.1と同じく，未知節点変位に関して第2，3，4，6番目の行と列を抜き出して剛性方程式を再構成すると，

$$\left\{\begin{array}{c} 0 \\ -F \\ 0 \\ 0 \end{array}\right\} = \frac{EI_y}{L^3} \begin{bmatrix} 4L^2 & 6L & 2L^2 & 0 \\ 6L & 24 & 0 & -6L \\ 2L^2 & 0 & 8L^2 & 2L^2 \\ 0 & -6L & 2L^2 & 4L^2 \end{bmatrix} \left\{\begin{array}{c} \beta_{y1} \\ w_2 \\ \beta_{y2} \\ \beta_{y3} \end{array}\right\}$$

この式を変位について解けばよいが，文字計算は面倒なので数値例として $l=2$（したがって $L=l/2=1$）を採用して計算すると，

$$\left\{\begin{array}{c} \beta_1 \\ w_2 \\ \beta_2 \\ \beta_3 \end{array}\right\} = -\frac{F}{EI_y} \begin{bmatrix} 4 & 6 & 2 & 0 \\ 6 & 24 & 0 & -6 \\ 2 & 0 & 8 & 2 \\ 0 & -6 & 2 & 4 \end{bmatrix}^{-1} \left\{\begin{array}{c} 0 \\ 1 \\ 0 \\ 0 \end{array}\right\} = -\frac{F}{EI_y} \left\{\begin{array}{c} -1/4 \\ 1/6 \\ 0 \\ 1/4 \end{array}\right\}$$

を得る．前章の同じ例題の結果 (2.23) で $l=2$ とおけば，

$$w_2 = w_{\max} = -\frac{Fl^3}{48EI_y} = -\frac{F}{6EI_y}$$

となって一致する．また，$\beta_2 = 0$ となって対称性も満たしている．ここでは表示上，剛性方程式を解くのに逆行列を使っているが，実際には連立1次方程式を解けばよい．

例題 3.4

例題 2.2 を，有限要素法を用いて解け．

解答

この問題は分布荷重であり，有限要素法では節点でしか変数を取れない．したがって，分布荷重を等価な節点荷重に近似するため，先の二つの例題のように一つの要素でモデル化するわけにはいかない．なぜならば，有限要素を導出するときに採用した変位関数は，分布荷重がないとして導かれたものだからである．よって，この例題では分布荷重を節点上の集中荷重に置き換えなければならない．この例題の場合，四つの要素に分割して，分布荷重の合計 pl をその 1/4 ずつの要素の両端に振り分けて，図3.4のように等価な力を加えることにする．

4 要素を重ね合わせた全体剛性行列は，

$$[K] = \frac{EI_y}{L^3} \begin{bmatrix} 12 & -6L & -12 & -6L & 0 & 0 & 0 & 0 & 0 & 0 \\ -6L & 4L^2 & 6L & 2L^2 & 0 & 0 & 0 & 0 & 0 & 0 \\ -12 & 6L & 24 & 0 & -12 & -6L & 0 & 0 & 0 & 0 \\ -6L & 2L^2 & 0 & 8L^2 & 6L & 2L^2 & 0 & 0 & 0 & 0 \\ 0 & 0 & -12 & 6L & 24 & 0 & -12 & -6L & 0 & 0 \\ 0 & 0 & -6L & 2L^2 & 0 & 8L^2 & 6L & 2L^2 & 0 & 0 \\ 0 & 0 & 0 & 0 & -12 & 6L & 24 & 0 & -12 & -6L \\ 0 & 0 & 0 & 0 & -6L & 2L^2 & 0 & 8L^2 & 6L & 2L^2 \\ 0 & 0 & 0 & 0 & 0 & 0 & -12 & 6L & 12 & 6L \\ 0 & 0 & 0 & 0 & 0 & 0 & -6L & 2L^2 & 6L & 4L^2 \end{bmatrix}$$

(3.12)

であり，$l = 4$ として数値計算を行う．先ほどの二つの例と同様に，未知変位に関する行と列を残して（$sym.$ で対称行列を表す），

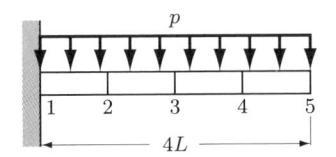

図 **3.4** 分布荷重のかかる片持ちはり

$$\frac{-pl}{8} \begin{Bmatrix} 2 \\ 0 \\ 2 \\ 0 \\ 2 \\ 0 \\ 1 \\ 0 \end{Bmatrix} = EI_y \begin{bmatrix} 24 & 0 & -12 & -6 & & & & \\ & 8 & 6 & 2 & & & & \\ & & 24 & 0 & -12 & -6 & & \\ & & & 8 & 6 & 2 & & \\ & & & & 24 & 0 & -12 & -6 \\ & & sym. & & & 8 & 6 & 2 \\ & & & & & & 12 & 6 \\ & & & & & & & 4 \end{bmatrix} \begin{Bmatrix} w_2 \\ \beta_{y2} \\ w_3 \\ \beta_{y3} \\ w_4 \\ \beta_{y4} \\ w_5 \\ \beta_{y5} \end{Bmatrix}$$

が得られる．この剛性行列をみればわかるように，対角の近傍を除いてゼロである疎行列となっている．実用的な有限要素法プログラムは，この行列の性質を使って記憶容量と演算回数の節約を計ったコード（バンド行列法やスカイライン法[11]）になっている．分布荷重は 1 要素に pL の荷重がかかるので，これを二つの節点に均等に分割して $pL/2$ ずつ振り分ける．この計算結果は，

$$\begin{Bmatrix} w_2 \\ \beta_{y2} \\ w_3 \\ \beta_{y3} \\ w_4 \\ \beta_{y4} \\ w_5 \\ \beta_{y5} \end{Bmatrix} = \frac{-pl}{4EI_y} \begin{Bmatrix} 3.416 \\ -6.25 \\ 11.5 \\ -9.5 \\ 21.75 \\ -10.75 \\ 32.65 \\ -11 \end{Bmatrix}$$

である．ここで，自由端の変位 w_5 は $-32.65pl/4EI_y$ で，式 (2.18) において $l=4$ とおいて得られる厳密解 $-32p/EI_y$ に 4 要素でよく一致していることがわかる．ここでは分布荷重は単に両脇に振り分けたが，合理的な分布荷重の扱いは式 (3.35) で扱われる．

3.2 立体骨組解析

ここまでは，簡単な直線はりについて考えてきた．本節では，任意の骨組構造の有限要素解析を説明する．

各はり要素が同一直線上になければ，曲げ変形は伸び縮みやねじれになって伝わっていく．立体はり要素の変位と，それに対応する力を図 3.5 と表 3.1 とに定義する．モーメントと回転角に対して矢印が 2 個重なっている記号は，右ねじの法則に従った回転を定義する．回転角は，

$$\beta_x = \frac{\partial w}{\partial y}, \quad \beta_y = -\frac{\partial w}{\partial x}, \quad \beta_z = \frac{\partial v}{\partial x}$$

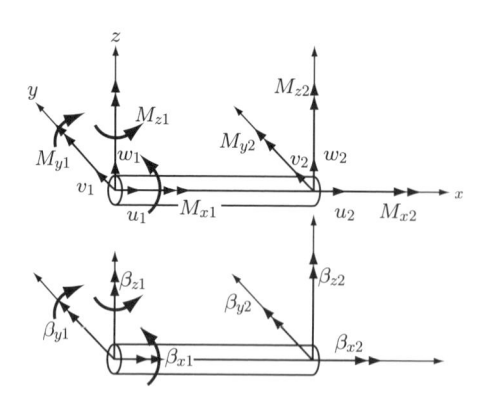

図 3.5　3次元はり要素

表 3.1　記号の説明

u_1	x 方向の変位
v_1	y 方向の変位
w_1	z 方向の変位
β_{x1}	x 軸回りのねじれ角
β_{y1}	y 軸回りの回転
β_{z1}	z 軸回りの回転
X_1	x 方向の力
Y_1	y 方向の力
Z_1	z 方向の力
M_{x1}	x 軸回りのモーメント
M_{y1}	y 軸回りのモーメント
M_{z1}	z 軸回りのモーメント

であり，要素の座標系は x 軸に沿ってはりを置くものとするので，β_x は回転角というよりねじり角である．添え字の 1 は節点 1 の値であることを示す．

3 次元はり要素を作るためには，x-z 平面における曲げ，x-y 平面における曲げ，x 軸方向の伸び縮み，x 軸周りのねじりを考える．まず，x-z 平面における曲げは式 (3.7) より，

$$\begin{Bmatrix} Z_1 \\ M_{y1} \\ Z_2 \\ M_{y2} \end{Bmatrix} = \frac{EI_y}{L^3} \begin{bmatrix} 12 & -6L & -12 & -6L \\ -6L & 4L^2 & 6L & 2L^2 \\ -12 & 6L & 12 & 6L \\ -6L & 2L^2 & 6L & 4L^2 \end{bmatrix} \begin{Bmatrix} w_1 \\ \beta_{y1} \\ w_2 \\ \beta_{y2} \end{Bmatrix} \tag{3.13}$$

である．x-y 平面における曲げは，図 **3.6** に示すように $\beta_z = \partial v/\partial x$ と x-z 平面の場合と違って回転角にマイナス符号がつかないので，

$$\begin{Bmatrix} Y_1 \\ M_{z1} \\ Y_2 \\ M_{z2} \end{Bmatrix} = \frac{EI_z}{L^3} \begin{bmatrix} 12 & 6L & -12 & 6L \\ 6L & 4L^2 & -6L & 2L^2 \\ -12 & -6L & 12 & -6L \\ 6L & 2L^2 & -6L & 4L^2 \end{bmatrix} \begin{Bmatrix} v_1 \\ \beta_{z1} \\ v_2 \\ \beta_{z2} \end{Bmatrix} \tag{3.14}$$

となる．次に，立体要素として 1 節点 6 自由度（3 方向の変位と 3 軸周りの回転）を確保するために，はりの伸縮要素（棒要素）とねじり要素を作る．

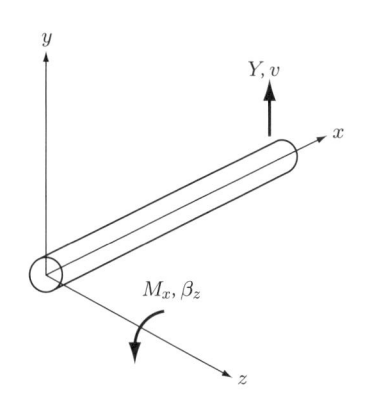

図 **3.6** x-y 平面での記号．式 (3.14) に対応

3.2.1 棒 要 素

3次元の骨組構造では,曲げや軸力はねじりや別方向の曲げとなって伝わっていく.そのため,曲げだけでなく,軸力を伝える伸縮変形,ねじり変形も自由度の中に付け加えなければならない.たとえば,図 **3.7** において部材 A に働く力 F_1 は,部材 B に対して x 軸周りのねじれと y 軸周りの曲げモーメントとなる.また,軸力 F_2 は,部材 B に対して z 軸周りの曲げモーメントとなる.ここでは,軸力を伝える棒要素とねじりを伝えるねじり要素を作る.

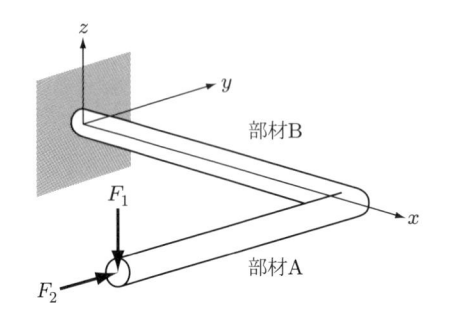

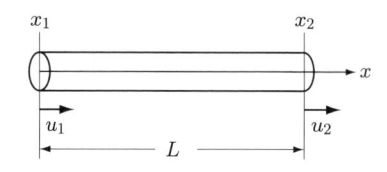

図 **3.7** 軸力とモーメントの関係

図 **3.8** 棒要素

では,まず棒要素を作ってみる.図 **3.8** のような一様な棒を考える.軸力と変位との関係は,次のように考える.軸力 F は,断面積 A に応力 σ をかけたものに等しく

$$F = A\sigma = A(E\varepsilon) = EA\frac{du}{dx} \quad (3.15)$$

であり,伸び縮みの変位 u を両端の変位 u_1, u_2 で表せば,

$$u(x) = u_1 + (u_2 - u_1)\frac{x}{L}$$

となる.よって,

$$F = \frac{EA}{L}(u_2 - u_1)$$

となり,$X_1 = -F(0)$, $X_2 = F(L)$ とすると,

$$\begin{Bmatrix} X_1 \\ X_2 \end{Bmatrix} = \frac{EA}{L} \begin{bmatrix} 1 & -1 \\ -1 & 1 \end{bmatrix} \begin{Bmatrix} u_1 \\ u_2 \end{Bmatrix} \quad (3.16)$$

を得る.図では棒になっているが,これはばねと同じことであり,上記結果は直感的にも求めることができる.

3.2.2 ねじり要素

次に，ねじり要素を考える．2.4 節で説明したことを応用するだけである．図 **3.9** のような棒の場合，式 (2.25) より

$$M_T = GJ\phi = GJ\frac{d\theta}{dx} = GJ\frac{\partial \beta_x}{\partial x} \tag{3.17}$$

が成立する．あとは棒要素を作った場合とまったく同じ手順で，

$$\left\{\begin{array}{c} Mx_1 \\ Mx_2 \end{array}\right\} = \frac{GJ}{L}\left[\begin{array}{cc} 1 & -1 \\ -1 & 1 \end{array}\right]\left\{\begin{array}{c} \beta_{x1} \\ \beta_{x2} \end{array}\right\} \tag{3.18}$$

を得る．ねじり角 θ を β_x としているが，これは表 **3.1** で定義したように $\beta_x = -\partial w/\partial y$ である．

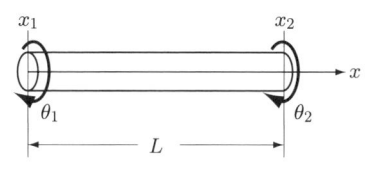

図 **3.9** ねじり要素

3.2.3 3 次元はり要素

ここまでに用意した単純な要素を組み合わせて，図 **3.5** のような自由度を持つ 3 次元はり要素の剛性行列を作る．式 (3.13)，(3.14)，(3.16)，(3.18) を統合して 3 次元はり要素の剛性方程式を組み上げると，

$$\left\{\begin{array}{c} X_1 \\ Y_1 \\ Z_1 \\ Mx_1 \\ My_1 \\ Mz_1 \\ X_2 \\ Y_2 \\ Z_2 \\ Mx_2 \\ My_2 \\ Mz_2 \end{array}\right\} = [K]\left\{\begin{array}{c} u_1 \\ v_1 \\ w_1 \\ \beta_{x1} \\ \beta_{y1} \\ \beta_{z1} \\ u_2 \\ v_2 \\ w_2 \\ \beta_{x2} \\ \beta_{y2} \\ \beta_{z2} \end{array}\right\} \tag{3.19}$$

となる．ここに $[K]$ は，

$$[K] = \begin{bmatrix}
\frac{EA}{L} & 0 & 0 & 0 & 0 & 0 & -\frac{EA}{L} & 0 & 0 & 0 & 0 & 0 \\
0 & \frac{12EI_z}{L^3} & 0 & 0 & 0 & \frac{6EI_z}{L^2} & 0 & -\frac{12EI_z}{L^3} & 0 & 0 & 0 & \frac{6EI_z}{L^2} \\
0 & 0 & \frac{12EI_y}{L^3} & 0 & -\frac{6EI_y}{L^2} & 0 & 0 & 0 & -\frac{12EI_y}{L^3} & 0 & -\frac{6EI_y}{L^2} & 0 \\
0 & 0 & 0 & \frac{GJ}{L} & 0 & 0 & 0 & 0 & 0 & -\frac{GJ}{L} & 0 & 0 \\
0 & 0 & -\frac{6EI_y}{L^2} & 0 & \frac{4EI_y}{L} & 0 & 0 & 0 & \frac{6EI_y}{L^2} & 0 & \frac{2EI_y}{L} & 0 \\
0 & \frac{6EI_z}{L^2} & 0 & 0 & 0 & \frac{4EI_z}{L} & 0 & -\frac{6EI_z}{L^2} & 0 & 0 & 0 & \frac{2EI_z}{L} \\
-\frac{EA}{L} & 0 & 0 & 0 & 0 & 0 & \frac{EA}{L} & 0 & 0 & 0 & 0 & 0 \\
0 & -\frac{12EI_z}{L^3} & 0 & 0 & 0 & -\frac{6EI_z}{L^2} & 0 & \frac{12EI_z}{L^3} & 0 & 0 & 0 & -\frac{6EI_z}{L^2} \\
0 & 0 & -\frac{12EI_y}{L^3} & 0 & \frac{6EI_y}{L^2} & 0 & 0 & 0 & \frac{12EI_y}{L^3} & 0 & \frac{6EI_y}{L^2} & 0 \\
0 & 0 & 0 & -\frac{GJ}{L} & 0 & 0 & 0 & 0 & 0 & \frac{GJ}{L} & 0 & 0 \\
0 & 0 & -\frac{6EI_y}{L^2} & 0 & \frac{2EI_y}{L} & 0 & 0 & 0 & \frac{6EI_y}{L^2} & 0 & \frac{4EI_y}{L} & 0 \\
0 & \frac{6EI_z}{L^2} & 0 & 0 & 0 & \frac{2EI_z}{L} & 0 & -\frac{6EI_z}{L^2} & 0 & 0 & 0 & \frac{4EI_z}{L}
\end{bmatrix} \quad (3.20)$$

と与えられる．

3.2 立体骨組解析

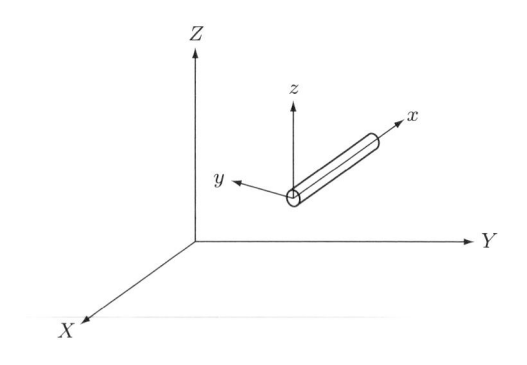

図 3.10 局所座標と全体座標

さて，多数の要素で構成される構造の解析においては，図 **3.10** に示すように，各要素が**局所座標系** (x, y, z) で作られているので，その剛性行列を**全体座標系** (X, Y, Z) に変換してから全体剛性行列を作る．このとき重要なのが，局所座標系と全体座標系を関係づける**変換行列** $[T_e]$ である．局所座標系と全体座標系（バー付きで表示）の関係は変換行列を使って

$$\begin{Bmatrix} u_1 \\ v_1 \\ w_1 \\ \beta_{x1} \\ \beta_{y1} \\ \beta_{z1} \\ u_2 \\ v_2 \\ w_2 \\ \beta_{x2} \\ \beta_{y2} \\ \beta_{z2} \end{Bmatrix} = \begin{bmatrix} [T_e] & & & \\ & [T_e] & & \\ & & [T_e] & \\ & & & [T_e] \end{bmatrix} \begin{Bmatrix} \bar{u}_1 \\ \bar{v}_1 \\ \bar{w}_1 \\ \bar{\beta}_{x1} \\ \bar{\beta}_{y1} \\ \bar{\beta}_{z1} \\ \bar{u}_2 \\ \bar{v}_2 \\ \bar{w}_2 \\ \bar{\beta}_{x2} \\ \bar{\beta}_{y2} \\ \bar{\beta}_{z2} \end{Bmatrix} \tag{3.21}$$

と表される．ここに，$[T_e]$ は 3×3 の行列であり，局所（はり要素を作った）座標系 (x, y, z) と全体座標系 (X, Y, Z) との間で

$$\begin{Bmatrix} x \\ y \\ z \end{Bmatrix} = [T_e] \begin{Bmatrix} X \\ Y \\ Z \end{Bmatrix} \tag{3.22}$$

の関係がある．ここで厄介な問題が出てくる．はり要素を使うとき，はりの二つの節点を入れただけでは，軸の方向が決まるだけで，軸周りの回転角が決まらない．円管のように，断面が軸対称であれば断面定数は回転角によらないが，I形はりやH形はりでは断面の平面内で方向性がある．全体座標系の中でこの回転角を決めるのに便利な概念が，**コードアングル（主軸角）**である．市販の汎用有限要素法プログラムでは，y, z 軸の定義のためコードアングル θ を入力するか，追加節点 k を入力することとなる．コードアングルの詳細は，文献 [12] を参照されたい．ここでは，変換行列 $[T_e]$ の結果のみを記すにとどめる．

$$[T_e] = \begin{bmatrix} 1 & 0 & 0 \\ 0 & \cos\theta & \sin\theta \\ 0 & -\sin\theta & \cos\theta \end{bmatrix} \begin{bmatrix} l_x & m_x & n_x \\ \dfrac{-m_x}{\sqrt{l_x^2+m_x^2}} & \dfrac{l_x}{\sqrt{l_x^2+m_x^2}} & 0 \\ \dfrac{-n_x l_x}{\sqrt{l_x^2+m_x^2}} & \dfrac{-m_x n_x}{\sqrt{l_x^2+m_x^2}} & \dfrac{l_x^2+m_x^2}{\sqrt{l_x^2+m_x^2}} \end{bmatrix}$$

ここに (X_1, Y_1, Z_1) は，はり要素の全体座標系での節点 1, 2 の座標で

$$L = \sqrt{(X_2-X_1)^2 + (Y_2-Y_1)^2 + (Z_2-Z_1)^2}$$
$$l_x = \frac{X_2-X_1}{L}, \quad m_x = \frac{Y_2-Y_1}{L}, \quad n_x = \frac{Z_2-Z_1}{L}$$

である．ただし，はり要素の $+x$ 軸が全体座標系の $+Z$ 軸と平行になった場合には，

$$[T_e] = \begin{bmatrix} 0 & 0 & 1 \\ \cos\theta & \sin\theta & 0 \\ -\sin\theta & \cos\theta & 0 \end{bmatrix}$$

であり，はり要素の $-x$ 軸が全体座標系の $+Z$ 軸と平行になった場合には，

$$[T_e] = \begin{bmatrix} 0 & 0 & -1 \\ \cos\theta & \sin\theta & 0 \\ -\sin\theta & -\cos\theta & 0 \end{bmatrix}$$

である．この座標変換部分は，第 8 章のプログラム `BEAM3V` サブルーチン `HENKA1.m` で記述されているが，θ は 0 としている．

以上をまとめて，式 (3.21) を

$$\{\delta\} = [T]\{\bar{\delta}\} \tag{3.23}$$

と書き表せば，全体座標系での要素の剛性行列は，

$$[\bar{K}] = [T]^T [K][T] \tag{3.24}$$

となる．両側から $[T]$ がかかることは，3.4.2 項で示す，ひずみエネルギーの式 (3.32) の表示からわかる．

3.3 有限要素法解析の流れ

これまで，少ない要素数での有限要素法による解析を，例題に沿って行ってきたが，要素数が多くなっても手順的には同じである．手順を一般的にまとめると，図 **3.11** のようになる．この手順は静的荷重問題である．第 8 章で示すプログラム例は振動問題なので，5, 6, 7 のステップにおいては，固有振動数と固有振動モードの計算や応答解析に置き換わる．いずれにしても，市販の汎用解析プログラムでは 1 のデータ入力だけを行えば，それ以降の処理はソフトウェアの中で自動的になされる．

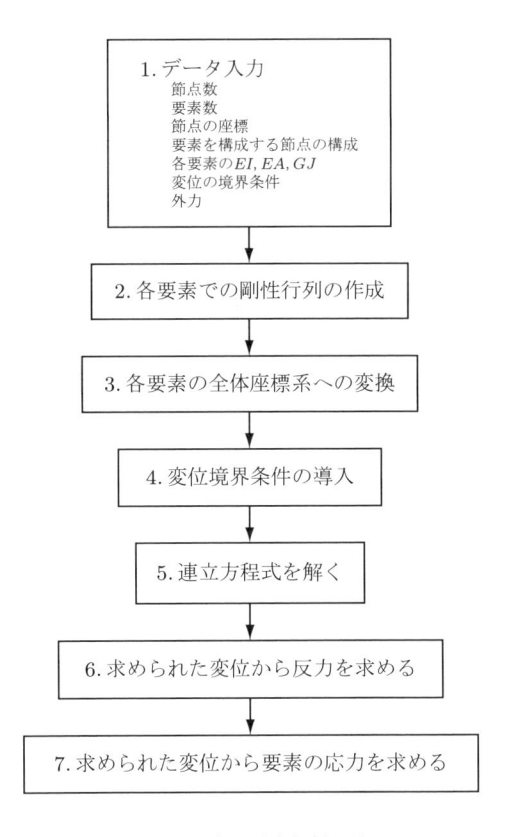

```
1. データ入力
    節点数
    要素数
    節点の座標
    要素を構成する節点の構成
    各要素のEI, EA, GJ
    変位の境界条件
    外力
        ↓
2. 各要素での剛性行列の作成
        ↓
3. 各要素の全体座標系への変換
        ↓
4. 変位境界条件の導入
        ↓
5. 連立方程式を解く
        ↓
6. 求められた変位から反力を求める
        ↓
7. 求められた変位から要素の応力を求める
```

図 **3.11** 有限要素解析の流れ

3.4 一般定式化

さて，これまではりに限定して有限要素の導き方を示したが，ここではそれを一般化して，板の曲げ要素や面内要素など，一般的な有限要素の定式化を説明する．ここで示す方法は，節点での変位を未知数として定式化するので変位法という．これに対して応力法といわれる定式化もあるが，汎用性に劣るのでほとんど使われていない．

3.4.1 有限要素法における関係式

有限要素法の定式化において重要な関数と関係式を，以下に示す．

● 変位 – 節点変位関数

要素内部の変位 u を節点の変位 δ で内挿する関係式で，はりの場合，式 (3.3) である．これを一般化すると，

$$\{u\} = \{N\}\{\delta\} \tag{3.25}$$

と表示される．$N(x, y, z)$ を変位関数という．

● ひずみ – 変位関係式

ひずみ ε は，変位量を元の長さで無次元化したものであるが，一般には場所によって異なるので，微分操作が必要となる．はりの場合には，2.1 節で説明したように，

$$\varepsilon = -\frac{z}{\rho} = -z\frac{d^2w}{dx^2}$$

$$= z\frac{2}{L^2}\left\{ -3+6\xi, \quad L(2-3\xi), \quad 3-6\xi, \quad L(1-3\xi) \right\} \begin{Bmatrix} w_1 \\ \beta_1 \\ w_2 \\ \beta_2 \end{Bmatrix} \tag{3.26}$$

である．これを一般形にして，

$$\{\varepsilon\} = [B]\{\delta\} \tag{3.27}$$

と書き表す．

● 応力 – ひずみ関係式

応力 σ とひずみ ε との関係式は，ばねに関するフックの法則の一般化であり，はりの場合は，

$$\sigma = E\varepsilon$$

である．一般形は，

$$\{\sigma\} = [D]\{\varepsilon\} \tag{3.28}$$

と書き表せる．ここに，応力 $\{\sigma\}$ とひずみ $\{\varepsilon\}$ はベクトル，$[D]$ は行列で，平面応力場では式 (3.47) である．なお，この一般定式化における $\{\sigma\}$，$\{\varepsilon\}$ には，せん断応力とせん断ひずみも当然含まれる．

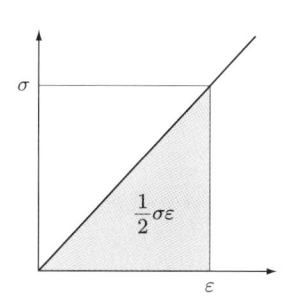

3.4.2 ひずみエネルギー

ばねを縮めて，あるいは伸ばすことによってエネルギーを蓄えるのと同様に，弾性体においても，外力の作用によって生ずるひずみによりエネルギーが蓄えられる．変位量や距離に比例する力によって蓄えられるエネルギーはポテンシャルエネルギーとよばれるが，弾性体に蓄えられる**ひずみエネルギー**もポテンシャルエネルギーである．ひずみエネルギーは，

$$\begin{aligned}\text{エネルギー} &= \text{仕事} = \text{力} \times \text{距離} = \frac{1}{2}(\text{最大距離}) \times (\text{最終力}) \\ &= \frac{1}{2}(\text{ひずみ} \times \text{全長})(\text{応力} \times \text{断面積}) = \frac{1}{2}\sigma\varepsilon Al\end{aligned} \tag{3.29}$$

となるので，単位体積当たりのひずみエネルギー密度は，**図 3.12** に示すように $\sigma\varepsilon/2$ である．同様に，せん断によるひずみエネルギー密度は，$\tau\gamma/2$ である．

図 3.12 ひずみエネルギー

よって，有限要素法の記述によるひずみエネルギーは，

$$\Pi = \frac{1}{2}\int \{\varepsilon\}^T\{\sigma\}\, dV = \frac{1}{2}\{\delta\}^T \int [B]^T[D][B]\, dV\, \{\delta\} \tag{3.30}$$

となる．ここに，

$$[K] = \int [B]^T [D][B] \, dV \tag{3.31}$$

とすれば，

$$\Pi = \frac{1}{2}\{\delta\}^T [K]\{\delta\} \tag{3.32}$$

と書き表すことができる．$[K]$ を剛性行列 (stiffness matrix) とよぶ．

外部力による仕事は

$$U_1 = \{\delta\}^T \{F\} \tag{3.33}$$

であり，**物体力**による仕事は

$$U_2 = \int \{u\}\{p\} \, dV = \{\delta\}^T \int \{N\}^T \{p\} \, dV = \{\delta\}^T \{F_p\} \tag{3.34}$$

であるので，物体力と等価な節点力 F_p は

$$\{F_p\} = \int \{N\}^T \{p\} \, dV \tag{3.35}$$

と得られる．**慣性力**は質量と加速度の積であるが，振動などによる慣性力も物体力であるので，時間に依存する力は，ダランベールの原理により慣性抵抗として

$$\{p\} \, dV = -\frac{d^2\{u\}}{dt^2} \, dm \tag{3.36}$$

とおくことができる．したがって，慣性力がある場合，式 (3.36) を式 (3.35) に代入して，ρ を密度として $dm = \rho \, dV$ とすれば，

$$\{F_p\} = -\int \{N\}^T \{N\} \frac{d^2\{\delta\}}{dt^2} \rho \, dV = -[M] \frac{d^2\{\delta\}}{dt^2} \tag{3.37}$$

となる．ここに，$[M]$ は

$$[M] = \int \{N\}^T \{N\} \rho \, dV$$

であるが，平面問題などでは x 方向変位 u と y 方向変位 v の複数で扱うこともあるので，変位関数 $\{N\}$ は一般的には行列であり，

$$[M] = \int [N]^T [N] \rho \, dV \tag{3.38}$$

である．

3.4.3 エネルギー原理

物体力 p と集中荷重 F を受け，物体内部で変位 u と節点変位 δ とを生じる構造物のひずみエネルギーを Π とする．このとき，荷重による外部仕事は，ひずみエネルギー

の変化に等しくなければならないので，

$$d(\Pi) - d(U_1 + \{\delta\}^T\{F_p\}) = 0 \tag{3.39}$$

となる．すなわち，与えられた変位に対して全ポテンシャルエネルギーが停留値をとる．ひずみエネルギー Π は常に正の値をとるので，この停留値は最小値である．これが**ポテンシャルエネルギー最小の原理**である．系の平衡状態では，変位に関してポテンシャルエネルギーは最小値をとるので，そのときにはポテンシャルエネルギーを変位 $\{\delta\}^T$ で微分した値がゼロとなる．すなわち，式 (3.39) に，式 (3.33), (3.35) を代入して，

$$[K]\{\delta\} = \{F\} + \{F_p\} \tag{3.40}$$

として剛性方程式が得られる．動的な運動を考えるときは，物体力を式 (3.37) により慣性力に置き換えて，

$$[K]\{\delta(t)\} + [M]\frac{d^2\{\delta\}}{dt^2} = \{F(t)\} \tag{3.41}$$

となる．これは振動方程式となっており，先ほど定義した $[M]$ は**質量行列**(mass matrix) とよばれる．

例題 3.5
はりの剛性行列 $[K]$ を，式 (3.31) から導け．

解答
頁数の都合から，$[K]$ の (1,2) 成分 K_{12} のみを求めてみる．式 (3.26) を使うが，行列 $[D]$ はヤング率 E として積分の外に出せ，z も断面二次モーメント I_y として別に積分できるので，

$$K_{12} = \frac{EI_y}{L^4}\int_0^1 4L(-3+6\xi)L(2-3\xi)\,d\xi = -\frac{6EI_y}{L^3}$$

として，式 (3.7) の $[K]$ の (1,2) 成分と同じ結果を得る．

3.4.4　三角形平面要素

これまでの有限要素法の定式化に従って，演習問題として図 **3.13** のような三角形平面要素を導いてみる．

変位-節点変位関係式 (3.25) は

$$u = c_1 + c_2 x + c_3 y \tag{3.42}$$

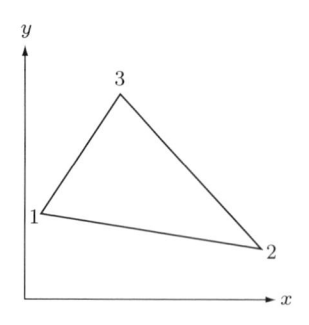

図 **3.13** 三角形平面要素

$$v = c_4 + c_5 x + c_6 y \tag{3.43}$$

とする．ここで採用した変位関数は，未知数 c_1～c_6 の値を節点変位の 6 個の値で一意に決められるよう 1 次式にしてある．このようにすると，

$$\left\{\begin{array}{c} u \\ v \end{array}\right\} = \frac{1}{2S} \left[\begin{array}{cccccc} a_1+b_1 x+c_1 y & 0 & a_2+b_2 x+c_2 y & 0 & a_3+b_3 x+c_3 y & 0 \\ 0 & a_1+b_1 x+c_1 y & 0 & a_2+b_2 x+c_2 y & 0 & a_3+b_3 x+c_3 y \end{array}\right] \left\{\begin{array}{c} u_1 \\ v_1 \\ u_2 \\ v_2 \\ u_3 \\ v_3 \end{array}\right\} \tag{3.44}$$

と得られる．ここに，

$$a_1 = x_2 y_3 - x_3 y_2, \quad b_1 = y_2 - y_3, \quad c_1 = x_3 - x_2$$

$$S = \frac{1}{2} \det \left[\begin{array}{ccc} 1 & x_1 & y_1 \\ 1 & x_2 & y_2 \\ 1 & x_3 & y_3 \end{array}\right]$$

で，S は三角形の面積となっている．a_1 などの添え字は順番に変わっていくものとする．

ひずみ-変位関係式 (3.27) は，ひずみ $\{\varepsilon\}$ を

$$\{\varepsilon\} = \left\{\begin{array}{c} \varepsilon_x \\ \varepsilon_y \\ \gamma_{xy} \end{array}\right\} = \left\{\begin{array}{c} \dfrac{\partial u}{\partial x} \\ \dfrac{\partial v}{\partial y} \\ \dfrac{\partial u}{\partial y} + \dfrac{\partial v}{\partial x} \end{array}\right\} \tag{3.45}$$

として，先ほどの変位関数を微分することにより，

$$\left\{\begin{array}{c} \varepsilon_x \\ \varepsilon_y \\ \gamma_{xy} \end{array}\right\} = \frac{1}{S} \begin{bmatrix} b_1 & 0 & b_2 & 0 & b_3 & 0 \\ 0 & c_1 & 0 & c_2 & 0 & c_3 \\ c_1 & b_1 & c_2 & b_2 & c_3 & b_3 \end{bmatrix} \left\{\begin{array}{c} u_1 \\ v_1 \\ u_2 \\ v_2 \\ u_3 \\ v_3 \end{array}\right\} \tag{3.46}$$

と得られる．薄い板が平面内で引っ張られるような**平面応力状態**では，応力-ひずみ関係式 (3.28) は

$$\left\{\begin{array}{c} \sigma_x \\ \sigma_y \\ \tau_{xy} \end{array}\right\} = \frac{E}{1-\nu^2} \begin{bmatrix} 1 & \nu & 0 \\ \nu & 1 & 0 \\ 0 & 0 & \dfrac{1-\nu}{2} \end{bmatrix} \left\{\begin{array}{c} \varepsilon_x \\ \varepsilon_y \\ \gamma_{xy} \end{array}\right\} \tag{3.47}$$

である．よって，剛性行列は式 (3.31) より，

$$[K] = \int [B]^T [D] [B] \, dV = hS[B]^T [D] [B] \tag{3.48}$$

として，積分なしで得られる．ここに，$[B]$, $[D]$ は，式 (3.46), (3.47) で表示された行列である．

演習問題 3

1 例題 3.4 では 4 要素に分けて計算して式 (3.12) を導いているが，任意の要素数で $[K]$ を作るプログラムを作成せよ．

2 演習問題 3.1 のプログラムを使って要素数が 4, 5, 10 の場合を計算し，厳密解と収束の様子を比較せよ．ただし，$l = 10$, $EI_y = 500$, $p = -0.2$ とせよ．

第4章 薄板構造力学

本章では，薄い板の曲げについて述べる．板の曲げ理論に入る前に，はりの曲げ理論を復習してみる．はりは面積を持たない線（中心線という）として定義し，断面積は断面二次モーメントで代替するというのが，はりの曲げ理論のエッセンスであった．ねじりも棒を線で置き換え，断面積の寄与分を断面の二次極モーメントで取り入れるという考え方であった．板でも同様の考え方を取り入れて簡易化する．すなわち，板は断面積を持たない（厚みを持たない）シート（中央面という）で幾何学的に定義し，厚みは，はりでの断面二次モーメントとほぼ同じ概念を持ち込んでモデル化する．

章の導入部で抽象的な要約をしてしまったが，上記導入部は章を読み終えた後でもう一度吟味していただきたい．さて，板は面内の引張・圧縮を受ける面内問題と，面外に力を受ける曲げ問題に分離することができる．面内と曲げが分離できないのが曲面（シェル）構造であるが，ここでは板の曲げ問題を扱う．ここで考えている板は薄い板である．本章では，まず，通常の板の曲げ理論を説明し，次に，最近よく使われるサンドイッチ板を説明する．後半で，板の有限要素を2種類紹介する．板の有限要素は定番がなく，それゆえ多くの要素が提案されている．まず，作り方の基本がわかりやすい長方形要素を説明する．次に，汎用性のある三角形要素を説明する．変位法で精度のよい板の曲げ要素を作り出すのは困難なので，ここではハイブリッド応力法による定式化を行っている．

4.1 板の曲げ理論

本節では，力のつり合いから板の曲げに関する基礎方程式を導く．この基礎方程式をもとにしていくつかの静的荷重問題を解き，さらに，サンドイッチ板や複合材板についても簡単にふれる．

4.1.1 板の曲げの基礎方程式

板においては，応力を断面で積分して中央面でのつり合いを考える．図 **4.1** のように，軸力 σ_x，面内せん断力 τ_{xy}，横せん断力 τ_{xz} をそれぞれ板厚方向に積分して，

4.1 板の曲げ理論

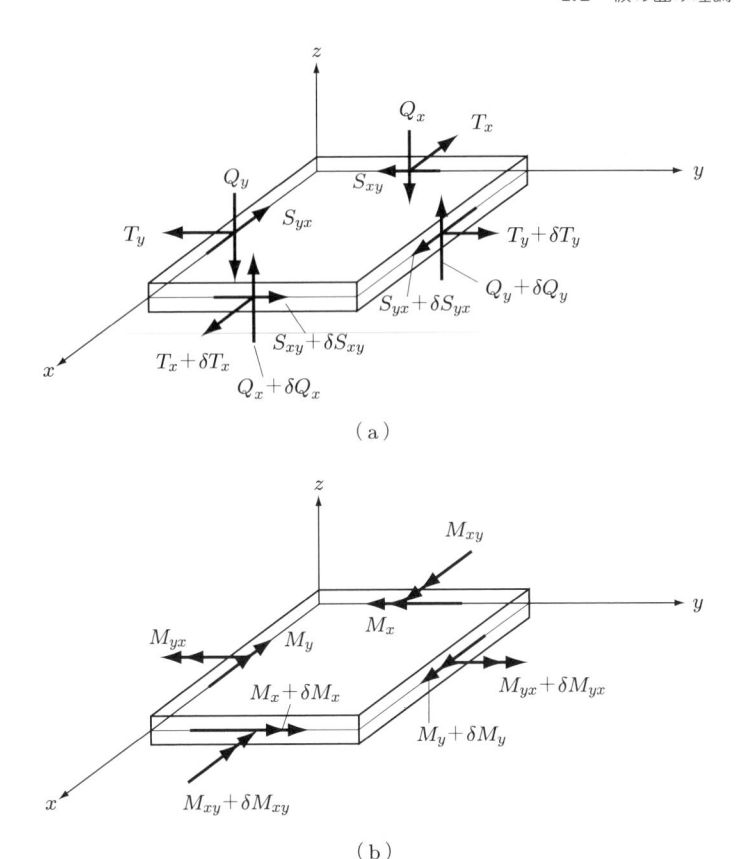

(a)

(b)

図 4.1 板の断面力

$$T_x = \int_{-h}^{h} \sigma_x \, dz, \quad S_{xy} = \int_{-h}^{h} \tau_{xy} \, dz, \quad Q_x = \int_{-h}^{h} \tau_{xz} \, dz \tag{4.1}$$

と y 方向に並行な平面の単位幅で定義する．添え字としては最初の添え字で面を，2番目の添え字で方向を表す．ここに，板の厚さ t を $t = 2h$ としている．同様に，断面モーメントも板厚方向に積分して，

$$M_x = \int_{-h}^{h} \sigma_x z \, dz, \quad M_{xy} = \int_{-h}^{h} \tau_{xy} z \, dz \tag{4.2}$$

とする．モーメントの中心は中央面（$z = 0$）である．これらは x 方向の断面に関する量であるが，y 方向についても

$$T_y = \int_{-h}^{h} \sigma_y \, dz, \quad S_{yx} = \int_{-h}^{h} \tau_{yx} \, dz, \quad Q_y = \int_{-h}^{h} \tau_{yz} \, dz$$

$$M_y = \int_{-t}^{t} \sigma_y z\, dz, \quad M_{yx} = \int_{-t}^{t} \tau_{yx} z\, dz \tag{4.3}$$

と定義する．ここで $\tau_{xy} = \tau_{yx}$ であるので，

$$S_{xy} = S_{yx}, \quad M_{xy} = M_{yx} \tag{4.4}$$

である．このように定義した**断面力**（または**合応力**；stress resultant という）と**断面モーメント**で平衡を考える．まず，x, y, z 方向の力のつり合いから，

$$\frac{\partial T_x}{\partial x} + \frac{\partial S_{yx}}{\partial y} = 0 \tag{4.5}$$

$$\frac{\partial S_{xy}}{\partial x} + \frac{\partial T_y}{\partial y} = 0 \tag{4.6}$$

$$\frac{\partial Q_x}{\partial x} + \frac{\partial Q_y}{\partial y} + q_z = 0 \tag{4.7}$$

である．ここに，q_z は板の面に垂直な（z方向）分布荷重である．モーメントについては，x, y 軸周りのモーメントの合計から，

$$\frac{\partial M_x}{\partial x} + \frac{\partial M_{yx}}{\partial y} - Q_x = 0 \tag{4.8}$$

$$\frac{\partial M_{xy}}{\partial x} + \frac{\partial M_y}{\partial y} - Q_y = 0 \tag{4.9}$$

である．Q_x と Q_y とを，z 方向のつり合い方程式 (4.7) に代入して消去すると，

$$\frac{\partial^2 M_x}{\partial x^2} + 2\frac{\partial^2 M_{xy}}{\partial x \partial y} + \frac{\partial^2 M_y}{\partial y^2} + q_z = 0 \tag{4.10}$$

となる．断面内の中央面から z 離れた点でのひずみは，中央面での値に曲げによる伸びを加算して

$$\varepsilon_x = \frac{\partial u}{\partial x} - z\frac{\partial^2 w}{\partial x^2} \tag{4.11a}$$

$$\varepsilon_y = \frac{\partial v}{\partial y} - z\frac{\partial^2 w}{\partial y^2} \tag{4.11b}$$

$$\gamma_x = \left(\frac{\partial u}{\partial y} + \frac{\partial v}{\partial x}\right) - 2z\frac{\partial^2 w}{\partial x \partial y} \tag{4.11c}$$

$$\varepsilon_z = \gamma_{xz} = \gamma_{yz} = 0 \tag{4.11d}$$

である．応力-ひずみ関係式から，

$$\sigma_x = \frac{E}{1-\nu^2}(\varepsilon_x + \nu\varepsilon_y)$$

$$= \frac{E}{1-\nu^2}\left(\frac{\partial u}{\partial x}+\nu\frac{\partial v}{\partial y}\right) - \frac{Ez}{1-\nu^2}\left(\frac{\partial^2 w}{\partial x^2}+\nu\frac{\partial^2 w}{\partial y^2}\right) \quad (4.12a)$$

$$\sigma_y = \frac{E}{1-\nu^2}(\varepsilon_y + \nu\varepsilon_x)$$

$$= \frac{E}{1-\nu^2}\left(\frac{\partial v}{\partial y}+\nu\frac{\partial u}{\partial x}\right) - \frac{Ez}{1-\nu^2}\left(\frac{\partial^2 w}{\partial y^2}+\nu\frac{\partial^2 w}{\partial x^2}\right) \quad (4.12b)$$

$$\tau_{xy} = G\gamma_{xy} = G\left(\frac{\partial u}{\partial y}+\frac{\partial v}{\partial x}\right) - 2Gz\frac{\partial^2 w}{\partial x \partial y} \quad (4.12c)$$

となる．ここに，等方性材料では，式 (1.3) より

$$G = \frac{E}{2(1+\nu)}$$

であることに注意しておく．これを断面力の定義式 (4.1) に代入して，

$$T_x = \frac{Et}{1-\nu^2}\left(\frac{\partial u}{\partial x}+\nu\frac{\partial v}{\partial y}\right) \quad (4.13a)$$

$$T_y = \frac{Et}{1-\nu^2}\left(\frac{\partial v}{\partial y}+\nu\frac{\partial u}{\partial x}\right) \quad (4.13b)$$

$$S_{xy} = S_{yx} = Gt\left(\frac{\partial u}{\partial y}+\frac{\partial v}{\partial x}\right) \quad (4.13c)$$

となる．また，断面モーメントの式 (4.2) に代入すれば

$$M_x = -\frac{Et^3}{12(1-\nu^2)}\left(\frac{\partial^2 w}{\partial x^2}+\nu\frac{\partial^2 w}{\partial y^2}\right) \quad (4.14a)$$

$$M_y = -\frac{Et^3}{12(1-\nu^2)}\left(\frac{\partial^2 w}{\partial y^2}+\nu\frac{\partial^2 w}{\partial x^2}\right) \quad (4.14b)$$

$$M_{xy} = M_{yx} = -\frac{2Gt^3}{12}\frac{\partial^2 w}{\partial x \partial y} = -\frac{Et^3(1-\nu)}{12(1-\nu^2)}\frac{\partial^2 w}{\partial x \partial y} \quad (4.14c)$$

である．これらの結果により，面内の変位 u, v と面外変位 w は，互いに完全に独立に変形することがわかる．

ここで，式 (4.14) の三つのモーメントを z 方向の平衡方程式 (4.10) に代入すれば，

$$D\left(\frac{\partial^4 w}{\partial x^4}+2\frac{\partial^4 w}{\partial x^2 \partial y}+\frac{\partial^4 w}{\partial y^4}\right) = q_z \quad (4.15)$$

と w の**重調和方程式**となる．これが板の曲げの基礎方程式である．D は

$$D = \frac{Et^3}{12(1-\nu^2)} \quad (4.16)$$

と定義して，板の**曲げ剛性** (flexural stiffness, bending rigidity) という．

また，Q_x と Q_y を式 (4.8) と式 (4.9) を使って w で表せば，

$$Q_x = \frac{\partial M_x}{\partial x} + \frac{\partial M_{yx}}{\partial y} = -D\left(\frac{\partial^3 w}{\partial x^3} + \frac{\partial^3 w}{\partial x \partial y^2}\right) \qquad (4.17)$$

$$Q_y = \frac{\partial M_y}{\partial y} + \frac{\partial M_{xy}}{\partial x} = -D\left(\frac{\partial^3 w}{\partial y^3} + \frac{\partial^3 w}{\partial x^2 \partial y}\right) \qquad (4.18)$$

となる.

ここで,板とはりは本質的には同じであることを確認しよう.たとえば,板の y 軸回りの曲げモーメント M_x は

$$M_x = -\frac{Et^3}{12(1-\nu^2)}\left(\frac{\partial^2 w}{\partial x^2} + \nu \frac{\partial^2 w}{\partial y^2}\right)$$

である.また,2.2 節で計算した,矩形断面の $I = bt^3/12$ において単位幅 $b = 1$ とすれば,はりの式 (2.8) は,

$$M_x = -\frac{Et^3}{12}\frac{\partial^2 w}{\partial x^2}$$

となる.両者を比較すると,ポアソン比の影響,すなわち横方向の影響 ν が現れるだけで,本質的には同じ形であることがわかる.

4.1.2 解 析 解

さて,前節で導かれた基礎方程式 (4.15) を,与えられた境界条件で解けば,変位や応力が得られるが,実際に簡単に解ける問題はない.多くの教科書[6][13]が,この問題の解き方(その多くは級数展開法)に頁数を割いているが,有限要素法が使える現在においては,比較的簡単に実用的な問題に対して数値解が得られる.板の有限要素法については次節から説明することとし,ここでは,解のオーダー評価のため,例題として理想化した 4 辺単純支持の等分布荷重の問題を解くこととする.

例題 4.1

x 方向長さが a,y 方向長さが b の,4 辺を単純支持された長方形板が,z 方向の分布荷重 $p(x,y)$ を受けたときの変形を求めよ.

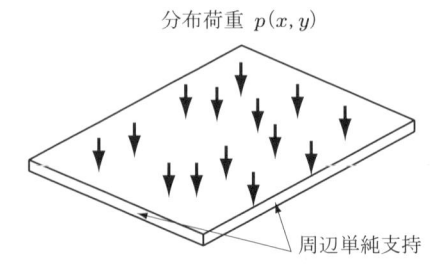

図 4.2 分布荷重を受ける 4 辺単純支持の板

解答

まず,分布荷重 $p(x,y)$ を

$$p(x,y) = \sum_{m=1}^{\infty}\sum_{n=1}^{\infty} a_{mn} \sin\frac{m\pi x}{a} \sin\frac{n\pi y}{b} \tag{4.19}$$

と二重フーリエ級数で一般的に表す.4 辺での単純支持条件は

$$w=0, \quad \frac{\partial^2 w}{\partial x^2}=0, \quad x=0,a \tag{4.20}$$

$$w=0, \quad \frac{\partial^2 w}{\partial y^2}=0, \quad y=0,b \tag{4.21}$$

であり,変位を式 (4.19) から類推して

$$w(x,y) = \sum_{m=1}^{\infty}\sum_{n=1}^{\infty} c_{mn} \sin\frac{m\pi x}{a} \sin\frac{n\pi y}{b} \tag{4.22}$$

とすれば,これは境界条件式 (4.20),(4.21) を満足していることがわかる.というより,単純支持条件のみが sin 関数を使って簡単に解の形を求めることができるのである.そのため,その実用性はともかく,単純支持条件が重宝されているわけである.

p と w の式 (4.19),(4.22) を基礎方程式 (4.15) に入れて,係数 c_{mn} を a_{mn} に対して決めると,

$$D\pi^4 \sum_{m=1}^{\infty}\sum_{n=1}^{\infty} c_{mn}\left\{\left(\frac{m}{a}\right)^2 + \left(\frac{n}{b}\right)^2\right\}^2 \sin\frac{m\pi x}{a} \sin\frac{n\pi y}{b}$$
$$= \sum_{m=1}^{\infty}\sum_{n=1}^{\infty} a_{mn} \sin\frac{m\pi x}{a} \sin\frac{n\pi y}{b}$$

よって,

$$c_{mn} = \frac{a_{mn}}{D\pi^4\left\{\left(\frac{m}{a}\right)^2 + \left(\frac{n}{b}\right)^2\right\}^2} \tag{4.23}$$

を得る.

例題 4.2

例題 4.1 で $p(x,y)=p_0$,すなわち,等分布荷重のとき,最大変位を計算せよ.

解答

一様分布荷重のとき $p(x,y)=p_0$ であるが,これを二重フーリエ級数で表すと,

$$a_{mn} = \frac{16}{\pi^2 mn} p_0, \quad m,n=1,3,5,\ldots \tag{4.24}$$

となる(注釈 4.1 参照)ので,変位 w は

$$w(x,y) = \frac{16p_0}{D\pi^6} \sum_{m=1}^{\infty} \sum_{n=1}^{\infty} \frac{1}{mn\left\{\left(\frac{m}{a}\right)^2 + \left(\frac{n}{b}\right)^2\right\}^2} \sin\frac{m\pi x}{a} \sin\frac{n\pi y}{b} \quad (4.25)$$

となる．最大変位 $w_{\max}$ は中央 $x = a/2$, $y = b/2$ において生じ，正方形 $(a = b)$ の場合

$$w_{\max} = 0.00406 \frac{p_0 a^4}{D}$$

である．

【注釈 4.1】式 (4.24) の導出

式 (4.19) の両辺に $\sin(m\pi x/a)$, $\sin(n\pi y/b)$ をかけて積分すると，

$$\int_0^a \sin\frac{m\pi x}{a} \sin\frac{m'\pi x}{a} dx = 0 \quad (m \neq m')$$

$$\int_0^a \sin\frac{m\pi x}{a} \sin\frac{m'\pi x}{a} dx = \int_0^a \frac{1}{2}\left(1 - \cos\frac{4\pi mx}{a}\right) = \frac{a}{2} \quad (m = m')$$

であることを考慮して，

$$\int_0^a \int_0^b p(x,y) \sin\frac{m\pi x}{a} \sin\frac{n\pi y}{b} dx\,dy$$
$$= \int_0^a \int_0^b a_{mn} \sin^2\frac{m\pi x}{a} \sin^2\frac{n\pi y}{b} dx\,dy = \frac{ab}{4} a_{mn}$$

ゆえに，$p(x,y) = p_0$ とおいて，

$$a_{mn} = \frac{4}{ab} \int_0^a \int_0^b p_0 \sin\frac{m\pi x}{a} \sin\frac{n\pi y}{b} dx\,dy = \frac{4}{ab} \frac{2a}{m\pi} \frac{2b}{n\pi} p_0$$

この積分は，m, n が奇数の場合に非ゼロで，式 (4.24) が得られる．

4.1.3 サンドイッチ板

サンドイッチ板とは，図 **4.3** に示すように，コア部に軽い材料（発泡材やハニカム材）を使い，上下の表板に引張に強い板材を採用して，軽量かつ曲げ剛性の高い構造を狙うものである．考え方としては，図 **2.9**（e）の I 形はりと同じである．適用分野としては，航空機の床，ジェットエンジンのカバー，衛星の構造体などがある．

ハニカムサンドイッチ板の曲げ剛性については，図における**心材**の曲げ剛性は無視できて，

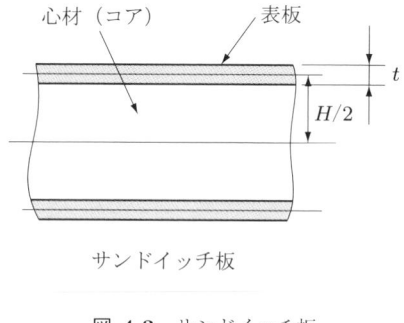

図 4.3 サンドイッチ板

$$D = \frac{EtH^2}{2(1-\nu^2)}$$

である．このとき，E，ν は**表板**の材料の値を用いる．

4.1.4 複合材の板

釣竿やゴルフのシャフトに使われる **CFRP** は，基本的に 1 方向に繊維が入っているが，板構造では 1 方向だけに繊維を入れるとその直交方向の強度は極端に弱くなる．また，そりが生じて平面にならなくなるので，1 方向に繊維強化した**プリプレグシート** (prepreg sheet) を何層か角度を変えて積層し，加圧加熱成形して積層板を作る（図 **1.7** 参照）．このような複合材は，先に述べたサンドイッチ板の表板にも採用される．

4.2 板の有限要素（その 1：長方形要素）

板の有限要素は，有限要素法の初期から多くの研究がなされているが，通常の変位法では決定版というべき要素が導出できない．たとえば，三角形要素では各節点で三つの自由度 ($w, \partial w/\partial x, \partial w/\partial y$) を持つので，全部で 9 個の自由度を持つ．これに対応する変位関数が 9 項では，x と y に関しての完全多項式とできない．たとえば，2 次までだと 1, x, y, x^2, xy, y^2 の 6 項になり，3 次項まで採用すると 10 項となってしまう．この理由から多くの板曲げ要素が提案されている．

ここでは，初期に提案された長方形要素（提案者の Adini, Clough, Martin の頭文字をとって **ACM 要素**とよばれる）を導いてみる．この要素は一番簡単な板曲げ要素であるが，長方形という形状的な制限がある．汎用的な三角形，四角形要素は次節で導く．

節点の変位として w と傾き $\partial w/\partial x$, $\partial w/\partial y$ を考える．1 要素につき 4 節点で 12 自

58　第 4 章　薄板構造力学

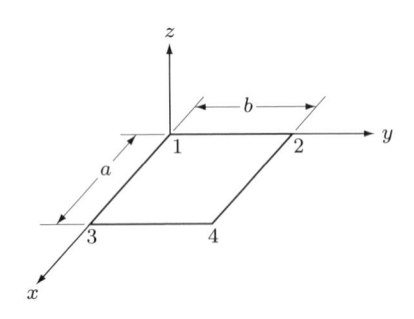

図 4.4　長方形要素

由度の要素となる．ということは，この 12 個の節点変位で内部の変位 $w(x,y)$ を内挿できればよいので，完全な 4 次多項式（15 項）からいくつかの項を減らして 12 項にする．x と y との対称性から，

$$w(x,y) = c_1 + c_2 x + c_3 y + c_4 x^2 + c_5 xy + c_6 y^2 + c_7 x^3 \\ + c_8 x^2 y + c_9 xy^2 + c_{10} y^3 + c_{11} x^3 y + c_{12} xy^3 \tag{4.26}$$

を採用する．これから，各節点 i $(i=1,2,3,4)$ でそれぞれ w_i, $\partial w_i/\partial x$, $\partial w_i/\partial y$ $(i=1,2,3,4)$ を計算して，

$$\{\delta\} = [C]\{c\}$$

と表す．ここに，$[C]$ は 12×12 の行列で，ベクトル $\{c\}$ の成分は c_i $(i=1,2,\ldots,12)$ である．具体的には，$\{\delta\}$ の第 1 から第 3 成分は w_1, $\partial w_1/\partial x$, $\partial w_1/\partial y$ で，それに対応する $[C]$ 行列の第 1 列目には，式 (4.26) において $x = x_1$, $y = y_1$ と，節点 1 の座標を入れた計算式が入る．これを $\{c\}$ について解けば，次のような変位関数が得られる．

$$w = \{N(x,y)\}\{\delta\} \tag{4.27}$$

ここに，

$$\{N(x,y)\} = \begin{Bmatrix} 1 & x & y & x^2 & xy & y^2 & \cdots & x^3 y & xy^3 \end{Bmatrix} [C]^{-1}$$

である．

板の応力 - ひずみ関係式は，t を板の厚さとして

4.2 板の有限要素（その1：長方形要素）

$$\left\{\begin{array}{c} M_x \\ M_y \\ M_{xy} \end{array}\right\} = \frac{Et^3}{12(1-\nu^2)} \begin{bmatrix} 1 & \nu & 0 \\ \nu & 1 & 0 \\ 0 & 0 & \frac{1-\nu}{2} \end{bmatrix} \left\{\begin{array}{c} -\dfrac{\partial^2 w}{\partial x^2} \\ -\dfrac{\partial^2 w}{\partial y^2} \\ 2\dfrac{\partial^2 w}{\partial x \partial y} \end{array}\right\}$$

となる．複合材料などの異方性の板の場合

$$\left\{\begin{array}{c} M_x \\ M_y \\ M_{xy} \end{array}\right\} = \begin{bmatrix} D_{xx} & D_{xy} & D_{xs} \\ D_{xy} & D_{yy} & D_{ys} \\ D_{xs} & D_{ys} & D_{ss} \end{bmatrix} \left\{\begin{array}{c} -\dfrac{\partial^2 w}{\partial x^2} \\ -\dfrac{\partial^2 w}{\partial y^2} \\ 2\dfrac{\partial^2 w}{\partial x \partial y} \end{array}\right\}$$

となり，D_{ij} は材料の弾性定数と積層構成によって決められる．板の曲げによるひずみは，式 (4.11) から，

$$\{\varepsilon\} = \left\{\begin{array}{c} -\dfrac{\partial^2 w}{\partial x^2} \\ -\dfrac{\partial^2 w}{\partial y^2} \\ 2\dfrac{\partial^2 w}{\partial x \partial y} \end{array}\right\}$$

を採用する．ここでは γ_{xy} の符号を ＋ にとっている．変位関数を使って

$$\{\varepsilon\} = \begin{bmatrix} -2c_4 & -6c_7 x & -2c_8 y & 0 & -6c_{11} xy \\ -2c_6 & -2c_9 x & -6c_{10} y & 0 & -6c_{12} xy \\ 2c_5 & 4c_8 x & 4c_9 y & 6c_{11} x^2 & 6c_{12} y^2 \end{bmatrix} = [Q]\{c\}$$

となるので，

$$\{\varepsilon\} = [B]\{\delta\}$$

というひずみ-変位関係式が得られる．ここに，

$$[B] = [Q][C]^{-1}$$

$$[Q] = \begin{bmatrix} 0 & 0 & 0 & -2 & 0 & 0 \\ 0 & 0 & 0 & 0 & 0 & -2 \\ 0 & 0 & 0 & 0 & 2 & 0 \\ -6x & -2y & 0 & 0 & -6xy & 0 \\ 0 & 0 & -2x & -6y & 0 & -6xy \\ 0 & 4x & 4y & 0 & 6x^2 & 6y^2 \end{bmatrix}$$

である.

以上の準備をしてから剛性行列を導く. 第3章の一般定式化から, 剛性行列は式 (3.31) より

$$[K] = \int [B]^T [D][B] \, dx \, dy$$

で, 具体的には

$$[K] = [C]^{-T} \int [Q]^T [D][Q] \, dx \, dy [C]^{-1}$$

を計算すればよい. 積分に z 方向が入っていないのは, すでに応力 - ひずみ関係式の中で z 方向には積分してあり, その効果は $[D]$ に入っているからである.

4.3 板の有限要素（その2：多角形要素）

まず最初にお断りしておくが, この節は専門性が高いので初学者は読みとばしてかまわない. なぜ本節を入れたかというと, 先の長方形要素でプログラムを作ると, 解析対象の形状に汎用性がなくなるので, 汎用性を確保するには三角形要素か直方形でない四角形要素を使う必要があるからである. 第8章で三角形要素を使った板の曲げプログラムを掲載しているが, その要素の説明が本節であり, 単にプログラムを使うだけなら斜め読みしてかまわない.

4.3.1 ハイブリッド応力法

さて, ここではこれまで述べてきた変位法から少し離れて, **ハイブリッド応力法**に基づいて導かれる板の曲げ要素[14]について説明する. この定式化は多角形要素, すなわち三角形でも四角形（長方形ではなく）でも, 五角形要素としても作成できる. 実用的な板の曲げ要素は, ほとんどの教科書では具体的に触れられることはないので, ここで説明してみる.

変位法では要素内の変位を要素節点の変位の値で内挿するが, 本方法では要素内の

4.3 板の有限要素（その2：多角形要素）

応力分布を仮定することから始める．まず応力について，

$$\{\sigma\} = [P(x,y)]\{c\} \tag{4.28}$$

とする．ここに，$P(x,y)$ は応力分布を決める多項式で，$\{c\}$ はその係数である．ひずみは式 (3.28) より

$$\{\varepsilon\} = [D]^{-1}\{\sigma\} \tag{4.29}$$

となる．さらに，要素境界上での変位 $\{u\}$ は節点変位 $\{\delta\}$ を用いて

$$\{u\} = [L]\{\delta\} \tag{4.30}$$

と表せるとすると，$\{u\}$ に対応する境界力 $\{S\}$ は，式 (4.28) と同じく

$$\{S\} = [R]\{c\} \tag{4.31}$$

となる．ここで，仮想境界力 $\{S^*\}$ による外部仕事 δW^* は，要素の周りを線積分して

$$\delta W^* = \oint \{S^*\}^T \{u\} \, ds = \{c^*\}^T \oint [R]^T [L] \, ds \{\delta\} = \{c^*\}^T [T]\{\delta\} \tag{4.32}$$

と表せ，一方，仮想応力 $\{\sigma^*\}$ による内部仕事は

$$\delta U^* = \int \{\sigma^*\}^T \{\varepsilon\} \, dV = \{c^*\}^T \int [P]^T [D]^{-1} [P] \, dV \{c\}$$
$$= \{c^*\}^T [H]\{c\} \tag{4.33}$$

となる．すべての $\{c^*\}$ に対して

$$\delta U^* = \delta W^* \tag{4.34}$$

が成立しなければならないので，

$$[H]\{c\} = [T]\{\delta\} \quad \text{あるいは} \quad \{c\} = [H]^{-1}[T]\{\delta\} \tag{4.35}$$

が得られる．さて，剛性方程式の形は

$$\{F\} = [K]\{\delta\} \tag{4.36}$$

であるから，この形に式を変形しよう．仮想変位 $\{\delta^*\}$ による外部仕事は

$$\delta W^* = \{\delta^*\}^T \{F\} = \{\delta^*\}^T [K]\{\delta\} \tag{4.37}$$

であり，これと先ほどの仮想境界力による外部仕事は等しいから，

$$\{c^*\}^T [T]\{\delta\} = \{\delta^*\}^T [K]\{\delta\} \tag{4.38}$$

となって，$[H]$ が対称行列であることを考慮すれば，式 (4.35) を使って

$$[K] = [T]^T[H]^{-T}[T] \tag{4.39}$$

を得る．この方法に基づいて多角形要素が作成できる．

4.3.2　三角形板曲げ要素

次に，三角形要素を作ってみる．剛性行列を作るには，式 (4.39) より，行列 $[T]$ と $[H]$ がわかればよい．まず，式 (4.33) で定義される

$$[H] \equiv \int [P]^T[D]^{-1}[P]\,dV \tag{4.40}$$

を求めてみる．そのためには $[P]$ と $[D]^{-1}$ が必要であるが，$[D]^{-1}$ については式 (4.29) で定義される応力 - ひずみ関係式で定義されて，

$$\begin{Bmatrix} \varepsilon_x \\ \varepsilon_y \\ \gamma_{xy} \\ \gamma_{xz} \\ \gamma_{yz} \end{Bmatrix} = \frac{1}{E}\begin{bmatrix} 1 & -\nu & 0 & 0 & 0 \\ -\nu & 1 & 0 & 0 & 0 \\ 0 & 0 & 2(1+\nu) & 0 & 0 \\ 0 & 0 & 0 & 2(1+\nu) & 0 \\ 0 & 0 & 0 & 0 & 2(1+\nu) \end{bmatrix} \times \begin{Bmatrix} \sigma_x \\ \sigma_y \\ \tau_{xy} \\ \tau_{xz} \\ \tau_{yz} \end{Bmatrix} \tag{4.41}$$

と得られる．

$[P]$ は式 (4.28) で定義されるので，応力を

$$\sigma_x = f_1(x,y)\frac{8z}{h}, \quad \sigma_y = f_2(x,y)\frac{8z}{h}, \quad \tau_{xy} = f_3(x,y)\frac{8z}{h}$$

$$\tau_{xz} = f_4(x,y)\left(1 - \frac{4z^2}{h^2}\right)h, \quad \tau_{yz} = f_5(x,y)\left(1 - \frac{4z^2}{h^2}\right)h \tag{4.42}$$

と多項式で仮定する．この多項式は，内挿関数で変位関数に相当するものである．断面力（合応力）の平衡条件は

$$\frac{\partial M_x}{\partial x} + \frac{\partial M_{xy}}{\partial y} = Q_x, \quad \frac{\partial M_y}{\partial y} + \frac{\partial M_{xy}}{\partial x} = Q_y \tag{4.43}$$

であり，その断面力は σ_x や τ_{xy} を板厚方向に積分して，

4.3 板の有限要素（その2：多角形要素）

$$M_x = \int_{-h/2}^{h/2} \sigma_x z \, dz = \int_{-h/2}^{h/2} f_1(x,y) \frac{8z^2}{h} \, dz = f_1(x,y) \frac{2h^2}{3}$$

$$M_y = f_2(x,y) \frac{2h^2}{3} \ , \ M_{xy} = f_3(x,y) \frac{2h^2}{3} \tag{4.44}$$

$$Q_x = f_4(x,y) \frac{2h^2}{3}, \quad Q_y = f_5(x,y) \frac{2h^2}{3}$$

である．応力の内挿関数としては最も簡単な1次式を採用して

$$\begin{aligned} f_1(x,y) &= B_1 + B_2 x + B_3 y \\ f_2(x,y) &= B_4 + B_5 x + B_6 y \\ f_3(x,y) &= B_7 + B_8 x + B_9 y \end{aligned} \tag{4.45}$$

とすると，平衡式から f_4, f_5 については独立に内挿関数を設定できず，

$$f_4 = B_2 + B_9, \quad f_5 = B_6 + B_8 \tag{4.46}$$

となる．よって行列 $[P]$ として具体的に，

$$[P] = \begin{bmatrix} a & ax & ay & 0 & 0 & 0 & 0 & 0 & 0 \\ 0 & 0 & 0 & a & ax & ay & 0 & 0 & 0 \\ 0 & 0 & 0 & 0 & 0 & 0 & a & ax & ay \\ 0 & b & 0 & 0 & 0 & 0 & 0 & 0 & b \\ 0 & 0 & 0 & 0 & 0 & b & 0 & b & 0 \end{bmatrix} \tag{4.47}$$

が得られる．ここで，

$$a = \frac{8z}{h}, \quad b = h\left(1 - \frac{4z^2}{h^2}\right) \tag{4.48}$$

である．式 (4.28) の $\{c\}$ は $B_1 \sim B_9$ で作られるベクトルである．

次に，行列 $[T]$ を導く．$[T]$ は式 (4.32) より，

$$[T] \equiv \oint [R]^T [L] \, ds \tag{4.49}$$

と定義され，$[L]$ と $[R]$ が必要となる．行列 $[L]$ に関しては式 (4.30) で定義されるので，内部変位と要素節点変位の関係式を求めることとする．三角形の辺に沿って，節点間の変位をエルミート (Hermite) の補間多項式を使って長さの無次元化を行う．一辺の長さを l として $\xi = s/l$ とおくと，内部変位と要素座標系 (t,n) で表示される節点変位との関係式は，

$$\left\{\begin{array}{c} w \\ w_t \\ w_n \end{array}\right\} = \left[\begin{array}{ccc} 1-3\xi^2+2\xi^3 & l(\xi-2\xi^2+\xi^3) & 0 \\ \dfrac{6(-\xi+\xi^2)}{l} & 1-4\xi+3\xi^2 & 0 \\ 0 & 0 & 1-\xi \end{array}\right.$$

$$\left.\begin{array}{ccc} 3\xi^2-2\xi^3 & l(-\xi^2+\xi^3) & 0 \\ \dfrac{6(\xi-\xi^2)}{l} & -2\xi+3\xi^2 & 0 \\ 0 & 0 & \xi \end{array}\right] \left\{\begin{array}{c} w_1 \\ w_{t1} \\ w_{n1} \\ w_2 \\ w_{t2} \\ w_{n2} \end{array}\right\} \tag{4.50}$$

となる．ここに，$w_t = \partial w/\partial t$，$w_n = \partial w/\partial n$ で，t と n は図 **4.5**(a) に示すように，三角形の辺に沿った方向と辺の法線方向との座標軸である．この式を，

$$\{u\} = [L_1]\{\delta_{tn}\}$$

と表示する．全体座標系 (x, y) と要素座標系 (t, n) との間には

$$x = t\cos\alpha - n\sin\alpha, \quad y = t\sin\alpha + n\cos\alpha$$

の関係があるので，$c = \cos\alpha$，$s = \sin\alpha$ として，

$$\left\{\begin{array}{c} w_1 \\ w_{t1} \\ w_{n1} \\ w_2 \\ w_{t2} \\ w_{n2} \end{array}\right\} = \left[\begin{array}{cccccc} 1 & 0 & 0 & 0 & 0 & 0 \\ 0 & c & s & 0 & 0 & 0 \\ 0 & -s & c & 0 & 0 & 0 \\ 0 & 0 & 0 & 1 & 0 & 0 \\ 0 & 0 & 0 & 0 & c & s \\ 0 & 0 & 0 & 0 & -s & c \end{array}\right] \left\{\begin{array}{c} w_1 \\ w_{x1} \\ w_{y1} \\ w_2 \\ w_{x2} \\ w_{y2} \end{array}\right\} \tag{4.51}$$

が得られ，この式を

$$\{\delta_{tn}\} = [L_2]\{\delta\}$$

と表示すると，$[L]$ として，

$$[L] = [L_1][L_2] \tag{4.52}$$

が得られる．

一方で，$[R]$ については，式 (4.31) で明らかなように要素境界での応力と応力分布関数の係数との関係式なので，図 **4.5**(b) に示す応力の定義式から x, y 方向の平衡条件により，

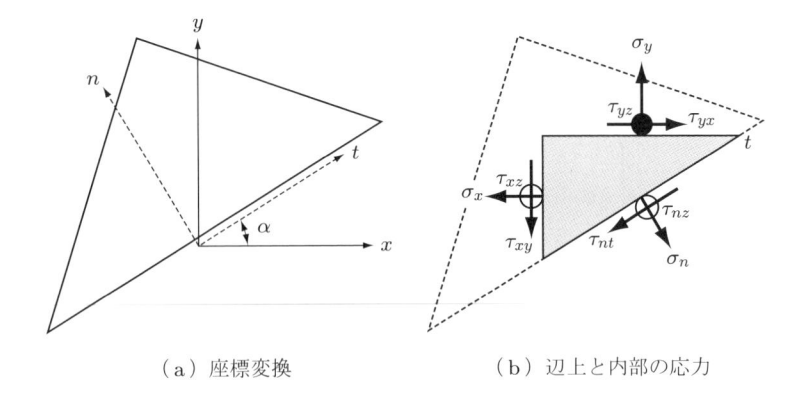

4.3 板の有限要素（その2：多角形要素）

（a）座標変換　　　　（b）辺上と内部の応力

図 4.5　要素の辺に沿った応力と座標

$$\sigma_n \sin\alpha - \tau_{nt}\cos\alpha - \sigma_x \sin\alpha + \tau_{xy}\cos\alpha = 0$$

$$-\sigma_n \cos\alpha - \tau_{nt}\sin\alpha + \sigma_y \cos\alpha - \tau_{xy}\sin\alpha = 0$$

であり，z方向の平衡条件から，

$$-\tau_{nz} - \tau_{xz}\sin\alpha + \tau_{yz}\cos\alpha = 0$$

である（図において黒丸が紙面の表から裏の方向，白丸は逆方向）ので，

$$\left\{\begin{array}{c} Q_n \\ -M_t \\ -M_n \end{array}\right\} = \left[\begin{array}{ccccc} 0 & 0 & 0 & -s & c \\ cs & -cs & -c^2+s^2 & 0 & 0 \\ -s^2 & -c^2 & 2cs & 0 & 0 \end{array}\right] \left\{\begin{array}{c} M_x \\ M_y \\ M_{xy} \\ Q_x \\ Q_y \end{array}\right\} \quad (4.53)$$

として行列 $[R]$ が得られる．ここに，$c = \cos\alpha$，$s = \sin\alpha$ であり，角度 α は x-y 座標と三角形要素の辺とのなす角度である．また，式 (4.44) より，

$$\left\{\begin{array}{c} M_x \\ M_y \\ M_{xy} \\ Q_x \\ Q_y \end{array}\right\} = \frac{2h^2}{3} \left[\begin{array}{ccccccccc} 1 & x & y & 0 & 0 & 0 & 0 & 0 & 0 \\ 0 & 0 & 0 & 1 & x & y & 0 & 0 & 0 \\ 0 & 0 & 0 & 0 & 0 & 0 & 1 & x & y \\ 0 & 1 & 0 & 0 & 0 & 0 & 0 & 0 & 1 \\ 0 & 0 & 0 & 0 & 0 & 1 & 0 & 1 & 0 \end{array}\right] \{c\} \quad (4.54)$$

となる．よって $[R]$ として，

$$[R] = \begin{bmatrix} 0 & 0 & 0 & -s & c \\ cs & -cs & -c^2+s^2 & 0 & 0 \\ -s^2 & -c^2 & 2cs & 0 & 0 \end{bmatrix}$$

$$\times \frac{2h^2}{3} \begin{bmatrix} 1 & x & y & 0 & 0 & 0 & 0 & 0 \\ 0 & 0 & 0 & 1 & x & y & 0 & 0 \\ 0 & 0 & 0 & 0 & 0 & 0 & 1 & x & y \\ 0 & 1 & 0 & 0 & 0 & 0 & 0 & 1 \\ 0 & 0 & 0 & 0 & 0 & 1 & 0 & 1 & 0 \end{bmatrix} \quad (4.55)$$

が得られる．以上で $[R]$ と $[L]$ が得られたので $[T]$ が得られたことになる．実際のプログラムでは，これらの行列に関して面積積分や要素の辺に沿った線積分をしなければならない．具体的には，第 8 章の 8.3.6 項のプログラムリストを参照されたい．

【注釈 4.2】式 (4.40) での体積積分について

式 (4.40) では体積積分が要求されるが，z 方向に積分した断面力を使うので，実際には三角形領域での面積積分となる．この面積積分には次の公式が適用できる．図 4.6 において，点 i と点 j の直線で作られる斜線の面積積分を求めれば，各辺に適用して差分を取ることで三角形の面積積分が得られる．よって，点 i, j とで作られる斜線部分の面積積分の公式を作ることとする．

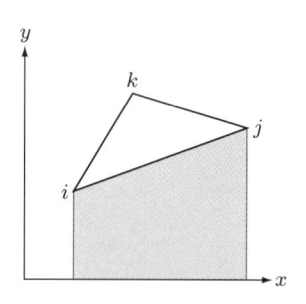

図 4.6 面積積分

この直線の方程式は，
$$y = \frac{y_j - y_i}{x_j - x_i} x + \frac{x_j y_i - x_i y_j}{x_j - x_i} = Sx + R$$
である．積分公式は，
$$\int_A x^p y^q \, dA = \int_{x_i}^{x_j} x^p \int_0^y y^q \, dy \, dx = \int_{x_i}^{x_j} x^p \frac{y^{q+1}}{q+1} \, dx$$
であり，先の直線の方程式の y を代入すれば，x だけの積分となって答えが得られる．たとえば，

$$\int x^2 \, dx \, dy = \int x^2 (Sx + R) \, dx = \frac{S}{3}(x_j^3 - x_i^3) + \frac{R}{2}(x_j^2 - x_i^2)$$

である．8.3.6 項のプログラムではこの方法により積分している．また，別の方法として，三角形の重心を原点とし，頂点の座標をそれぞれ (x_1, y_1), (x_2, y_2), (x_3, y_3) とすると，次の積分公式が成立する．

$$\int dA = \int dx \, dy = A$$

$$\int x \, dA = 0, \quad \int y \, dA = 0$$

$$\int x^2 \, dA = \frac{A(x_1^2 + x_2^2 + x_3^2)}{12}$$

$$\int y^2 \, dA = \frac{A(y_1^2 + y_2^2 + y_3^2)}{12}$$

$$\int xy \, dA = \frac{A(x_1 y_1 + x_2 y_2 + x_3 y_3)}{12}$$

【注釈 4.3】式 (*4.49*) での線積分について

式 (4.49) での線積分については次のように行う．図 **4.7** に示す線に沿って積分することを考える．式 (4.49) では線分を s で表しているが，実際には三角形の辺に沿った座標での t であるので，$t = \xi/l$ と無次元化して

$$x = x_i + l \cos \alpha \, \xi$$
$$y = y_i + l \sin \alpha \, \xi$$

とする．すると，たとえば，

$$\int x \, dt = \int (x_i + l \cos \alpha \, \xi) l \, d\xi = x_i l + \frac{l^2 \cos \alpha}{2}$$

というように計算できる．8.3.6 項のプログラムではこの方法により積分している．

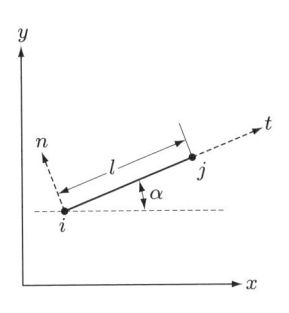

図 **4.7** 線積分

4.4 板要素の集合としての曲面近似

任意の曲面構造は，図 4.8 のように平板の三角形や四角形要素で近似することができる．3.2 節の立体骨組構造で述べたように，平板で曲面構造を近似すると，面内の伸び縮みが平板の曲げやねじりで伝わっていく．したがって，3 次元骨組構造で面内要素と曲げ要素を組み合わせたように，板の曲げ要素と三角形平面要素とを組み合わせて 3 次元解析用のプログラムを作り上げることができる．当然，はり要素も組み込むことができる．

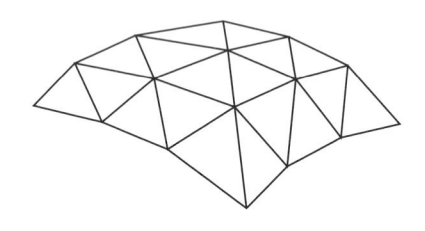

図 4.8 板要素で作る曲面構造

演習問題 4

1 ある大きさの板に重量物を載せると 8 cm のたわみ（変位）が生じた．このたわみを 1 cm に抑えるには，板の厚さを何倍にすればよいか．

2 例題 4.2 の解を，1 項で近似して計算せよ．

第5章 機械振動の基礎

本章では，振動絶縁や防振で実際に使われる機械振動理論の基礎を述べる．実際に使われている理論は1自由度振動系であり，**ダイナミックダンパー**（演習問題 10.3 参照）では，せいぜい2自由度の理論である．有限要素法による数万自由度の振動解析は，複雑な系を1自由度系に変換あるいは分解するための手法であるといっても過言ではない．要するに，1自由度，あるいは2自由度の系にしなければ実践的な防振，絶縁の対策を立てるのが困難である．そういう意味で，ここでは1自由度系の振動理論を用語の定義を兼ねて説明し，そのあと振動絶縁，防振について述べ，次に連続体の等価質量を導入して，1自由度の振動系のモデリングによる応用を説明する．まず，1自由度系については自由振動と強制振動について述べ，そこで導入される減衰に関するさまざまな用語を定義する．次に，振動伝達率が力加振と変位加振で同じように定義されることを説明する．最後に，衝撃応答について入門的な説明を行う．

5.1　1自由度振動系

図 5.1 のように，質量 m に外力 $F(t)$ が作用しているときの振動方程式は，

$$m\frac{d^2x}{dt^2} + c\frac{dx}{dt} + kx = F(t) \tag{5.1}$$

となる．ここで，k はばね定数，c は速度比例型の減衰で**粘性減衰係数** (viscous damping coefficient) という．式 (5.1) の解は，外力を 0 とした同次解（斉次解）と特解の和と

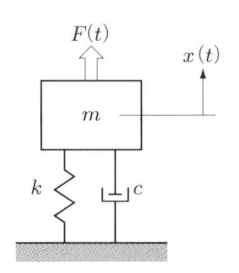

図 5.1　1自由度振動系

して表される．前者が**自由振動解**，後者が**強制振動解**である．

まず，時間に関する微分演算 d/dt をドットで表記して，$F(t) = 0$ として

$$m\ddot{x} + c\dot{x} + kx = 0 \tag{5.2}$$

の自由振動解を求める．同次微分方程式の解法に従って，

$$x(t) = Ce^{\lambda t} \tag{5.3}$$

とおいて式 (5.2) に代入すれば，

$$m\lambda^2 + c\lambda + k = 0$$

となる．これを根の公式により解いて，

$$\lambda = \frac{-c \pm \sqrt{c^2 - 4mk}}{2m} \tag{5.4}$$

を得る．粘性減衰係数 c が

$$c_c = 2\sqrt{mk} \tag{5.5}$$

より大きいか小さいかで，式 (5.4) の分子が虚数あるいは実数になり，解の形が変わるので，以下に場合を分ける．この c_c を**臨界減衰係数** (critical damping coefficient) とよぶ．

(1) $c = 0$（無減衰）のとき

減衰がない場合，λ は純虚数となり，

$$\lambda = \pm\sqrt{\frac{k}{m}}j = \pm\omega_0 j, \quad k = m\omega_0^2 \tag{5.6}$$

とおいて，式 (5.3) により

$$x(t) = C_1 e^{j\omega_0 t} + C_2 e^{-j\omega_0 t}$$

であるが，

$$e^{jx} = \cos x + j\sin x$$

と書けるので，$A = j(C_1 - C_2)$，$B = C_1 + C_2$ とおいて，

$$x(t) = A\sin\omega_0 t + B\cos\omega_0 t = A\sin 2\pi f_0 t + B\cos 2\pi f_0 t \tag{5.7}$$

となる．これは減衰をしない単振動運動で，図 **5.2** のような運動をする．f_0 を**固有振動数** (eigen frequency)，ω_0 を**固有角振動数** (eigen angular frequency)，あるいは**固有円振動数** (eigen circular frequency) とよぶ．式から明らかなように，この振動系は 1 秒間に f_0 回の振動をする．固有振動数と固有角振動数との間には

$$f_0 = \frac{\omega_0}{2\pi} \tag{5.8}$$

の関係がある．係数 A, B は初期条件（変位と速度の 2 個）により決められる．

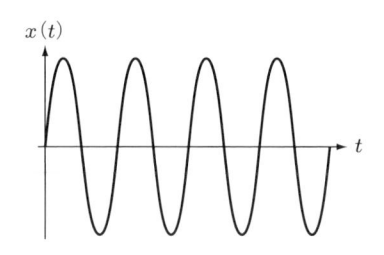

図 5.2 $c=0$ の場合：単振動

(2) $c > c_c$（過減衰）のとき

式 (5.4) より，λ は λ_1, λ_2 の二つの負の実根を持つので，

$$x(t) = C_1 e^{\lambda_1 t} + C_2 e^{\lambda_2 t} \tag{5.9}$$

であり，図 5.3 のように，周期運動をすることなく減衰していく．

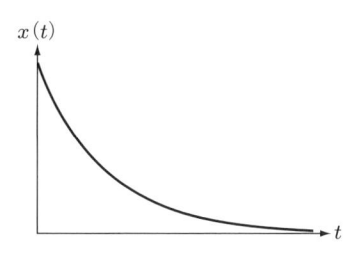

図 5.3 $c > c_c = 0$ の場合：過減衰

(3) $c < c_c$（小さな減衰）のとき

式 (5.4) は

$$\lambda = -\zeta\omega_0 \pm \omega_0\sqrt{1-\zeta^2}\, j \tag{5.10}$$

と書き表すことができる．ここに，

$$\frac{c}{2m} = \frac{c}{c_c}\frac{2\sqrt{mk}}{2m} = \frac{c}{c_c}\sqrt{\frac{k}{m}} = \zeta\omega_0$$

と書けることを利用している．無次元化量 ζ は

72　第5章　機械振動の基礎

$$\zeta = \frac{c}{c_c} \tag{5.11}$$

で，減衰係数と臨界減衰係数との比であるので，（粘性）**減衰比** (damping ratio) とよぶ．また**減衰固有角振動数** ω_d を

$$\omega_d = \omega_0 \sqrt{1-\zeta^2} \tag{5.12}$$

とすれば，

$$X(t) = e^{-\zeta \omega_0 t}(A \sin \omega_d t + B \cos \omega_d t) \tag{5.13}$$

となる．A, B は初期条件から決まる．これを図示すると図 **5.4** のような自由減衰波形となる．図において外側の点線は $\pm e^{-\zeta \omega_0 t}$ である．

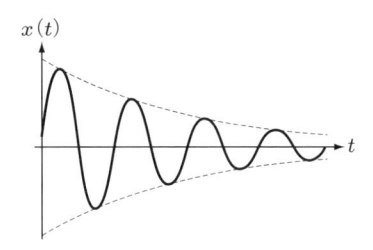

図 **5.4**　$c < c_{cr}$ の場合：自由減衰

ここで，この**自由減衰波形**を使った減衰比の求め方を説明する．n 番目と $(n+k)$ 番目の波形の極値を a_n, a_{n+k} として，その対数をとって δ とすると，

$$\delta = \frac{1}{k} \log_e \frac{a_n}{a_{n+k}} = \frac{1}{k} \log_e \frac{e^{-\zeta \omega_0 nT}}{e^{-\zeta \omega_0 (n+k)T}} = \frac{1}{k} \log_e e^{\zeta \omega_0 kT} = \zeta \omega_0 T$$

となる．ここで T は周期であり，固有振動数 f の逆数

$$T = \frac{1}{f} = \frac{2\pi}{\omega_d} \tag{5.14}$$

であるので，減衰比 ζ が 1 に比べて小さければ

$$\delta = 2\pi \zeta \frac{1}{\sqrt{1-\zeta^2}} \fallingdotseq 2\pi \zeta \tag{5.15}$$

を得る．δ は**対数減衰率** (logarithmic decrement, logarithmic damping ratio) とよばれ，計測によって δ を求めて ζ を計算する．減衰に関する用語を**表 5.1** に示す．減衰比を減衰率とよび間違える人もいるが，ζ は定義からわかるように比である．なお，複雑な構造物においては，減衰はさまざまな要因から生じるが，その要因を定量的に

分析することはできないので，等価な減衰比に置き換えて使うのが実際的である．このような場合，**等価（線形）粘性減衰比**という．線形が括弧書なのは，多くの場合，減衰は非線形であるので，小さな減衰範囲で線形性を仮定して等価な ζ に置き換えるからである．**構造減衰**，**質量減衰**と**レーリー減衰**については 7.4 節で説明する．

表 5.1 減衰に関する用語のまとめ

名　称	記　号	備　考
減衰係数	c	式 (5.1)
臨界減衰係数	$c_c = 2\sqrt{mk} = 2\omega_0 m$	式 (5.5)
（粘性）減衰比	$\zeta = c/c_c$	式 (5.11)
対数減衰率	$\delta \fallingdotseq 2\pi\zeta$	式 (5.15)
構造減衰係数	$\eta \fallingdotseq 2\zeta$	式 (7.35)
損失係数	$\eta \fallingdotseq 2\zeta$	式 (7.35)
質量減衰	$\alpha = 2\omega_0 \zeta$	式 (7.34)
構造減衰	$\beta = 2\zeta/\omega_0$	式 (7.34)
レーリー減衰	$[C] = \alpha[M] + \beta[K]$	式 (7.33)
（参考）応答倍率，Q 値	$Q = 1/(2\zeta)$	式 (5.29)

例題 5.1

$m = 2$, $c = 1$, $k = 4$ からなる系が静止しており，その質量に初速 $\dot{x}(0) = 3$ が与えられたときの応答を求めよ．

解答

まず，式 (5.4) より λ を求めてみると

$$\lambda = \frac{-1 \pm \sqrt{1^2 - 4 \times 2 \times 4}}{2 \times 2} = -0.25 \pm \frac{\sqrt{31}j}{4}$$

となる．よって，解は

$$x(t) = e^{-0.25t}(C_1 \sin 1.392t + C_2 \cos 1.392t)$$

となる．係数 C_1, C_2 を初期条件 $x(0) = 0$, $\dot{x}(0) = 3$ から決めると，

$$x(0) = C_2 = 0, \quad \dot{x}(0) = 1.392 C_1 = 3$$

より $C_1 = 2.155$, $C_2 = 0$ が得られる．よって，応答，$x(t)$ は

$$x(t) = 2.155 e^{-0.25t} \sin 1.392t$$

となる．振動数は $1.392/(2\pi) = 0.22\,\text{Hz}$ である．

例題 5.2

固有振動数 f_0 が 0.5 Hz の振動系を自由振動させたとき，その振幅が 1/100 になるのは何秒後か，減衰比 ζ を 2% として計算せよ．

解答

対数減衰率の計算と同じ計算法をして

$$\frac{a_{n+k}}{a_n} = \frac{e^{-\zeta\omega_0(n+k)T}}{e^{-\zeta\omega_0 nT}} = e^{-\zeta\omega_0 kT} = \frac{1}{100}$$

であるので，両辺の対数をとって

$$-\zeta\omega_0 kT = -2\ln 10$$

となる．ここで経過時間 t は kT，$\omega_0 = 2\pi f_0$ なので，

$$t = \frac{2\ln 10}{\zeta 2\pi f_0} = \frac{2 \times 2.30}{0.02 \times 2\pi \times 0.5} = 73.2$$

となり，73.2 秒後が答えとなる．

5.2 強制振動

外力に角速度 ω の調和振動を考えて

$$F(t) = F_0 \sin \omega t \tag{5.16}$$

とすると，振動方程式は

$$m\ddot{x} + c\dot{x} + kx = F_0 \sin \omega t \tag{5.17}$$

となる．この特解を求めるため

$$x(t) = C\sin\omega t + D\cos\omega t$$

とおいて代入し，κ を

$$\kappa = \frac{\omega}{\omega_0} \tag{5.18}$$

とする．また，系の固有振動数と加振振動数との比 x_{st} を

$$x_{st} = \frac{F_0}{k} \tag{5.19}$$

として，最大加振力振幅による静的変形量とする．これらを代入して sin, cos 項の係数を等しいとおけば

$$(1-\kappa^2)C - 2\zeta\kappa D = x_{st}$$
$$2\zeta\kappa C + (1-\kappa^2)D = 0$$

が得られ，これから

$$C = \frac{(1-\kappa^2)x_{st}}{(1-\kappa^2)^2 + (2\zeta\kappa)^2}, \quad D = \frac{(-2\zeta\kappa)x_{st}}{(1-\kappa^2)^2 + (2\zeta\kappa)^2}$$

となる．よって，強制振動解は

$$\begin{aligned}x(t) &= \frac{x_{st}}{\sqrt{(1-\kappa^2)^2 + (2\zeta\kappa)^2}}(\cos\beta\sin\omega t + \sin\beta\cos\omega t) \\ &= x_0 \sin(\omega t + \beta)\end{aligned} \quad (5.20)$$

と得られる．式の中の β は位相角で，

$$\cos\beta = \frac{1-\kappa^2}{\sqrt{(1-\kappa^2)^2 + (2\zeta\kappa)^2}}, \quad \sin\beta = \frac{-2\zeta\kappa}{\sqrt{(1-\kappa^2)^2 + (2\zeta\kappa)^2}}$$

である．応答は，式 (5.13) の自由振動解と，この強制振動解を加え合わせて

$$x(t) = e^{-\zeta\omega_0 t}(A\sin\omega_d t + B\cos\omega_d t) + x_0\sin(\omega t + \beta) \quad (5.21)$$

となる．応答のなかで初期条件に依存する自由振動解は時間とともに減衰し，最終的には強制振動解のみとなる．応答の最大値，すなわち，式 (5.20) の x_0 の最大値は，x_0 を κ で微分してゼロとおいたときの $\kappa = \sqrt{(1-2\zeta^2)}$，すなわち，

$$\omega_c = \omega_0\sqrt{1-2\zeta^2} \quad (5.22)$$

の振動数で発生し，この振動数を（変位）**共振角振動数** (resonant angular frequency) という．なお，応答速度の最大値は ω_0 で，応答加速度の最大値は $\omega_0/\sqrt{1-2\zeta^2}$ で生じる．これらをそれぞれ，速度共振角振動数，加速度共振角振動数とよぶ．ここまでに定義された振動数に関する用語をまとめて**表 5.2** に示す．

表 5.2 振動数に関する用語のまとめ

名　称	記　号
固有振動数	f_0
固有角振動数，固有円振動数	$\omega_0 = 2\pi f_0$
減衰固有角振動数	$\omega_d = \omega_0 \sqrt{1-\zeta^2}$
変位共振角振動数	$\omega_c = \omega_0 \sqrt{1-2\zeta^2}$
速度共振角振動数	$\omega_v = \omega_0$
加速度共振角振動数	$\omega_a = \omega/\sqrt{1-2\zeta^2}$

5.3 振動伝達率

図 5.5 のような系について考える．図 5.5(a) が，質量に振動力が加えられて土台に力が伝わる場合，図 5.5(b) が，土台が振動して質量に振動力が伝わる場合であるが，いずれもどの程度振動力が増幅されて伝わるかが実際上重要である．本節では，このような**振動伝達**について考える．

5.3.1 力　加　振

さて，図 5.5(a) のような系において，質量に加えられた加振力が土台に伝わる力の割合を振動の**伝達率**(transmissibility) という．土台に伝わる力 P は強制振動項のみを考えて，ばねと減衰力によって伝わる．過渡振動が減衰した後の強制振動項のみを考えると，式 (5.20) より

$$P = c\dot{x} + kx = cx_0\omega \cos(\omega t + \beta) + kx_0 \sin(\omega t + \beta) \tag{5.23}$$

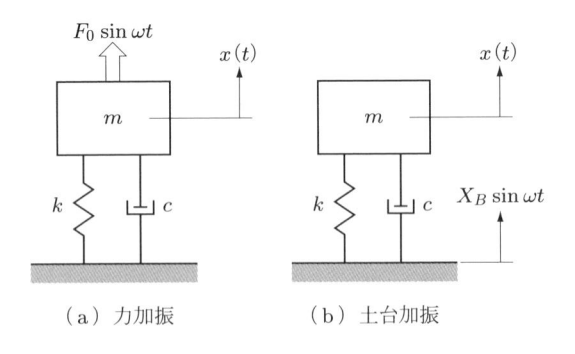

(a) 力加振　　(b) 土台加振

図 5.5　振動力の伝達

であるので，伝達率 τ は

$$\tau = \left|\frac{P}{F_0 \sin \omega t}\right| = \frac{\sqrt{(kx_0)^2 + (c\omega x_0)^2}}{F_0} = \sqrt{\frac{1 + (2\zeta\kappa)^2}{(1-\kappa^2)^2 + (2\zeta\kappa)^2}} \quad (5.24)$$

となる．伝達率 τ を振動数比 $\kappa = \omega/\omega_0$ について計算すると図 **5.6** のようになる．この図からわかるように，$\kappa = \sqrt{2}$ において減衰比 ζ の値にかかわらず $\tau = 1$ となる．

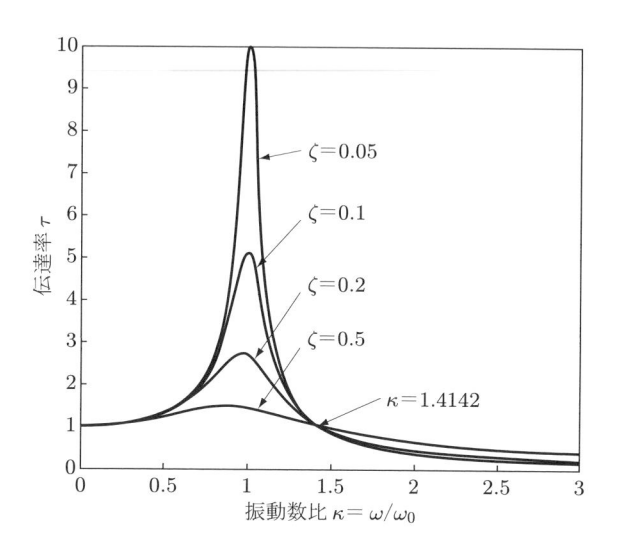

図 **5.6** 振動伝達率

例題 5.3

モーターの不つり合い質量が m で，回転軸から距離 r の場所にあり，回転数が Ω であるとき，図 **5.5**(a) の振動力に相当する力を計算せよ．

解答

不つり合い質量の遠心力により，振動力が生じる．遠心力は $F_0 = mr\Omega^2$ であり，その上下方向成分が，図 **5.5**(a) の振動力となるので，

$$F_0 \sin \omega t = (mr\Omega^2) \sin \Omega t$$

となる．このような回転機械の場合，上下方向だけでなく，位相が 90 度ずれて横方向にも振動力が生じる．

5.3.2 土台加振

次に，図 5.5(b) のように，土台が調和振動して加振される場合を考える．土台の振幅を x_B，その角振動数を ω とする．相対変位を y とすると

$$y(t) = x(t) - x_B \sin \omega t \tag{5.25}$$

である．ばね力と減衰力は相対変位と相対速度に対して成立し，慣性力は絶対加速度に対して成立する．よって，

$$m\ddot{x} + c\dot{y} + ky = 0$$

となり，上式に式 (5.25) を代入して，

$$\begin{aligned} m\ddot{x} + c\dot{x} + kx &= x_B(-c\omega \cos \omega t + k \sin \omega t) \\ &= x_B\sqrt{(c\omega)^2 + k^2} \sin(\omega t + \gamma) \\ &= F_2 \sin(\omega t + \gamma) \end{aligned} \tag{5.26}$$

となる．この解は，式 (5.20) と同じように

$$x(t) = \frac{F_2}{k\sqrt{(1-\kappa^2)^2 + (2\zeta\kappa)^2}} \sin(\omega t + \beta_2) \tag{5.27}$$

となる．土台の振幅 x_B と質点の応答の振幅 x_0 の比も伝達率とよばれ，

$$\begin{aligned} \tau = \frac{x_0}{x_B} &= \frac{F_2}{kx_B\sqrt{(1-\kappa^2)^2 + (2\zeta\kappa)^2}} \\ &= \frac{x_B\sqrt{(c\omega)^2 + k^2}}{kx_B\sqrt{(1-\kappa^2)^2 + (2\zeta\kappa)^2}} = \sqrt{\frac{1+(2\zeta\kappa)^2}{(1-\kappa^2)^2 + (2\zeta\kappa)^2}} \end{aligned} \tag{5.28}$$

と，式 (5.24) と同じになる．共振点近傍においての応答倍率は Q 値 (Quality factor) とよばれる．式 (5.28) において $\kappa = 1$ とおくと，

$$Q \fallingdotseq \frac{1}{2\zeta} \tag{5.29}$$

となり，減衰比の 2 倍の逆数となる．

例題 5.4

質量 $m = 1000\,\mathrm{kg}$ の車が 4 個の車輪と板ばねの上にあるとモデリングする．この車の自重による沈みを $\delta = 15\,\mathrm{cm}$ とする．この車が，図 5.7 のように間隔 $L_0 = 10\,\mathrm{m}$ の正弦波形状とみなせる $\pm 2\,\mathrm{cm}$ のでこぼこ道を走るとき，共振状態となって上下動が最も激しくなる速度を求めよ．また，そのときの振幅を求めよ．減衰比を $\zeta = 10\%$ とする．

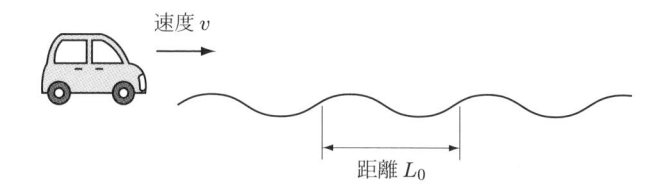

図 5.7　車の振動伝達率計算の例題

解答

車を 1 自由度振動系と考える．このときの車のばね定数 k は自重による静的変位から，

$$k\delta = mg, \quad k = \frac{1000\,\mathrm{kg} \times 9.8\,\mathrm{m/s^2}}{0.15\,\mathrm{m}} = 6.53 \times 10^4\,\mathrm{kg/s^2}$$

と得られる．したがって，この車の上下動の固有振動数 f_0 は式 (5.6) より，

$$f_0 = \frac{1}{2\pi}\sqrt{\frac{k}{m}} = \frac{1}{2\pi}\sqrt{65.3} = 1.29\,\mathrm{Hz}$$

と得られる．この車の速度を v とすると，共振現象となるのは

$$v = L_0 f_0$$

のときであるので，

$$v = 12.9\,\mathrm{m/s} = 46\,\mathrm{km/h}$$

で時速 46 km が答となる．このときの応答倍率は $Q = 1/2\zeta = 5$ であるので，車の上下動の片振幅は $2\,\mathrm{cm} \times 5 = 10\,\mathrm{cm}$ となる．なお，この例題では前輪と後輪の時間遅れによるピッチング（回転的振動）は考えていない．

5.4　振動絶縁

振動絶縁には二つの種類がある．図 5.5(a) のように，動いている振動体の振動力が土台に伝わらないように防ぐ目的を持つものと，図 5.5(b) のように，土台の振動が機械に伝わらないように防ぐ目的のものである．いずれも防振ゴムやコイルばね，空気ばねなどが使われる．

図 5.6 をながめると以下のようなことがいえる．

- 支えのばねは，加えられる攪乱力の振動数（ω）が，全体の機械を含めた系の振動数（ω_0）の 1.41 以上になるように，やわらかいばねで支持されなければならない．

- 減衰は $\kappa > 1.41$ の範囲だけで有利であり，$\kappa < 1.41$ の振動数の低い範囲では，減衰の存在は伝達を悪化させる．

例題 5.5

30 G 以上の加速度が加わると壊れる質量 10 kg の電子機器が，振動するボードに取りつけられている．このボードは 50 Hz の振動数で最大加速度 40 G の振動をしているとする．この電子機器の下にばねを取りつけて機器の振動を抑制したい．減衰比 ζ を 0.1 として，取りつけるばねの剛性 k を求めよ．

解答

これは土台加振の振動伝達の問題なので，式 (5.28) が直接使えて，

$$\frac{30}{40} = \sqrt{\frac{1 + (2 \times 0.1 \times \kappa)^2}{(1 - \kappa^2)^2 + (2 \times 0.1 \times \kappa)^2}}$$

を κ について解けば，

$$\kappa = 1.5364$$

となる．よって，ばねに取りつけられた電子機器の固有振動数 f_0 は

$$f_0 = \frac{f}{\kappa} = \frac{50}{1.5364} = 32.54$$

であり，

$$\omega_0 = 2\pi f_0 = \sqrt{\frac{k}{m}} = \sqrt{\frac{k}{10}}$$

であるので，

$$k = 4.18 \times 10^5 \text{ kg/s}^2 = 4.18 \times 10^5 \text{ N/m}$$

が得られる．取りつけるばねは，この剛性より小さくしなければならない．

この例題に見られるように，振動による構造の破壊は**共振**によって起こることがほとんどである．多くの場合，外力の振動数は変えられないので，機器（構造）の振動数を変えるか，あるいは減衰を付加することにより**応答倍率**（または伝達率）を下げる工夫をする．そのような方法を図 5.8 に示す．**振動絶縁**は地震の場合，**免震**ともよばれる．振動数を上げる構造強化については，質量の増加をともなう．受動的な減衰の付加で達成できる効果はそう大きくないが，**振動制御**の考えを持ち込めば応答倍率を下げる効果は大きい．ただし，振動制御はコストがかかるうえ，システムが複雑となり，制御のためのエネルギー投入も必要である．

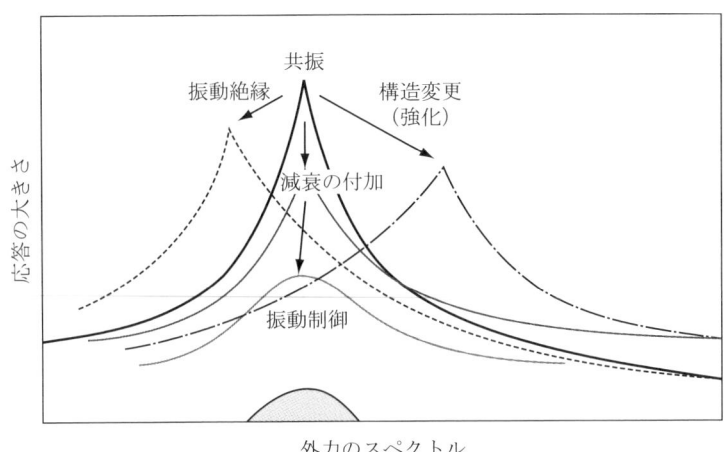

図 5.8 共振の避け方（横軸は振動数）

5.5 衝撃に対する応答

　ここまでは周期性のある正弦波外力による応答を考えてきたが，本節では，任意外力に対する応答を考える．実際に応答を求めるには，第 9 章で述べる数値計算法がよいが，ここでは解析的に求めてみる．その目的は，単位インパルス応答関数を導入することである．**インパルス応答関数**は，周波数応答関数の逆フーリエ変換としても重要である．衝撃応答の実際的な応用は，第 9 章で述べる．

5.5.1　ステップ応答

　図 5.9(a)のように，ある時刻に F_0 の大きさの外力が作用したとする．このとき強制振動解 x_S は，式 (5.21) より

$$x_S(t) = e^{-\zeta\omega_0 t}(A\sin\omega_d t + B\cos\omega_d t) + x_s$$

となる．ここに，x_s は $x_s = F_0/k$ として力 F_0 が作用したときの静的な変位であり，式 (5.21) の強制振動項に相当する．初期条件として静止 ($x = 0,\ \dot{x} = 0$) とすれば，

$$B = -x_s, \quad A = \frac{\zeta\omega_0 B}{\omega_d}$$

であるので，

$$x_S(t) = x_s\left\{1 - e^{-\zeta\omega_0 t}\left(\cos\omega_d t + \frac{\zeta}{\sqrt{1-\zeta^2}}\sin\omega_d t\right)\right\} \tag{5.30}$$

が得られる．これを**ステップ応答**という．図示すれば図 **5.9**(b)のような応答となり，静的な変位の 2 倍（ζ が 0 のとき）の大きさの変位が生じる．これをエネルギー的に考察したのが 1.5 節で示した例である．

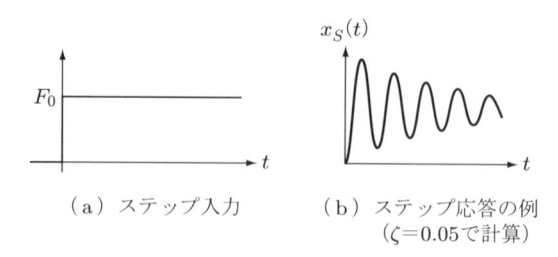

（a）ステップ入力

（b）ステップ応答の例
（$\zeta=0.05$ で計算）

図 **5.9** ステップ入力と応答

5.5.2 インパルス入力に対する応答

時間の短い力である衝撃（インパルス，図 **5.10**）に対する応答 x_I を求めるには，ステップ応答関数をもうひとつ，時間をずらせて逆方向に加えればよい．すなわち，

$$x_I(t) = x_S(t) - x_S(t - \Delta t)$$

を計算すればよいが，ここで Δt は短い時間であるので，

$$e^{\zeta \omega_0 \Delta t} = 1 + \zeta \omega_0 \Delta t, \quad \cos \omega_d \Delta t = 1, \quad \sin \omega_d \Delta t = \omega_d \Delta t$$

と近似して，たとえば，

$$e^{\zeta \omega_0 \Delta t} \cos\{\omega_d (t - \Delta t)\} = (1 + \zeta \omega_0 \Delta t)(\cos \omega_d t + \omega_d \Delta t \sin \omega_d t)$$

のような変形を行えば，

$$x_I(t) = x_s e^{-\zeta \omega_0 t} \omega_d \Delta t \sin \omega_d t \tag{5.31}$$

という簡単な式になる．ここで $1 - \zeta^2 \approx 1$ という近似を行っている．また，

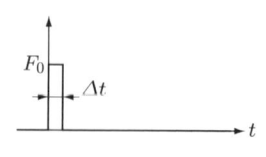

図 **5.10** インパルス入力

$$x_s = \frac{F_0}{k} = \frac{F_0}{m\omega_0^2}, \quad I = F_0 \Delta t$$

であるので，結局

$$x_I(t) = \frac{I}{m\omega_d} e^{-\zeta\omega_0 t} \sin \omega_d t \tag{5.32}$$

となる．ここでも

$$\frac{\omega_d}{\omega_0^2} = \frac{\omega_d(1-\zeta^2)}{\omega_d^2} \approx \frac{1}{\omega_d}$$

という近似をしている．式 (5.32) の波形は図 **5.4** に示す減衰波形そのものである．このインパルス応答については，第 9 章の衝撃応答スペクトルの演習問題においてまたとりあげる．

5.5.3 任意外力に対する応答

$I=1$ としたときを**単位インパルス**という．単位インパルスを入力したときの応答 $x_I(t)$ を，$h(t)$ と書き表して，

$$h(t) = \frac{I}{m\omega_d} e^{-\zeta\omega_0 t} \sin \omega_d t \tag{5.33}$$

となる．任意の外力に対する応答 $x(t)$ は，外力 $F(t)$ を一連のインパルス力の結合として，

$$x(t) = \int_0^t h(t-\tau) F(\tau)\, d\tau \tag{5.34}$$

という形で求めることができる．この積分を**たたみこみ積分** (convolution integral) という．実際の任意外力に対する応答を計算するには，第 9 章で示す数値計算法のほうが便利であるので，式 (5.34) を使うことはあまりない．インパルス応答関数は，あとで述べる周波数応答関数の逆フーリエ変換である（例題 10.6 参照）ということで重要である．

演習問題 5

1 問図 **5.1** に示すような単振子の固有角振動数 ω_0 を求めよ．

2 問図 **5.2** に示すように，長さ $2R$ の棒が，長さ L のひも 2 本で吊るされているときの回転振動の固有角振動数 ω_0 を求めよ．ただし，棒の質量を m，中心周りの慣性モーメントを I_p とする．

3 問図 5.3 に示すような，半径 r の円筒状のうきの，上下振動の固有角振動数 ω_0 を求めよ．質量は先端の質量 m だけを考えるものとする．液体の密度は ρ とする．

4 問図 5.4 に示すような，U 字管の中の液体の固有角振動数 ω_0 を求めよ．ただし，液体の入っている管の全長を L，液体の密度を ρ とする．

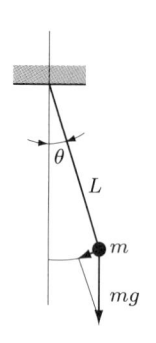

問図 5.1　単振子

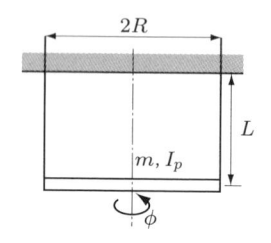

問図 5.2　2 本吊りの棒の回転

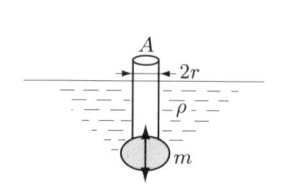

問図 5.3　うきの上下振動

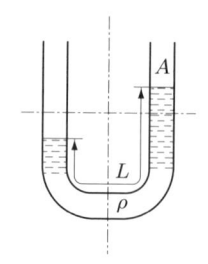

問図 5.4　U 字管の中の液体の振動

第6章 構造振動の理論

本章では，構造の振動について説明する．実際の構造は複雑であり，設計においては有限要素法で振動計算を行う．しかし，おおよそどの程度の固有振動数でどの程度の振幅が生じるかなどの見きわめが重要であり，それがわかるためにはオーダー評価ができなければならない．変形や振動が問題となる機械構造は，マス - スプリングの1自由度振動系，あるいははりや板でモデリングできるので，はりと板の振動について基礎的事項を学ぶことが重要である．また，設計が進んだ段階でも，きちんとしたオーダー評価を行うことができれば，有限要素法における入力ミス（とくに単位）などを調べるよりどころともなる．

本章では，棒の縦振動，ねじり振動，曲げ振動について理論式を導出し，例題を用いてオーダー評価の方法を示す．せん断変形を含むチモシェンコはりについても少し触れる．次に，板の曲げ振動を説明する．また，実用上重要な等価質量とその応用について述べる．有限要素法による振動解析は第7章と第8章で説明する．本章は，あくまでもオーダー評価のセンスを磨くための説明である．有限要素法を使えることよりも，オーダー評価ができることが技術者として重要である．

6.1 棒の縦振動とねじり振動

まっすぐな棒の縦振動（伸縮振動）の振動方程式を求めてみる．図 **6.1** の長さ dx の棒の微小要素を考えると，ニュートンの法則により，

$$(\rho A\, dx)\frac{d^2 u}{dt^2} = (F + dF) - F$$

である．これを書き直せば，

$$(\rho A)\frac{d^2 u}{dt^2} = \frac{dF}{dx} \tag{6.1}$$

となる．ここに，微小要素の断面積を A，密度を ρ としているので質量が $(\rho A\, dx)$ となり，この質量にかかる力の差で加速度が発生することを，式 (6.1) は表している．力は，断面積 A に応力 σ がかかるので，

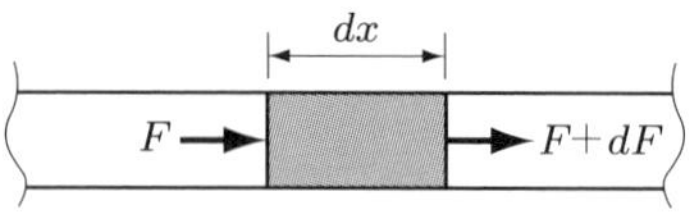

図 **6.1** 長さ dx の棒の微小要素

$$F = A\sigma = AE\varepsilon = AE\frac{du}{dx}$$

である．よって，この式を式 (6.1) に代入すれば，

$$EA\frac{\partial^2 u}{\partial x^2} = \rho A\frac{\partial^2 u}{\partial t^2} \tag{6.2}$$

である．微分記号が偏微分になっているのは，変数が陽に 2 個 (x と t) になったためである．

ねじり振動の方程式も，縦振動と同様の操作で 3.2.1 項と 3.2.2 項とを参考にして，

$$GJ\frac{\partial^2 \theta}{\partial x^2} = \rho I_p \frac{\partial^2 \theta}{\partial t^2} \tag{6.3}$$

となる．ここに，ρI_p は単位長さ当たりの慣性モーメントで，r をねじり軸からの距離，dA を断面の微小面素として

$$\rho I_p = \rho \int r^2 \, dA \tag{6.4}$$

であり，これは，式 (2.24) の断面二次極モーメントに密度 ρ がかかった量である．このように，棒の縦振動と棒のねじりは同じ形の方程式となるので，同じように解くことができる．代表としてねじりの問題を解いてみよう．

まず，解の形を**変数分離**の形で

$$\theta(x,t) = e^{\lambda x/L} e^{j\omega t}$$

とする．x を L で割っているのは x を無次元化するためである．これを基礎方程式 (6.3) に代入すれば，

$$\frac{\lambda^2}{L^2} GJ e^{\lambda x/L} e^{j\omega t} = -\rho I_p \omega^2 e^{\lambda x/L} e^{j\omega t}$$

すなわち，

$$\lambda^2 = -L^2 \frac{\rho I_p}{GJ}\omega^2$$

で λ は純虚数となる．ここで，純虚数については，

$$\exp(jx) = \cos x + j\sin x$$

であることを利用し，exp を sin, cos 関数で書き換えて

$$\theta(x,t) = \left(c_1 \sin \frac{\lambda x}{L} + c_2 \cos \frac{\lambda x}{L}\right) e^{i\omega t} \tag{6.5}$$

と表すことができる．この変形過程は式 (5.6), (5.7) と同じである．この時点で λ を純虚数から実数に書き換えているので，

$$\omega = \frac{\lambda}{L}\sqrt{\frac{GJ}{\rho I_p}} \tag{6.6}$$

となっている．λ は境界条件によって決まる定数で，例題を通して決め方を解説する．

例題 6.1

棒の縦振動あるいはねじり振動の固有振動数を，片側固定と両側固定の場合について導け．

解答

ここではねじり振動について計算するが，式 (6.5), (6.6) において $\theta \to u$, $GJ \to EA$, $\rho I_p \to \rho A$ と書き換えれば縦振動になる．方針としては，式 (6.5) の c_1, c_2 を境界条件により決めて，式 (6.6) の λ を決める．

まず，両端固定の場合，$\theta(0) = 0$ より $c_2 = 0$ となって，$\theta(L) = 0$ より

$$\sin \frac{\lambda L}{L} = 0$$

となるので，

$$\lambda = m\pi, \quad m = 1, 2, \ldots \tag{6.7}$$

が得られる．また，片側自由の場合，自由端で力が 0 なので，

$$GJ \frac{d\theta}{dx} = 0$$

すなわち，

$$GJc_1 \frac{\lambda}{L} \cos \frac{\lambda L}{L} = 0$$

で，$\cos \lambda = 0$ を満たす

$$\lambda = \frac{\pi}{2}m, \quad m = 1, 3, 5, \ldots \tag{6.8}$$

が得られる．他の境界条件における λ の値を表 6.1 に示す．

表 6.1 棒の縦振動とねじり振動の λ

境界条件	λ
自由 - 自由	$\pi, 2\pi, 3\pi, \ldots$
固定 - 固定	$\pi, 2\pi, 3\pi, \ldots$
固定 - 自由	$\pi/2, 3\pi/2, 5\pi/2, \ldots$

例題 6.2

図 6.2 のような，先端に円盤のついた丸棒のねじり振動を解け．

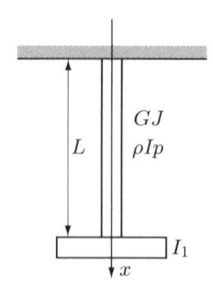

図 6.2 先端に円盤のついた丸棒のねじり振動

解答

まず，固定端 $(x=0)$ で $\theta(0) = 0$ であるので，$c_2 = 0$ となり，

$$\theta(x, t) = c_1 \sin\frac{\lambda x}{L} e^{j\omega t}$$

となる．先端 $(x = L)$ では，

$$GJ\frac{\partial \theta}{\partial x} = M_T = -I_1\frac{\partial^2 \theta}{\partial t^2}$$

であるので，

$$\frac{\lambda GJ}{L}\cos\lambda = I_1\omega^2 \sin\lambda$$

となる．これを

$$\cot\lambda = \mu\lambda \tag{6.9}$$

の形にすれば，式 (6.6) を使って λ を消去して

$$\mu = \frac{I_1\omega^2 L}{\lambda^2 GJ} = \frac{I_1}{\rho I_p L} \tag{6.10}$$

を得る．μ は，先端の円盤の慣性モーメント I_1 と棒の慣性モーメント $I_0 \equiv \rho I_p L$ との比となっている．

例題 6.3

図 6.2 において棒の質量が無視できるとき，固有振動数を求める式を導け．

解答

ねじりの方程式から，

$$\frac{d\theta}{dx} = \frac{M_T}{GJ}$$

これを積分して，

$$\theta = \frac{M_T}{GJ}\int_0^L dx = \frac{M_T L}{GJ}$$

となる．この式の解釈は，同じねじり剛性の断面 (GJ) では，同じトルクをかけても長い棒ほど回転角は大きくなる，すなわち剛性が小さいということになる．ばね剛性 k を持つ系で考えると，θ だけ回転させる力とトルク，すなわち先端の円盤の慣性力がつり合うので，

$$k\theta = -I_1 \frac{\partial^2 \theta}{\partial t^2}$$

が成立し，振動数 ω は，

$$\omega = \sqrt{\frac{k}{I_1}} = \frac{1}{L}\sqrt{\frac{GJ}{I_1/L}}$$

となる．ここに，$k \equiv GJ/L$ である．なお，軸の質量が小さいときにその影響を等価質量で導入することができて，その場合

$$\omega = \sqrt{\frac{k}{I_1 + \frac{\rho I_p L}{3}}} = \frac{1}{L}\sqrt{\frac{GJ}{\frac{I_1}{L} + \frac{\rho I_p}{3}}} \tag{6.11}$$

が使える．等価質量の導出は 6.6 節に行う．

例題 6.4

図 **6.2** において，軸，円盤ともに鋼の円形中実断面とする．軸と円盤の半径をそれぞれ 1 cm, 5 cm, 軸の長さと円盤の厚さをそれぞれ 16 cm, 2 cm としたとき，ねじりの固有振動数を求めよ．

解答

まず，諸定数を計算する．材料の物性を**表 1.1** から採用して，

$$GJ = 70 \times 10^9 \frac{\pi 0.01^4}{2} = 350\,\text{Pa}\,\text{m}^4 = 350\,\text{kg}\,\text{m}^3/\text{s}^2$$

$$\rho I_p = 7800 \times \frac{\pi 0.01^4}{2} = 3.9 \times 10^{-5}\,\text{kg}\,\text{m}$$

$$I_1 = 7800 \times \frac{\pi 0.05^4}{2} \times 0.02 = 4.875 \times 10^{-4}\,\text{kg}\,\text{m}^2$$

$$\mu = \frac{I_1}{\rho I_p L} = \frac{4.875 \times 10^{-4}}{3.9 \times 10^{-5} \times 0.16} = 78.125$$

よって，解くべき方程式は，式 (6.9) より

である．この方程式をニュートン‐ラフソン法（次節）で解くと，$\omega_1 = 2114$（$f_1 = 336\,\text{Hz}$）となる．なお，等価質量で軸の質量を考慮すると，式 (6.11) より

$$\omega_1 = \frac{1}{0.16}\sqrt{\frac{GJL}{I_1 + \rho I_p L/3}} = \frac{1}{0.16}\sqrt{\frac{350 \times 0.16}{4.875 \times 10^{-4} + 0.0208 \times 10^{-4}}}$$
$$= 2114\,\text{rad/s}, \quad f_1 = \frac{\omega}{2\pi} = 336\,\text{Hz}$$

と同じ答を得ることができる．この例題の場合，軸の慣性質量の影響はほとんどない．

6.2 ニュートン‐ラフソン法

振動方程式には**超越方程式**がよく出てくるが，ここで，その解法の一つとしてかなり強力な方法である，ニュートン‐ラフソン (Newton–Raphson) 法を紹介する．

解くべき方程式を，

$$f(x) = 0 \tag{6.12}$$

とする．$f(x)$ の形は代数方程式，行列式などで非線形でもよい．x_n が正解 x に十分近ければ，微分は，

$$f'(x) = \frac{f(x) - f(x_n)}{x - x_n}$$

であるので，$f(x) = 0$ であることを考慮して，

$$x = x_n - \frac{f(x_n)}{f'(x_n)}$$

である．反復公式として

$$x_{n+1} = x_n - \frac{f(x_n)}{f'(x_n)}$$

を採用すれば，次の例題のように解が得られる．微分が解析的に求められないときには数値微分を採用する．

例題 6.5
例題 6.4 の超越方程式を解け．

解答　式を $f(x) = 0$ の形にして

$$f(x) = \cot x - 78.125x = 0$$

であるので，

$$f'(x) = -\frac{1}{\sin^2 x} - 78.125$$

である．$f(0.1) = 2.15$，$f(0.2) = -10.69$ であるので，解は $(0.1, 0.2)$ の範囲にある．初期値 x_1 を 0.12 として反復公式を使えば

$$x_2 = 0.1200 - 0.0073 = 0.1126$$
$$x_3 = 0.1126 + 0.0003 = 0.1129$$
$$x_4 = 0.1129 - 0.0000 = 0.1129$$

となる．よって，振動数は

$$\omega = \frac{\lambda}{L}\sqrt{\frac{GJ}{\rho I_p}} = \frac{0.1129}{0.16}\sqrt{\frac{350}{3.9 \times 10^{-5}}} = 2114\,\text{rad/s} = 336\,\text{Hz}$$

となる．MATLAB でプログラムを組めば，演習問題 6.1 のようになる．

6.3 剛体の慣性モーメント

少し初等力学に戻るが，剛体の慣性モーメント I_M の求め方を説明しておく．慣性モーメントの定義は，離散系の場合

$$I_M = \sum_i m_i r_i^2 \tag{6.13}$$

で，r_i は部分質量 m_i の回転軸からの距離である．連続系の場合

$$I_M = \int r^2\,dm = \int r^2 \rho\,dx\,dy\,dz \tag{6.14}$$

である．ここに，r は回転軸から面素 dm 間での距離，ρ は物体の密度である．まず，式 (6.13) を使って慣性モーメントに関する重要な二つの性質を導く．

最初に，重心ではない点（軸）周りに計算した慣性モーメント I と，重心軸周りに計算した慣性モーメント I_M との関係を求める．図 **6.3** のように，一般座標系 (X, Y, Z) と重心座標系 (x, y, z) を考える．両座標系は平行の関係にあり，回転はない．したがって Z 軸と z 軸も平行である．一般座標系の Z 軸周りの慣性モーメントを考えると，

$$I = \sum_i m_i(X_i^2 + Y_i^2) = \sum_i m_i\{(x_i + x_G)^2 + (y_i + y_G)^2\}$$

$$= M(x_G^2 + y_G^2) + \sum_i m_i(x_i^2 + y_i^2) + 2x_G \sum_i m_i x_i + 2y_G \sum_i m_i y_i$$

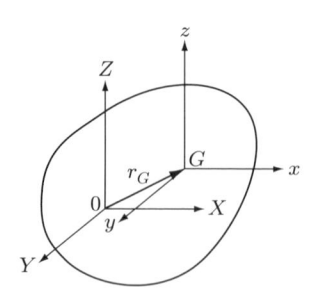

となり，重心の定義から上式の第3項と第4項はゼロとなる．ここで，全質量 M と重心軸周りの慣性モーメント I_M は

$$M = \sum m_i, \quad I_M = \sum_i m_i(x_i^2 + y_i^2)$$

であるので，

$$I = I_M + M(x_G^2 + y_G^2) \tag{6.15}$$

という重要な関係式が導かれる．

もう一つの性質は，薄い板の場合についてであるが，

$$I_x = \sum_i m_i y_i^2, \quad I_y = \sum_i m_i x_i^2$$

と断面二次モーメントを考えれば，

$$I_M = \sum_i m_i(x_i^2 + y_i^2) = I_x + I_y \tag{6.16}$$

となることである．

以上の準備をしておいて，次に，図 6.4 に示す代表的な剛体の重心周りの慣性モーメントを求めてみる．とくに断らない限り，いずれも z 軸周りの慣性モーメントで，全質量を M とする．

(1) 長さ a の棒

定義式に従って，次式となる．

$$I_M = 2\int_0^{a/2} x^2 \rho \, dx = 2 \times \frac{\rho a^3}{24} = \frac{Ma^2}{12} \tag{6.17}$$

（a）棒　　　　　　　（b）板　　　　　　（c）立方体

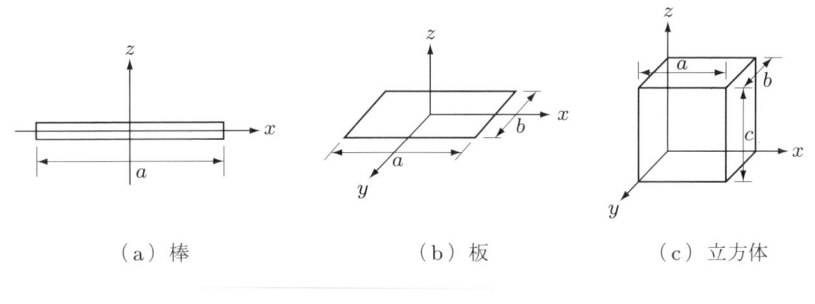

図 **6.4**　代表的な剛体

(2) 辺の長さ a, b の長方形板

この場合は，棒の結果と式 (6.16) を使えば，次式となる．

$$I_M = I_x + I_y = \frac{Mb^2}{12} + \frac{Ma^2}{12} = \frac{M(a^2+b^2)}{12} \tag{6.18}$$

(3) 辺の長さ a, b, c の立方体

立方体を板の積み重ねとして計算する．

$$I_M = \frac{M(a^2+b^2)}{12} \tag{6.19}$$

(4) 半径 a の円環（円輪）

輪については，定義式 (6.14) からただちに，次式となる．

$$I_M = \int a^2\, dm = Ma^2 \tag{6.20}$$

(5) 半径 a の円板

円輪の結果を使って，次式となる．

$$I_M = \int_0^a r^2\, dM = \int_0^a (r^2 \rho t 2\pi r\, dr) = \frac{Ma^2}{2} \tag{6.21}$$

(6) 半径 a, 高さ h の中の詰まった円柱

z 軸周りの慣性モーメントは，円板の結果からただちに

$$I_M = \frac{Ma^2}{2} \tag{6.22}$$

と導かれる．次に，x 軸周りの慣性モーメント I_{Mx} も求めてみると，重心から高さ z にある円板の慣性モーメントを z 方向に積分してやればいいので，次式となる．

$$I_{Mx} = \int_{-h/2}^{h/2} \left[\frac{(\rho a^2 \pi\, dz)a^2}{4} + (\rho a^2 \pi\, dz)z^2\right] = M\left(\frac{a^2}{4} + \frac{h^2}{12}\right) \tag{6.23}$$

(d) 円環　　　　　　(e) 円板

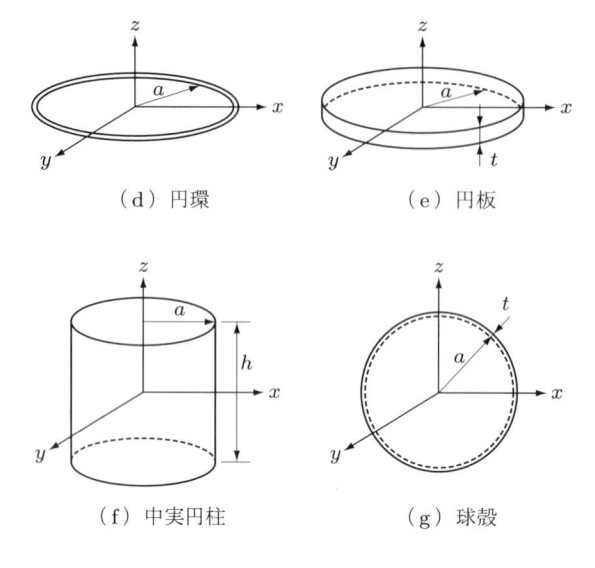

(f) 中実円柱　　　　(g) 球殻

図 **6.4**　代表的な剛体（つづき）

(7) 半径 a の球殻

まず，軸の対称性から

$$I_{Mx} = I_{My} = I_M$$

であり，殻で中身はないので，

$$I_{Mx} + I_{My} + I_M = 2\int (x^2 + y^2 + z^2)\,dm = 2Ma^2 = 3I_M$$

となる．よって，次式となる．

$$I_M = \frac{2Ma^2}{3} \tag{6.24}$$

(8) 半径 a の球

球殻の結果で $M = 4\pi r^2 \rho\,dr$ として，次式となる．

$$I_M = \int_0^a \frac{2(4\pi r^2 \rho\,dr)r^2}{3} = \frac{2Ma^2}{5} \tag{6.25}$$

6.4 はりの曲げ振動

ここでは，はりの曲げに関する振動方程式を導き，各種境界条件で固有振動数と固有振動モードを導く．

6.4.1 はりの曲げ振動の基礎方程式と解

まず，一様なはりの曲げ振動について考える．はりの方程式 (2.10) は，

$$EI\frac{\partial^4 w}{\partial x^4} = p(x) \tag{6.26}$$

であった．ここでは，w は位置 x の関数であるとともに，時間 t の関数でもあるので偏微分表示にしている．分布力として慣性力を考える．断面積 A のはりの微小部分 dx を考えると，その質量は $\rho A\,dx$ で，その部分が加速度 $\ddot{w}$ で運動しているので慣性力が $\rho A\,dx\,\ddot{w}$ となる．単位長さで考えれば $dx=1$ とおけるので，分布荷重部分を慣性力で置き換えて

$$p(x) = -\rho A \frac{\partial^2 w}{\partial t^2} \tag{6.27}$$

となる．よって，はりの振動方程式は

$$EI\frac{\partial^4 w}{\partial x^4} + \rho A \frac{\partial^2 w}{\partial t^2} = 0 \tag{6.28}$$

となる．この振動方程式ははりの長さを l とすると，

$$w(x,t) = e^{\lambda x/l} e^{i\omega t} \tag{6.29}$$

として変数分離法により解くことができる．式 (6.29) を式 (6.28) に代入すると

$$\lambda^4 = \omega^2 l^4 \frac{\rho A}{EI} \tag{6.30}$$

が得られ，一般解は

$$w(x,t) = W(x)e^{i\omega t} \tag{6.31}$$

$$W(x) = C_1 \cosh\frac{\lambda x}{l} + C_2 \sinh\frac{\lambda x}{l} + C_3 \cos\frac{\lambda x}{l} + C_4 \sin\frac{\lambda x}{l} \tag{6.32}$$

で与えられる．式 (6.30) から明らかなように，四つの λ は絶対値が同じで，正負の実数と正負の純虚数の 2 組の値を持つので，式 (6.32) の形になる．したがって，振動数 f は

$$f = \frac{\omega}{2\pi} = \frac{1}{2\pi}\frac{\lambda^2}{l^2}\sqrt{\frac{EI}{\rho A}} \tag{6.33}$$

となる．振動数 f は λ の2乗に比例する．λ に関しては，まず，未定定数 C_1, C_2, C_3, C_4 が，はりの両端の2個ずつの計4個の境界条件により決められ，最後に λ の値も決定される．具体的には次項の例題を参照されたい．

6.4.2 各種境界条件での振動

ここでは，例題によって各種境界条件でのはりの振動方程式を解いてみる．

例題 6.6

両端単純支持はりの固有振動数を求めよ．

解答

単純支持というのは，変位は拘束して回転を許すので，モーメントがゼロとなって両端で

単純支持：変位 $w = 0$，モーメント $\partial^2 w / \partial x^2 = 0$

である．この条件を両端 $x = 0, l$ において適用すると，

$$C_1 = C_2 = C_3 = 0, \quad C_4 \sin \lambda = 0$$

となる．よって，振動数を決める式は

$$\sin \lambda = 0$$

で，これを満足する λ は

$$\lambda_1 = \pi = 3.141, \quad \lambda_2 = 2\pi = 6.283, \quad \lambda_3 = 3\pi = 9.424$$

であり，固有振動モードは次のようになる．

$$W_n = \sin \frac{n\pi x}{l}$$

例題 6.7

図 6.5 のような，自由端に質量 M がついている片持ちはりの固有振動数を求めよ．

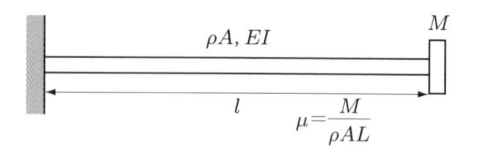

図 6.5 先端に質量のついたはりの曲げ振動

解答

まず，$x = 0$ で固定，$x = l$ で自由の片持ちの場合を計算する．自由端には質量 M がついているとする．境界条件は，

固定：変位 $w = 0$，傾き $\dfrac{\partial w}{\partial x} = 0$

自由：モーメント $EI\dfrac{\partial^2 w}{\partial x^2} = 0$, せん断力 $EI\dfrac{\partial^3 w}{\partial x^3} = F$

である．式 (6.32) を微分して，

$$\frac{\partial W(x)}{dx} = \frac{\lambda}{l}\left(C_1 \sinh \frac{\lambda x}{l} + C_2 \cosh \frac{\lambda x}{l} - C_3 \sin \frac{\lambda x}{l} + C_4 \cos \frac{\lambda x}{l}\right) \quad (6.34)$$

であり，固定条件の $w(0) = 0$, $\partial w(0)/\partial x = 0$ を式 (6.32), (6.34) に代入して

$$C_1 + C_3 = 0, \quad C_2 + C_4 = 0$$

となるので，式 (6.32) は

$$W(x) = C_1\left(\cosh \frac{\lambda x}{l} - \cos \frac{\lambda x}{l}\right) + C_2\left(\sinh \frac{\lambda x}{l} - \sin \frac{\lambda x}{l}\right)$$

と書き直せる．自由端 $(x = l)$ での境界条件を適用するため，W の 2, 3 階微分を作ると

$$\frac{\partial W(x)}{dx} = \frac{\lambda}{l}\left\{C_1\left(\sinh \frac{\lambda x}{l} + \sin \frac{\lambda x}{l}\right) + C_2\left(\cosh \frac{\lambda x}{l} - \cos \frac{\lambda x}{l}\right)\right\}$$

$$\frac{\partial^2 W(x)}{dx^2} = \left(\frac{\lambda}{l}\right)^2\left\{C_1\left(\cosh \frac{\lambda x}{l} + \cos \frac{\lambda x}{l}\right) + C_2\left(\sinh \frac{\lambda x}{l} + \sin \frac{\lambda x}{l}\right)\right\}$$

$$\frac{\partial^3 W(x)}{dx^3} = \left(\frac{\lambda}{l}\right)^3\left\{C_1\left(\sinh \frac{\lambda x}{l} - \sin \frac{\lambda x}{l}\right) + C_2\left(\cosh \frac{\lambda x}{l} + \cos \frac{\lambda x}{l}\right)\right\}$$

である．まず，先端でモーメントがないので $EI\partial^2 w(l)/\partial x^2 = 0$ より，

$$C_1(\cosh \lambda + \cos \lambda) + C_2(\sinh \lambda + \sin \lambda) = 0 \quad (6.35)$$

次に，先端でせん断力 F は質量 M の慣性力なので，

$$EI\frac{\partial^3 w(l)}{dx^3} = M\frac{\partial^2 w(l)}{\partial t^2}$$

から，

$$C_1(\sinh \lambda - \sin \lambda) + C_2(\cosh \lambda + \cos \lambda)$$
$$= -\frac{M\omega^2}{EI}\left(\frac{l}{\lambda}\right)^3\left\{C_1(\cosh \lambda - \cos \lambda) + C_2(\sinh \lambda - \sin \lambda)\right\} \quad (6.36)$$

を得る．ここで，式 (6.30) を利用して，

$$\frac{M\omega^2}{EI}\left(\frac{l}{\lambda}\right)^3 = \lambda\frac{M}{\rho Al} \equiv \lambda\mu$$

と ω を消去する．μ は先端質量と棒の質量比で，$\mu = M/\rho AL$ である．式 (6.35), (6.36) を連立方程式として解けば C_1, C_2 が得られるが，同次方程式となっているので，C_1 と C_2 とがゼロとならないためには，その係数行列式がゼロでなければならない．係数行列式を計算すると，次のようになる．

$$\begin{vmatrix} (\cosh\lambda + \cos\lambda) & (\sinh\lambda + \sin\lambda) \\ (\sinh\lambda - \sin\lambda) + \lambda\mu(\cosh\lambda - \cos\lambda) & (\cosh\lambda + \cos\lambda) + \lambda\mu(\sinh\lambda - \sin\lambda) \end{vmatrix}$$
$$= 2(\cosh\lambda\cos\lambda + 1) - 2\lambda\mu(\cosh\lambda\sin\lambda - \sinh\lambda\cos\lambda) = 0 \tag{6.37}$$

この超越方程式を解けば固有振動数が得られる．まず，M をゼロとすれば，

$$\lambda = 1.8751,\ 4.6941,\ 7.8547,\ 10.9955,\ 14.1372,\ldots \tag{6.38}$$

と得られる．次に，M に数値を与えると表 6.2 のようになる．このときの変形は，式 (6.32) に λ の値を代入して，次の固有振動モードを得る．

$$W_n = \cosh\frac{\lambda_n x}{l} - \cos\frac{\lambda_n x}{l} - Q\left(\sinh\frac{\lambda_n x}{l} - \sin\frac{\lambda_n x}{l}\right) \tag{6.39}$$

$$Q = \frac{\cosh\lambda_n + \cos\lambda_n}{\sinh\lambda_n + \sin\lambda_n}$$

表 6.2 先端に質量のついたはりの 1 次固有振動数 λ_1

μ	厳密式 (6.37)	簡易式 (6.41)
0	1.875	1.889
0.1	1.723	1.729
0.5	1.420	1.421
1	1.248	1.248
2	1.076	1.076
3	0.981	0.981
4	0.917	0.917
5	0.870	0.870

例題 6.8

例題 6.7 で，はり自体の質量が無視できる場合の近似解を求めよ．

解答

力 P が自由端にかかったときのたわみは式 (2.17) で

$$w(L) = -\frac{Pl^3}{3EI}$$

と与えられている．等価な剛性 k のばねとみると，

$$k = \frac{3EI}{l^3}$$

となるので，振動方程式は

$$kw = -M\frac{d^2 w}{dt^2}$$

となり，振動数 ω は

$$\omega = \sqrt{\frac{k}{M}}$$

となる．後ほど示す**等価質量**の概念（6.6 節参照）をいれると，

$$\omega = \sqrt{\frac{k}{M + \dfrac{33}{140}\rho Al}} \tag{6.40}$$

となり，これを標準的な振動数の式 (6.33) の形に直してやると，

$$f = \frac{1}{2\pi}\sqrt{\frac{3EI}{L^3\left(M + \rho AL \dfrac{33}{140}\right)}} = \frac{1}{2\pi}\frac{\lambda^2}{L^2}\sqrt{\frac{EI}{\rho A}}$$

となる．ここに，

$$\lambda^2 = \sqrt{\frac{3 \times 140}{33\left(1 + \dfrac{140}{33}\mu\right)}} \tag{6.41}$$

となる．この結果を，簡易式による結果として**表 6.2**に示す．

はりの曲げ振動のまとめとして，各種境界条件について長さ L のはりの固有振動数を

$$\omega_n = \frac{\lambda_n^2}{L^2}\sqrt{\frac{EI}{\rho A}}$$

とまとめて λ_n の値を**表 6.3**に示す．

表 **6.3**　各種境界条件でのはりの固有振動数 λ_n

境界条件	λ_n
自由 – 自由	4.7300, 7.8532, 10.9956, ...
固定 – 固定	4.7300, 7.8532, 10.9956, ...
固定 – 自由	1.8751, 4.6941, 7.8547, ...
単純支持 – 単純支持	$\pi, 2\pi, 3\pi, \ldots$

6.4.3　チモシェンコはり

これまでの方程式は，変形前に軸中心線に垂直な断面は，変形後も変形後の軸中心線に垂直であるというベルヌーイ–オイラーの仮定に基づくものである．一方，この仮定を取り払ってせん断変形を考慮し，かつ断面の単位長さ当たりの慣性モーメント ρI_T も考慮すると，はりの曲げの振動方程式は

$$EI\frac{\partial^4 w}{\partial x^4} + \rho A \frac{\partial^2 w}{\partial t^2} - \left\{\rho I_T + EI\left(\frac{\rho}{k'G}\right)\right\} + \rho I_T \left(\frac{\rho}{k'G}\right)\frac{\partial^4 w}{\partial t^4} = F(x,t) \tag{6.42}$$

となる．ここに，G は横弾性係数，k' はせん断係数 (shear coefficient, shape factor for shear deflection) で，たとえば円管断面の場合 0.5 となる．これは**チモシェンコはりの理論**とよばれ，長さに比べて太くてずんぐりしたはりの振動に適用できる[15]．この方程式の詳しい導き方は文献 [16] を参照されたい．また，チモシェンコはりの有限要素はトーマス (Thomas)[17] により提案されており，文献 [18] にも説明がある．

6.5 板の曲げ振動

板の曲げの基礎方程式は，式 (4.15) から

$$D\left(\frac{\partial^4 w}{\partial x^4} + 2\frac{\partial^4 w}{\partial^2 x \partial^2 y} + \frac{\partial^4 w}{\partial y^4}\right) = q_z \tag{6.43}$$

であった．ここで分布力として板の単位面積当たりの慣性力を採用すると，

$$D\left(\frac{\partial^4 w}{\partial x^4} + 2\frac{\partial^4 w}{\partial^2 x \partial^2 y} + \frac{\partial^4 w}{\partial y^4}\right) = -\rho h \frac{\partial^2 w}{\partial t^2} \tag{6.44}$$

となる．これを適当な境界条件のもとに解けばよい．4 辺単純支持の境界条件以外は（理論的な）厳密解は得られておらず，数値解析によることになる．

辺長が a，b で 4 辺単純支持の場合，n と m を正の整数として

$$w(x,y,t) = Ce^{i\omega t}\sin\left(\frac{n\pi x}{a}\right)\sin\left(\frac{m\pi y}{b}\right) \tag{6.45}$$

とすれば，4 辺における単純支持の条件

$$w = 0, \quad EI\frac{\partial^2 w}{\partial x^2} = 0 \quad (x = 0,\ a)$$

$$w = 0, \quad EI\frac{\partial^2 w}{\partial y^2} = 0 \quad (x = 0,\ b)$$

を満足することは w の微分をすればわかる．式 (6.45) を基礎式 (6.44) に代入すれば，

$$D\left\{\left(\frac{n\pi}{a}\right)^4 + 2\left(\frac{n\pi}{a}\right)^2\left(\frac{m\pi}{b}\right)^2 + \left(\frac{m\pi}{b}\right)^4\right\} = \rho h \omega^2$$

となるので，固有角振動数 $\omega = 2\pi f$ を

$$\omega = \frac{\lambda}{a^2}\sqrt{\frac{D}{\rho h}} \tag{6.46}$$

の形にすると，

$$\lambda = \pi^2 \left\{ n^2 + \left(\frac{a}{b}\right)^2 m^2 \right\} \tag{6.47}$$

である．種々の境界条件での最低次の λ の値を**表 6.4** に示す．このほか，さまざまな板の固有振動数と固有振動モードがハンドブック[19]に詳しく掲載されている．板の振動に関しては，解析的に例題を作ることは難しく，また，有限要素法が使える現代において，特殊な近似解法を紹介してもあまり意味がないので，実用的な解析については 8.3 節に譲る．

表 6.4 矩形板の固有振動数を与える式 (6.46) の λ

境界条件	$b/a =$			
	0.5	1.0	1.5	2.0
全辺固定	97.4	36.0	26.7	24.4
両辺固定	89.2	22.2	9.84	5.52
1辺固定	14.0	3.48	1.54	0.857
全辺自由	21.5	14.1	8.94	5.37

6.6 等価質量とその応用

本節では，連続体の振動を近似的に 1 自由度系の振動，すなわち 1 質点系に置き換える方法を説明する．振動系の運動が複雑であっても，ある振動モードにおいては特定の点の動きによって他の運動が決まるはずであるから，すべての質量をその点に集中したものとして置き換えることができる．この質量を**等価質量**といい，運動エネルギーが等しいという条件から等価質量を求めることができる．いずれも連続体を質点に置き換えるので連続体の変形（振動モード）を仮定する．この仮定が現実の連続体に対してよい近似であれば，計算精度も高いはずである．

まず，ばねや棒のねじりと面内伸縮，振り子のようにモード形状が線形に変化するものについて考察する．分布質量とみなせるばねあるいはロープ（長さ当たりの質量を ρ，長さを L，断面積を A とする）の運動エネルギー T は，変形 u を図 **6.6**(a) のばねのように線形，すなわち $u_0 x/L$ に仮定すると

$$T = \frac{1}{2} \int_0^L \rho A \dot{u}^2 \, dx = \omega^2 u_0^2 \frac{\rho A L}{6}$$

となる．一方，先端に置き換えた等価質量 m_e の運動エネルギーは

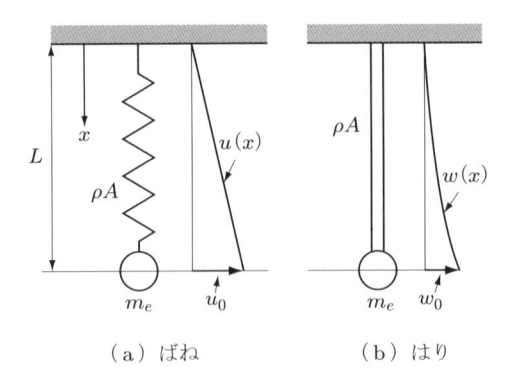

図 6.6 等価質量の計算におけるばねとはりの変形の仮定

$$T = \frac{1}{2}\omega^2 m_e u_0^2$$

であり，この両者が等しいので，

$$m_e = \frac{\rho AL}{3} \tag{6.48}$$

と，全質量の 1/3 が先端についているとして計算すればよい．

ビームのように，曲げ変形をするものは変位が線形ではないので，そのつど計算しなければならない．図 6.6（b）のように，変形 w が片持ち曲げ変形をするとして上記のような計算を行うと，

$$m_e = \frac{33}{140}\rho AL \tag{6.49}$$

が得られる．これについては，例題 6.7 の簡易解でこの数値を採用している．

例題 6.9

等価質量の式 (6.49) を導け．

解答

まず，振動モードを仮定する．この例題の場合，片持はりの固有振動モードが解析的に式 (6.39) として得られている．したがって

$$T = \omega_1^2 \int_0^L \rho A W_1^2(x)\,dx = T = \frac{1}{2}\omega^2 m_e W_1^2(L)$$

を実行してもよいが，左辺がかなり面倒な積分であるので等価質量という簡易解析法を持ち込む価値がないので，代わりに近似モードを採用する．近似モードとしては，例題 2.1 の集中荷重を受ける片持ちはりの変形で

$$w(x) = \frac{F}{EI}\left(-\frac{Lx^2}{2} + \frac{x^3}{6}\right)$$

を採用する．改めて

$$T = \omega_1^2 \int_0^L \rho A w^2(x)\,dx = \frac{1}{2}\omega^2 m_e w^2(L)$$

を実行すれば，式 (6.49) が得られる．

6.7 オーダー評価とは

　ここまでの説明で暗にオーダー評価の方法を示したが，改めてオーダー評価とは何なのかを例をあげて説明する．オーダー評価をするためには理論式が強力な道具となる．

　まず，境界条件を無視して，おおよその振動数や変形を理論式から計算することができる．これがオーダー評価である．境界条件の違いによって結果が 1 桁違うことはそう多くないので，設計初期にあたりをつけるには十分である．さらに理論式を次のように使うことができる．

　たとえば，あるはりの固有振動数が外力の振動数（エンジンの回転数でもよい）と**共振現象**を起こす可能性があるとする．この場合，共振を避けるには図 **5.8** で示したように以下のような方法がある．

- 外力の運転振動数を変える
- 減衰を付加する
- 固有振動数を上げる
- 固有振動数を下げる

今の場合，固有振動数を上げる方法を選ぶとする．式 (6.33) より，

$$f = \frac{\omega}{2\pi} = \frac{1}{2\pi}\frac{\lambda^2}{l^2}\sqrt{\frac{EI}{\rho A}}$$

であるので，曲げ剛性を 2 倍にしても固有振動数は 1.4 倍しか上がらないことが上の式からわかる．あるいは質量を 1/2 にしても（大変な努力であるが），同じ効果しかない．はりの取りつけを眺めて，もし長さ l を半分にすることができれば，固有振動数は 4 倍になるので，長さを変えることが最も効果的であることがこの式からわかる．

　長さが変えられないとした場合，材料を変えて E の値を増やすのが一つの方法であるが，アルミからチタンに変えて剛性 E が増えても，同時に質量 ρ が増えて相殺するのであまり効果がない．そこで I，すなわち断面二次モーメントを増やすことを考える．2.2 節より矩形断面のはりの I は

$$I = \frac{bh^3}{12}$$

であるので，高さ h を 2 倍にすれば I は 8 倍になる．振動数としてはその平方根で 2.8 倍である．質量も同時に増加するので結局 2.8 倍より小さくなるが，よい方法ではある．さらに，矩形断面でなく中空断面にすれば質量を増加させることなく，I の値を大幅に増加させることができる．このように，さまざまな対策が固有振動数の理論式や断面二次モーメントの式から考察できる．もちろん，このような設計においてはコスト，納期なども同時に考慮しなければならない．このような考察（**オーダー評価**）で改修の方針を決め，細部を有限要素法解析によって詰めていくわけである．

演習問題 6

1 例題 6.5 を MATLAB でプログラミングせよ．

2 厚さ 4 mm，大きさ 1 m × 1.5 m の周辺が固定されたアルミ板の固有振動数を，**表 6.4** を使って求めよ．

3 問図 6.1 のような端に立方体がついた片持ち矩形断面はりの曲げ剛性とねじり剛性を計算せよ．材料はアルミとし，断面寸法は $a_1 = 5$ cm，$b_1 = 2$ cm とする．

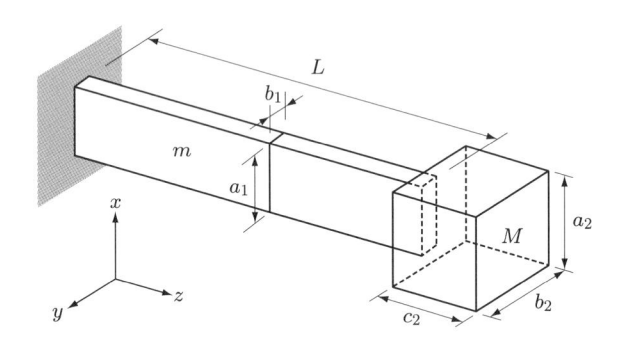

問図 6.1 片持ち矩形断面はり

4 問図 6.1 の端の立方体の z 軸周りの慣性モーメントを求めよ．材料はアルミとし，寸法は $a_2 = 8$ cm，$b_2 = 10$ cm，$c_2 = 4$ cm とする．

5 演習問題 6.3 と 6.4 の結果を使って**問図 6.1** の固有振動数を求めよ．ただし，$L = 30$ cm とする．

第7章 有限要素法による振動解析

本章では，骨組構造と板の振動についての有限要素法による定式化を行う．まず，振動解析において重要な概念である固有振動モードの直交性について説明する．次に，振動解析において必要な質量行列を各構造要素について導く．例題として，はりの固有振動解析を示す．さらに，大規模固有値問題の解法の一つであるサブスペース法について説明する．また，有限要素法の中での減衰の取り扱いについて述べる．地震動や乗り物の中の搭載機器などのような，土台加振を受ける構造物で重要な概念である有効モード質量について説明する．有効モード質量については例題も用意した．章の最後では，初期応力のある構造の振動について，座屈と関連させながら説明する．その際，有限要素法において導入される幾何剛性行列の導出を行う．有限要素法による振動解析プログラムそのものの説明については，次の第8章で行う．

7.1 固有値問題

有限要素法による振動解析としては，まず，構造の**固有振動解析**を行って固有振動数と固有振動モードを取得する．その次のステップとして，外力が加わった場合の応答解析を行うことになるが，応答は固有振動モードの重ね合わせとして解析するのが標準的である．ここではまず，固有値解析について説明する．

7.1.1 一般的固有値問題への変換

ここでは，有限要素法による振動方程式を，一般的固有値問題の**標準型**に変換することを目的とする．有限要素法による振動方程式は，式 (3.41) で与えられ，

$$[K]\{\delta(t)\} + [M]\{\ddot{\delta}(t)\} = \{F(t)\} \tag{7.1}$$

である．ドットは時間微分を表す．このときの質量行列は式 (3.38) で

$$[M] = \int \{N\}^T \{N\} \rho \, dV \tag{7.2}$$

と与えられる．外力のない場合を考えると，式 (7.1) は

$$[K]\{\delta(t)\} + [M]\{\ddot{\delta}(t)\} = \{0\} \tag{7.3}$$

である．このとき，節点変位 $\{\delta\}$ を振幅 $\{\delta_0\}$ と角振動数 ω の調和振動部分 $e^{j\omega t}$ とに分離させて表し

$$\{\delta(t)\} = \{\delta_0\}e^{i\omega t} \tag{7.4}$$

とすると，加速度は

$$\{\ddot{\delta}(t)\} = -\omega^2\{\delta_0\}e^{i\omega t}$$

である．したがって，式 (7.3) は，

$$[K]\{\delta_0\} - \omega^2[M]\{\delta_0\} = \{0\}$$

すなわち，

$$[K]\{\delta_0\} = \omega^2[M]\{\delta_0\} \tag{7.5}$$

となる．これを書き直して，一般的な固有値問題の形

$$[K]\{x_i\} = \lambda_i[M]\{x_i\} \tag{7.6}$$

にする．ω^2 が**固有値**，$\{\delta_0\}$ が**固有ベクトル**となる．振動問題に関していえば，固有ベクトルは固有振動モードとよばれる．

7.1.2 固有振動モードの直交性

前項で，有限要素法の振動方程式が一般的な固有値問題に変換されたので，次に，多自由度系の振動解析において重要な概念である固有モードの**直交性**について説明する．多自由度系とは，有限要素法による構造振動モデルそのものである．式 (7.6) において，第 i 番目の固有値を λ_i，固有ベクトルを $\{x_i\}$ として，

$$[K]\{x_i\} = \lambda_i[M]\{x_i\} \tag{7.7}$$

であり，第 j 番目については，

$$[K]\{x_j\} = \lambda_j[M]\{x_j\} \tag{7.8}$$

である．式 (7.7) に左から $\{x_j\}^T$，式 (7.8) に左から $\{x_i\}^T$ をかけて引き算すると，

$$\{x_j\}^T[K]\{x_i\} - \{x_i\}^T[K]\{x_j\}$$
$$= \lambda_i\{x_j\}^T[M]\{x_i\} - \lambda_j\{x_i\}^T[M]\{x_j\}$$

である．$\{x_j\}^T[K]\{x_i\}$ はスカラー量であるので，

$$\left[\{x_j\}^T[K]\{x_i\}\right]^T = \{x_i\}^T[K]^T\{x_j\}$$

であり，$[K]$ は対称行列であるので $[K]^T = [K]$ であることを考慮すれば，

$$[\{x_j\}^T[K]\{x_i\}]^T = \{x_i\}^T[K]\{x_j\}$$

となる．同様に，

$$[\{x_j\}^T[M]\{x_i\}]^T = \{x_i\}^T[M]\{x_j\}$$

である．よって，

$$0 = (\lambda_i - \lambda_j)(\{x_i\}^T[M]\{x_j\})$$

となり，$\lambda_i \neq \lambda_j$ であるので，$i \neq j$ のとき

$$\{x_i\}^T[M]\{x_j\} = 0 \tag{7.9}$$

となる．これを固有ベクトルの直交性という．この固有ベクトルの直交性は対称行列に対して成立していることに注意されたい．式 (7.6) の左から $\{x_j\}^T$ をかければ

$$\{x_j\}^T[K]\{x_i\} = \lambda_i \{x_j\}^T[M]\{x_i\} = 0 \tag{7.10}$$

となるので，$[K]$ に関しても直交性が成立する．

7.1.3 拘束がない場合の振動解析

固有値問題を解くには，$[I]$ を単位行列とする標準型

$$[A]\{x\} = \lambda[I]\{x\} \tag{7.11}$$

の形に変形しなければならない．すると，式 (7.6) を解くため

$$[K]^{-1}[M]\{x_i\} = \frac{1}{\lambda_i}[I]\{x_i\} \tag{7.12}$$

として $[K]$ の逆行列を計算しなければならない．多くの固有値解析アルゴリズムは，固有値の大きいほうから計算するように考えられているので，$1/\lambda$ として振動数の低いほうから計算するようにしている．実際のアルゴリズムでは逆行列を直接計算するのでなく，$[K]$ の三角分解などを行うが，これは逆行列を計算することと同様な計算過程である（8.5 節参照）．

ここで問題なのは，拘束がない場合には $[K]$ の逆行列が計算できないことである．これは物理的に当然のことで，剛体運動が含まれているからである．静的な構造物の場合，拘束がないということは反力点がないことで，荷重を支えることができない．したがって，解析以前の問題で拘束条件を課せるような構造に改造すべきであるが，宇宙空間に浮かんでいる衛星のように拘束を受けない構造の振動は特別に考える必要が

ある．自由 - 自由な構造物の振動解析の技法として次のような方法がある．まず，質量行列に関する恒等式

$$-\omega_0^2[M]\{\delta_0\} = -\omega_0^2[M]\{\delta_0\} \tag{7.13}$$

を式 (7.5) の両辺に加えて，

$$([K] - \omega_0^2[M])\{\delta_0\} = (\omega^2 - \omega_0^2)[M]\{\delta_0\} \tag{7.14}$$

なる固有値問題を解くことにする．後で述べるサブスペース法などによる解法では，固有値は ω_0 に近い値から計算されることになる．式 (7.13) を加えたことにより固有ベクトルは影響されないことは，式 (7.14) をみれば明らかであろう．この技法をシフティング (shifting) とよぶ．

7.1.4 固有値計算法

ここでは，固有値を計算する方法を説明する．

●**特性方程式から求める方法** まず，最も原始的に，代数方程式として解いてみる．式 (7.11) から

$$[A - \lambda I]\{x\} = \{0\} \tag{7.15}$$

であるが，この方程式が非ゼロの $\{x\}$ の解を持つためには，その係数行列式が

$$|A - \lambda I| = 0 \tag{7.16}$$

とならねばならない．この行列式から得られる代数方程式を，特性方程式という．この条件から固有値が求まり，式 (7.15) の連立方程式を解くことにより固有ベクトルが求まる．

例題 7.1

次の固有値問題を，特性方程式を解くことにより求めよ．

$$\begin{bmatrix} 2 & 4 \\ 3 & 3 \end{bmatrix} \{x\} = \lambda \begin{bmatrix} 1 & 0 \\ 0 & 1 \end{bmatrix} \{x\}$$

解答

式 (7.16) を直接使って，

$$\begin{vmatrix} 2-\lambda & 4 \\ 3 & 3-\lambda \end{vmatrix} = \lambda^2 - 5\lambda - 6 = (\lambda + 1)(\lambda - 6) = 0$$

となる．よって，固有値は $\lambda_1 = 6$, $\lambda_2 = -1$ となる．これらに対応する固有ベクトルで

あるが，λ_1, λ_2 に対応する連立方程式は

$$\begin{bmatrix} -4 & 4 \\ 3 & -3 \end{bmatrix} \begin{Bmatrix} x_{11} \\ x_{12} \end{Bmatrix} = \begin{Bmatrix} 0 \\ 0 \end{Bmatrix}$$

$$\begin{bmatrix} 3 & 4 \\ 3 & 4 \end{bmatrix} \begin{Bmatrix} x_{21} \\ x_{22} \end{Bmatrix} = \begin{Bmatrix} 0 \\ 0 \end{Bmatrix}$$

であり，これらを解けば，

$$\begin{Bmatrix} 1 \\ 1 \end{Bmatrix}, \quad \begin{Bmatrix} 1 \\ -0.75 \end{Bmatrix}$$

となる．

固有ベクトルはその定義から，任意の定数倍も固有ベクトルであるが，一応のルールとして
- 固有ベクトルの最大成分を 1 とする．
- ノルムを 1 とする．
- $\{x\}^T[A]\{x\} = 1$ とする．

という三つの正規化の中から選ぶ．

● **ヤコビ法（Jacobi 法）** この方法は，各種の科学技術計算ライブラリーに組み込まれている．行列の対角化により計算する方法で，大きな行列の問題には適さない．これは，

$$[A]\{x\} = \lambda[I]\{x\}$$

の標準型を解くもので，$[A]$ は対称行列でなければならないという制限がある．手計算で計算できる方法ではないので，詳細は文献 [11] にゆずるが，ヤコビ法で効率がよいのは，せいぜい数十自由度の問題である．

● **べき乗法** べき乗法（べきはパワーなのでパワー法ともよばれる）は，固有ベクトルを求めるときの反復解法で，固有値が最大の固有ベクトルが得られる．このため，座屈解析における固有値解析に採用されることが多いが，もちろん振動問題にも使うことができる．他の固有値解法に比べて頑強で，たとえば，対称行列でなくてもよい，複素問題でもよい，重複固有値があってもよいなどの性質があることが大きな長所である．

固有値の方程式 (7.11) において，固有値の大きい方から求められれば振動数の小さ

い方から計算できることになる．そのため，振動問題に関していえば，逆べき乗法とよぶことができる．さて，算法であるが，正しい固有ベクトルを $\{u_i\}$ とすると，任意のベクトル $\{x\}$ は，固有ベクトルの線形結合として

$$\{x\} = c_1\{u_1\} + c_2\{u_2\} + \cdots + c_n\{u_n\}$$

と表すことができる．この両辺に $[A]$ を左からかけると，

$$[A]\{x\} = c_1[A]\{u_1\} + c_2[A]\{u_2\} + \cdots + c_n[A]\{u_n\}$$
$$= c_1\lambda_1\{u_1\} + c_2\lambda_2\{u_2\} + \cdots + c_n\lambda_n\{u_n\}$$

となる．この操作を m 回行うと，

$$[A]^m\{x\} = c_1\lambda_1^m\{u_1\} + c_2\lambda_2^m\{u_2\} + \cdots + c_n\lambda_n^m\{u_n\}$$

となる．左辺は

$$[A]^m\{x\} = \lambda^m\{x\}$$

であるので，両辺を λ^m でわって，

$$\{x\} = c_1\left(\frac{\lambda_1}{\lambda}\right)^m\{u_1\} + c_2\left(\frac{\lambda_2}{\lambda}\right)^m\{u_2\} + \cdots + c_n\left(\frac{\lambda_n}{\lambda}\right)^m\{u_n\}$$

を得る．λ を一番大きな λ_1 と同じ値にすると，

$$\left(\frac{\lambda_j}{\lambda_1}\right)^m \ll 1 \quad (j \geq 2)$$

であるので，

$$\{x\} = c_1\{u_1\}$$

として，$\{x\}$ は 1 番目の固有ベクトル $\{u_1\}$ に収束する．

べき乗法は，基本的に一つの固有値と固有ベクトルを求める方法であるが，複数個計算したい場合，次のような抜き取り法（デフレーションともよばれる）[20] がある．

$[A]$ に対する固有値 λ_1 と固有ベクトル $\{x_1\}$ が得られたら，まったく同じ方法で $[A]$ の転置行列 $[A]^T$ の固有値と固有ベクトル $\{y_1\}$ を計算する．固有ベクトルは $[A]$ が対称行列のときは $\{x_1\} = \{y_1\}$ であるが，非対称行列のときは一致しない．固有振動数は一致する．次のような行列を考える．

$$[A_1] = [A] - \lambda_1\{x_1\}\{y_1\}^T \tag{7.17}$$

この右側から $\{x_1\}$ をかければ，

$$[A_1]\{x_1\} = [A]\{x_1\} - \lambda_1\{x_1\}\{y_1\}^T\{x_1\}$$

となる．ここで，$\{y_1\}^T\{x_1\} = 1$ となるようにベクトルを正規化しておけば，

$$[A_1]\{x_1\} = [A]\{x_1\} - \lambda_1\{x_1\} = 0$$

となり，$[A_1]$ は固有値 λ_1 は持たない．$\{x_i\}$ を $[A_1]$ にかければ，$\{x_i\}$ と $\{y_1\}$ は直交している（演習問題 7.1 で証明）ので，$\{y_i\}^T\{x_1\} = 0$ となって

$$[A_1]\{x_i\} = [A]\{x_i\} - \lambda_1\{x_1\}\{y_1\}^T\{x_i\} = [A]\{x_i\} = \lambda_i\{x_i\}$$

が得られる．よって，$[A_1]$ は $i \geq 2$ で λ_1 以外の固有値を保持していることがわかる．複数個の固有値と固有ベクトルを求めるには，順次，上記方法を適用していけばよいが，抜き取り過程で誤差が蓄積していくので，振動問題ではあとで述べるサブスペース法が用いられる．べき乗法のプログラムは演習問題 7.2 を参照されたい．

例題 7.2

例題 7.1 と同じ問題を，べき乗法により解け．

解答

初期ベクトルとして

$$\{x_1\} = \begin{Bmatrix} 1 \\ 0 \end{Bmatrix}$$

を採用して反復計算を行う．その場合，固有ベクトル成分の最大値を 1 として計算する．

$$\begin{bmatrix} 2 & 4 \\ 3 & 3 \end{bmatrix} \begin{Bmatrix} 1 \\ 0 \end{Bmatrix} = \begin{Bmatrix} 2 \\ 3 \end{Bmatrix} = 3 \begin{Bmatrix} 0.667 \\ 1 \end{Bmatrix}$$

2 回目の反復計算で

$$\begin{bmatrix} 2 & 4 \\ 3 & 3 \end{bmatrix} \begin{Bmatrix} 0.6671 \\ 1 \end{Bmatrix} = \begin{Bmatrix} 5.33 \\ 5 \end{Bmatrix} = 5.33 \begin{Bmatrix} 1 \\ 0.938 \end{Bmatrix}$$

となり，この手順を続けていくと，5 回目で

$$5.999 \begin{Bmatrix} 1 \\ 1 \end{Bmatrix}$$

と正解の 6 に収束していく．

7.2 各要素の質量行列

固有振動解析に必要なのは，剛性行列と質量行列である．剛性行列については，これまでの章で導いてきたので，本節では，それらの剛性行列に対応する質量行列を求

める．求め方としては，質量行列の定義式 (7.2) をもとに，各要素の剛性行列を導くときに採用した変位関数を使って，質量行列を作成する．

7.2.1 はりの曲げの質量行列

最初に，はりの曲げに対する質量行列を作る．はりの曲げの変位関数の式 (3.3)

$$w = \{N\}\{\delta\}$$

を質量行列の定義式 (7.2) に代入して，

$$[M] = \int_0^L \{N(x)\}^T \{N(x)\} \rho A \, dx$$

$$= \frac{\rho A L}{420} \begin{bmatrix} 156 & -22L & 54 & 13L \\ -22L & 4L^2 & -13L & -3L^2 \\ 54 & -13L & 156 & 22L \\ 13L & -3L^2 & 22L & 4L^2 \end{bmatrix} \qquad (7.18)$$

を得る．これは，x-z 平面での変位を w とした場合の式 (3.13) の $[K]$ に対応する質量行列で，x-y 平面での式 (3.14) に対応する質量行列は

$$[M] = \frac{\rho A L}{420} \begin{bmatrix} 156 & 22L & 54 & -13L \\ 22L & 4L^2 & 13L & -3L^2 \\ 54 & 13L & 156 & -22L \\ -13L & -3L^2 & -22L & 4L^2 \end{bmatrix} \qquad (7.19)$$

となる．

質量行列に関しては，直感的に質量を節点に等分に振り分けて

$$[M] = \frac{\rho A L}{420} \begin{bmatrix} 210 & 0 & 0 & 0 \\ 0 & L^2 & 0 & 0 \\ 0 & 0 & 210 & 0 \\ 0 & 0 & 0 & L^2 \end{bmatrix} \qquad (7.20)$$

とする**集中質量行列** (lumped mass matrix) も用いられることが多い．本来，第 2 と第 4 の対角要素は 0 であるが，質量行列を正定とするため適当な小さな値（この場合，式 (7.18) の (2,2) 成分と (2,4) 成分を加えた）を入れることもある．これは，前節のような，自由－自由の境界条件の解析で集中質量行列を使う場合に，この集中質量行列を正定行列にしてシフティングの技法を使えるようにするためである．この行列を採用することの利点は，対角行列となるので計算機における記憶容量と演算回数が少なくてすむことである．

式 (7.2) で与えられる質量行列は，剛性行列と同じ変位関数から得られるので，**整合質量行列** (consistent mass matrix) とよばれる．この二つの質量行列の計算精度が気になるところであるが，要素分割を十分に行えば，両方とも正解に収束することが保証されている．とくに整合質量行列を使用した場合，振動数が高い方から正解に一様収束することが証明されている．

7.2.2 縦振動とねじり振動の質量行列

棒の縦振動の質量行列は，いずれも変位関数が

$$u = \{N\}\{\delta\} = \begin{Bmatrix} (1-\xi), & \xi \end{Bmatrix} \begin{Bmatrix} u_1 \\ u_2 \end{Bmatrix}$$

の形にかけるので，式 (7.2) を使って，たとえば棒の伸びでは

$$[M] = \int_0^1 \{N\}^T \rho \{N\} AL\, d\zeta = \int_0^1 \rho AL \begin{bmatrix} (1-\xi)^2 & \xi(1-\xi) \\ \xi(1-\xi) & \xi^2 \end{bmatrix}$$

$$= \rho AL \begin{bmatrix} 1/3 & 1/6 \\ 1/6 & 1/3 \end{bmatrix} \tag{7.21}$$

であり，ねじりでは

$$[M] = \rho I_p L \begin{bmatrix} 1/3 & 1/6 \\ 1/6 & 1/3 \end{bmatrix} \tag{7.22}$$

となる．

以上は整合質量行列であるが，集中質量行列としては質量を 1/2 ずつ振り分けて，

$$[M] = \rho AL \begin{bmatrix} 1/2 & 0 \\ 0 & 1/2 \end{bmatrix} \tag{7.23}$$

である．

ねじりの質量行列は，二次極モーメント I_p に密度 ρ をかけたものを等分して，

$$[M] = \rho I_p L \begin{bmatrix} 1/2 & 0 \\ 0 & 1/2 \end{bmatrix} \tag{7.24}$$

である．

例題 7.3

片持ちの棒の縦振動を図 7.1 のように 3 要素に分割して，有限要素法の振動方程式を求めよ．

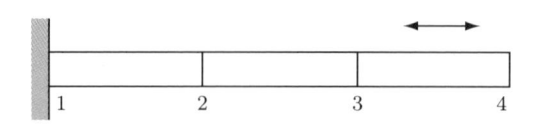

図 7.1 3 要素に分割した棒

解答

剛性行列について式 (3.16)，質量行列について式 (7.23) を使って要素の行列を重ね合わせ，節点 1 での固定条件のため第 1 行目と第 1 列目を消去すれば，

$$\frac{EA}{L}\begin{bmatrix} 2 & -1 & 0 \\ -1 & 2 & -1 \\ 0 & -1 & 1 \end{bmatrix}\begin{Bmatrix} u_2 \\ u_3 \\ u_4 \end{Bmatrix} - \omega^2 \frac{\rho AL}{2}\begin{bmatrix} 2 & 0 & 0 \\ 0 & 2 & 0 \\ 0 & 0 & 1 \end{bmatrix}\begin{Bmatrix} u_2 \\ u_3 \\ u_4 \end{Bmatrix} \quad (7.25)$$

を得る．なお，A は棒の断面積，ρ は密度，L は要素の長さで，棒の全長 l は $l = 3L$ である．

例題 7.4

式 (7.25) をべき乗法により解いて，1 次の固有振動数を求めよ．

解答

まず，$[K]$ の逆行列を取って標準型にする．

$$[A] = [K]^{-1}[M] = \frac{\rho L^2}{2E}\begin{bmatrix} 1 & 1 & 1 \\ 1 & 2 & 2 \\ 1 & 2 & 3 \end{bmatrix}\begin{bmatrix} 2 & 0 & 0 \\ 0 & 2 & 0 \\ 0 & 0 & 1 \end{bmatrix} = \frac{\rho L^2}{2E}\begin{bmatrix} 1 & 1 & 0.5 \\ 1 & 2 & 1 \\ 1 & 2 & 1.5 \end{bmatrix}$$

ここで注意すべきは $[K]$ と $[M]$ が対称行列でも，$[A]$ は対称行列ではないことである．この行列 $[A]$ に対し，$\rho AL^2/(2EA) = 1$ としてべき乗法で計算する．初期ベクトルを $\{1, 1, 1\}^T$ ととれば，固有値 $1/\omega^2$ は

$$9 \to 7.667 \to 7.493 \to 7.468 \to 7.465 \to 7.461 \to 7.461$$

と反復 6 回目で 4 桁精度まで収束する．このときの固有ベクトルは $\{0.5, 0.866, 1\}^T$ である．よって，最低（第 1 次）固有角振動数は

$$\frac{1}{\omega^2} = 7.461\frac{\rho AL^2}{2EA} = \frac{7.461}{2}\left(\frac{l}{3}\right)^2\frac{\rho A}{EA}$$

となり，よって
$$\omega = \frac{1.55}{l}\sqrt{\frac{EA}{\rho A}}$$
となる．理論解は，式 (6.6) と表 **6.1** より
$$\omega = \frac{1.57}{l}\sqrt{\frac{EA}{\rho A}}$$
である．3 要素分割なので誤差はあるが，計算法はおわかりいただけると思う．

例題 **7.5**

例題 6.4 で計算した，図 **6.2** に示すような先端に円盤を持つ軸の固有振動数を求めよ．

解答

数値は例題 6.4 と同じものを使う．付け根から節点番号を付けて四つの長さの等しい要素で近似する．四つの要素を節点番号にあわせて重ね合わせ，節点 1 に関する行と列を削除すると，

$$\left(\frac{GJ}{L} \begin{bmatrix} 2 & -1 & 0 & 0 \\ -1 & 2 & -1 & 0 \\ 0 & -1 & 2 & -1 \\ 0 & 0 & -1 & 1 \end{bmatrix} - \omega^2 \frac{\rho I_p L}{2} \begin{bmatrix} 2 & 0 & 0 & 0 \\ 0 & 2 & 0 & 0 \\ 0 & 0 & 2 & 0 \\ 0 & 0 & 0 & 1 + \frac{I_d}{\rho I_p L/2} \end{bmatrix} \right) \\ \times \begin{Bmatrix} \theta_2 \\ \theta_3 \\ \theta_4 \\ \theta_5 \end{Bmatrix} = \begin{Bmatrix} 0 \\ 0 \\ 0 \\ 0 \end{Bmatrix} \quad (7.26)$$

である．この式での L は棒の全長ではなく，要素の長さである．この式では，質量行列の $(4,4)$ 成分に円盤の慣性モーメント I_d が付け加わっていて，

$$\frac{I_d}{\rho I_p L/2} = \frac{4.875 \times 10^{-4}}{3.9 \times 10^{-5} \times 0.04/2} = 625$$

である．この数値解析を行うと，$f_1 = 336\,\mathrm{Hz}$，$f_2 = 9133\,\mathrm{Hz}$ となる．

7.2.3 3次元はりの質量行列

3次元のはりでは，剛性行列を作ったときと同じようにして，曲げ，伸び，ねじりについて整合質量行列の式 (7.18), (7.19), (7.21), (7.22) をまとめて，

$$[M] = \frac{\rho A L}{420} \begin{bmatrix} 140 & 0 & 0 & 0 & 0 & 0 & 70 & 0 & 0 & 0 & 0 & 0 \\ 0 & 156 & 0 & 0 & 0 & 22L & 0 & 54 & 0 & 0 & 0 & -13L \\ 0 & 0 & 156 & 0 & -22L & 0 & 0 & 0 & 54 & 0 & 13L & 0 \\ 0 & 0 & 0 & 140I_p/A & 0 & 0 & 0 & 0 & 0 & 70I_p/A & 0 & 0 \\ 0 & 0 & -22L & 0 & 4L^2 & 0 & 0 & 0 & -13L & 0 & -3L^2 & 0 \\ 0 & 22L & 0 & 0 & 0 & 4L^2 & 0 & 13L & 0 & 0 & 0 & -3L^2 \\ 70 & 0 & 0 & 0 & 0 & 0 & 140 & 0 & 0 & 0 & 0 & 0 \\ 0 & 54 & 0 & 0 & 0 & 13L & 0 & 156 & 0 & 0 & 0 & -22L \\ 0 & 0 & 54 & 0 & -13L & 0 & 0 & 0 & 156 & 0 & 22L & 0 \\ 0 & 0 & 0 & 70I_p/A & 0 & 0 & 0 & 0 & 0 & 140I_p/A & 0 & 0 \\ 0 & 0 & 13L & 0 & -3L^2 & 0 & 0 & 0 & 22L & 0 & 4L^2 & 0 \\ 0 & -13L & 0 & 0 & 0 & -3L^2 & 0 & -22L & 0 & 0 & 0 & 4L^2 \end{bmatrix}$$

(7.27)

となる．これに対応する節点変位は (3.19) で表される．全体剛性行列に組み立てるときには，式 (3.24) と同様に，

$$[\bar{M}] = [T]^T [M][T] \tag{7.28}$$

とする．

7.2.4 はりの数値計算例

 理解を深めるために，第 3 章と同じように簡単な例題を解いてみる．図 7.2 のような片持ちはりの固有振動を計算する．振動の場合，慣性力は分布荷重なので，ある程度の精度を得るためには要素分割を細かくして，分布荷重として慣性力が加わるようにしなければならない．ここでは頁数の都合上，4 要素で例題を計算してみる．全長を l とし，一つの要素長さを L とする．したがって，$l = 4L$ である．まず，境界条件を入れずに一様なはりを 4 要素に等分割すると，全体剛性行列についてはすでに式 (3.12) において与えられている．一方，全体（整合）質量行列は

$$[M] = \frac{\rho A L}{420} \begin{bmatrix} 156 & -22L & 54 & 13L & 0 & 0 & 0 & 0 & 0 & 0 \\ -22L & 4L^2 & -13L & -3L^2 & 0 & 0 & 0 & 0 & 0 & 0 \\ 54 & -13L & 312 & 0 & 54 & 13L & 0 & 0 & 0 & 0 \\ 13L & -3L^2 & 0 & 8L^2 & -13L & -3L^2 & 0 & 0 & 0 & 0 \\ 0 & 0 & 54 & -13L & 312 & 0 & 54 & 13L & 0 & 0 \\ 0 & 0 & 13L & -3L^2 & 0 & 8L^2 & -13L & -3L^2 & 0 & 0 \\ 0 & 0 & 0 & 0 & 54 & -13L & 312 & 0 & 54 & 13L \\ 0 & 0 & 0 & 0 & 13L & -3L^2 & 0 & 8L^2 & -13L & -3L^2 \\ 0 & 0 & 0 & 0 & 0 & 0 & 54 & -13L & 156 & 22L \\ 0 & 0 & 0 & 0 & 0 & 0 & 13L & -3L^2 & 22L & 4L^2 \end{bmatrix} \quad (7.29)$$

となる．この行列に対応する節点変位は

$$\{w_1, \beta_1, w_2, \beta_2, \ldots, w_5, \beta_5\}^T$$

である．変位で与えられる境界条件（拘束）に対応した行と列を削除して振動方程式を書けば，それが固有振動を与える式となる．

例題 7.6

図 7.2 に示す中空の矩形断面の片持ちはりの固有振動数を求めよ．ただし，材料はアルミ合金 7075 とし，以下のような数値を与える．

$$b = 15\,\text{cm},\ h = 10\,\text{cm},\ t = 1\,\text{mm},\ l = 4\,\text{m}$$

解答

まず，表 1.1 より，アルミ合金 7075 の物性値を採用して

$$E = 70 \times 10^9\,\text{Pa},\quad \rho = 2800\,\text{kg/m}^3$$

であり，断面積 A と断面二次モーメント I は，2.2 節より

$$A = bh - (b-2t)(h-2t) = 4.96 \times 10^{-4}\,\text{m}^2$$
$$I = \frac{bh^3}{12} - \frac{(b-2t)(h-2t)^3}{12} = 8.92 \times 10^{-7}\,\text{m}^4$$

である．4 要素で全長が 2 m なので，ひとつの要素の長さ L は 0.5 m である．この数値を入れた計算プログラムを以下に示す．計算結果を図 7.3 と表 7.1 に示す．このプログラムの後半では有効モード質量を計算しているが，これについては 9.3 節で説明する．また，ここでは 1 方向の振動しか考えていないが，実際のはりでは（3 次元はり要素を使えば）これと直交方向の曲げ振動とねじり振動が現れる．

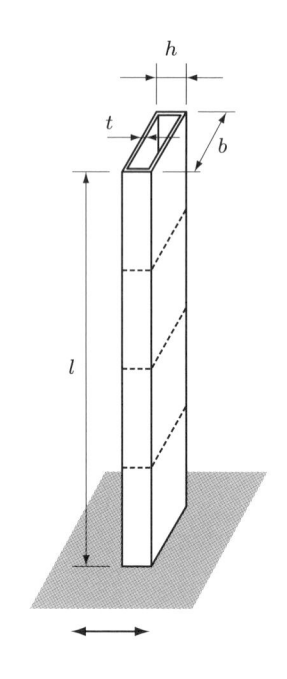

図 7.2 水平加振を受けるはり

（プログラム 7.1 片持はりの固有振動計算）

```
% eigen value analysis
NEIG=4;%固有モードを四つ計算する
%はりの入力パラメータ
E=7E10;%ヤング率
RHO=2800;%密度
AA=4.96E-4;%断面積
II=8.92E-7;%断面二次モーメント
L=0.5;%はり要素の長さ
EI=E*II;RAL=RHO*AA*L;RA=RHO*AA;
%SK:式(3.12)の1,2(節点1が固定だから)行列を取った剛性行列
SK=[24 0 -12 -6*L 0 0 0 0;
```

```
    0 8*L*L 6*L 2*L*L 0 0 0 0;
    -12 6*L 24 0 -12 -6*L 0 0;
    -6*L 2*L*L 0 8*L*L 6*L 2*L*L 0 0;
    0 0 -12 6*L 24 0 -12 -6*L;
    0 0 -6*L 2*L*L 0 8*L*L 6*L 2*L*L;
    0 0 0 0 -12 6*L 12 6*L;
    0 0 0 0 -6*L 2*L*L 6*L 4*L*L];
SK=(EI/(L^3))*SK;%境界条件の入った全体剛性行列
%SM:式(7.29)の1,2行(節点1が固定だから)列を取った質量行列
SM=[312 0 54 13*L 0 0 0 0;
    0 8*L*L -13*L -3*L*L 0 0 0 0;
    54 -13*L 312 0 54 13*L 0 0;
    13*L -3*L*L 0 8*L*L -13*L -3*L*L 0 0;
    0 0 54 -13*L 312 0 54 13*L;
    0 0 13*L -3*L*L 0 8*L*L -13*L -3*L*L;
    0 0 0 0 54 -13*L 156 22*L;
    0 0 0 0 13*L -3*L*L 22*L 4*L*L];%式(7.29)
SM=(RAL/420)*SM;%境界条件の入った全体質量行列
[FAI,D]=eig(SK,SM);%ヤコビ法による固有値解析
%FAIに固有モードが,Dの対角項に固有値が計算されてくる
FN=sqrt(diag(D))/2/pi %Dの対角項をベクトルに並べて
%         平方根をとって固有角振動数,それを2piでわって固有振動数FN
FAI%固有振動モード
GM=(FAI')*SM*FAI %一般化質量(モーダルマス=1となるように
%                             ヤコビ法で正規化されているので1となる)
% (参考) 固有振動数の理論解  表6.3
EXACTF=([1.8751 4.6941 7.8547].*[1.8751 4.6941 7.8547])/...
4/2/pi*sqrt(EI/RA)
%
%modal effective mass (有効モード質量の計算)
RM=[1 0 1 0 1 0 1 0;
    -L 1 -2*L 1 -3*L 1 -4*L 1];%並進と回転の剛体モード
MT=RM*SM*RM'
for I=1:8
%以下の記号は9.3節参照
FAII=FAI(:,I);
MI=FAII'*SM*FAII;
LM=FAII'*SM*RM';
EM=diag((LM')*(inv(MI))*LM)./diag(MT)%有効モード質量比
end
```

プログラムの変数と表7.1を対比する.表7.1の3行目のHzの項はFNを並べたもの,4行目のexact項はEXACTFを並べたものである.その下の行のw_1からβ_5までが固有振動モードの数値を記入したもので,FAIの数値である.下からの2行が有効モード質量比を計算したもので,EMの数値が表示される.

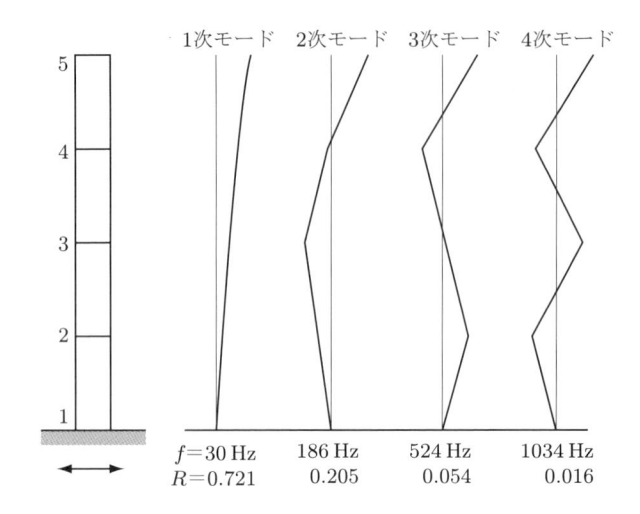

図 **7.3** 水平加振を受けるはり

表 **7.1** 振動数,振動モードと有効モード質量比(下2行,7.5節で説明)

モード次数	1次	2次	3次	4次	剛体併進	剛体回転
モード記号	ϕ_1	ϕ_2	ϕ_3	ϕ_4	ϕ_H	ϕ_R
Hz	29.7	186.1	524.5	1034.8	0	0
exact	29.6	185.9	520.5	—	0	0
w_1	0	0	0	0	1	0
β_1	0	0	0	0	0	0
w_2	0.1168	0.5019	0.8836	-0.8564	1	$-L$
β_2	-0.4369	-1.3751	-0.9680	-1.9683	0	1
w_3	0.4075	0.8585	0.0267	0.8838	1	$-2L$
β_3	-0.6979	0.2723	3.3778	-0.1146	0	1
w_4	0.7894	0.1625	-0.7104	-0.7619	1	$-3L$
β_4	-0.8083	2.3404	-1.6093	1.6835	0	1
w_5	1.2001	-1.2028	1.2162	1.1936	1	$-4L$
β_5	-0.8260	2.8755	-4.7890	-6.6749	0	1
水平加振	0.721	0.205	0.054	0.016	—	—
回転加振	0.973	0.024	0.003	0.001	—	—

7.2.5 板要素の質量行列

次に,板の曲げについての質量行列を示す.まず,長方形要素については式 (7.2) の定義式に従って計算すればよいが,変位関数式 (4.27) を使って

$$[M] = \int \{N\}^T \{N\} dS$$

の定義式に入れて計算する．積分は面積積分で，合応力がとってあるので板厚方向には積分する必要がないのは，剛性行列を作るときと同じである．上の式で計算されるのは整合質量行列であるが，4節点に均等に質量を配分して，

$$[M] = \frac{\rho h A}{4} \begin{bmatrix} 1 & 0 & 0 & 0 & 0 & 0 & 0 & 0 & 0 & 0 & 0 & 0 \\ 0 & 0 & 0 & 0 & 0 & 0 & 0 & 0 & 0 & 0 & 0 & 0 \\ 0 & 0 & 0 & 0 & 0 & 0 & 0 & 0 & 0 & 0 & 0 & 0 \\ 0 & 0 & 0 & 1 & 0 & 0 & 0 & 0 & 0 & 0 & 0 & 0 \\ 0 & 0 & 0 & 0 & 0 & 0 & 0 & 0 & 0 & 0 & 0 & 0 \\ 0 & 0 & 0 & 0 & 0 & 0 & 0 & 0 & 0 & 0 & 0 & 0 \\ 0 & 0 & 0 & 0 & 0 & 0 & 1 & 0 & 0 & 0 & 0 & 0 \\ 0 & 0 & 0 & 0 & 0 & 0 & 0 & 0 & 0 & 0 & 0 & 0 \\ 0 & 0 & 0 & 0 & 0 & 0 & 0 & 0 & 0 & 0 & 0 & 0 \\ 0 & 0 & 0 & 0 & 0 & 0 & 0 & 0 & 0 & 1 & 0 & 0 \\ 0 & 0 & 0 & 0 & 0 & 0 & 0 & 0 & 0 & 0 & 0 & 0 \\ 0 & 0 & 0 & 0 & 0 & 0 & 0 & 0 & 0 & 0 & 0 & 0 \end{bmatrix} \quad (7.30)$$

とする集中質量行列を使ってもよい．ここに，Aは長方形の面積である．

ハイブリッド応力法で導いた多角形要素では，変位関数がないので集中質量行列を使う．四角形要素には上の式 (7.30)，三角形要素には

$$[M] = \frac{\rho h A}{3} \begin{bmatrix} 1 & 0 & 0 & 0 & 0 & 0 & 0 & 0 & 0 \\ 0 & 0 & 0 & 0 & 0 & 0 & 0 & 0 & 0 \\ 0 & 0 & 0 & 0 & 0 & 0 & 0 & 0 & 0 \\ 0 & 0 & 0 & 1 & 0 & 0 & 0 & 0 & 0 \\ 0 & 0 & 0 & 0 & 0 & 0 & 0 & 0 & 0 \\ 0 & 0 & 0 & 0 & 0 & 0 & 0 & 0 & 0 \\ 0 & 0 & 0 & 0 & 0 & 0 & 1 & 0 & 0 \\ 0 & 0 & 0 & 0 & 0 & 0 & 0 & 0 & 0 \\ 0 & 0 & 0 & 0 & 0 & 0 & 0 & 0 & 0 \end{bmatrix} \quad (7.31)$$

が使える．板の曲げ振動についての計算例は，8.3.4項と8.3.5項とで示す．

7.3 大規模固有値計算法

通常の計算ライブラリーに付属している固有値計算法は，**ヤコビ法**や**ハウスホルダー法**であり，これではせいぜい数十自由度の固有値しか計算できない．有限要素法の場合，解析自由度は数百から数万である．ただし，すべての固有値を計算する必要はなく，そのうちの低い値から数十個程度でよいので，その特性を活かした固有値計算法が，有限要素法の発展とともに開発されてきた．それらは，

- べき乗法（パワー法）
- サブスペース法
- 二分法

であり，それぞれ特徴があるが，ここでは，最も強力でよく使われている方法である**サブスペース法** (subspace method，または**同時反復法**ともいう) について説明する．

サブスペース法は，初期固有ベクトルを m 個用意する．m はせいぜい数十で，行列の次元 n（数百〜数万程度）に比べて著しく小さい値である．サブスペース法は，$n \times n$ の固有値問題を，$m \times m$ の小さな行列に変換して解く方法である．

まず，この初期固有ベクトル $\{x_i\}$ $(i = 1, 2, \ldots, m)$ を並べて行列 $[X]$ を作る．すなわち，

$$[X] = \begin{bmatrix} \{x_1\} & \{x_2\} & \{x_3\} & \cdots & \{x_m\} \end{bmatrix}$$

である．次に，$[Z] = [M][X]$ を作り，$[K][Y] = [Z]$ を解いて $[Y]$ を求める．すなわち，

$$[Y] = [K]^{-1}[M][X]$$

を得ることになるが，この $[Y]$ を使って $[M]$ と $[K]$ を $m \times m$ の小さな行列に変換する．すなわち，

$$[\tilde{K}] = [Y]^T[K][Y], \quad [\tilde{M}] = [Y]^T[M][Y]$$

として，この固有値問題

$$[\tilde{K}]\{y\} = \lambda[\tilde{M}]\{y\}$$

をヤコビ法などで解く．この固有ベクトルをまとめて

$$[P] = \begin{bmatrix} \{y_1\} & \{y_2\} & \{y_3\} & \cdots & \{y_m\} \end{bmatrix}$$

を作り，元の空間へ変換する．すなわち，

$$[X] = [Y][P]$$

としてこの手順を繰り返す．べき乗法と同じ原理により収束していくので，固有ベクトルで収束性を判定してもよいし，ヤコビ法の計算で出てきた固有値で判定してもよい．詳しくはこの方法の開発者であるBatheの教科書[11]を参照されたい．べき乗法や二分法についても詳しい記述がある．次章で紹介するプログラムでは，内部でこのサブスペース法（サブルーチン名 SUBSPA.m）を使って固有値計算を実行している．

7.4 減衰行列

質点系の振動方程式は
$$ku + c\dot{u} + m\ddot{u} = f$$
であるが，これと同じく，構造においても**減衰行列** $[C]$ を導入して，
$$[K]\{\delta\} + [C]\{\dot{\delta}\} + [M]\{\ddot{\delta}\} = \{F(t)\} \tag{7.32}$$
として減衰項を含んだ振動方程式を導入する．減衰行列は理論計算によって作ることはできないが，減衰が小さい場合には，
$$[C] = \alpha[M] + \beta[K] \tag{7.33}$$
と便宜的に行列の形を $[K]$ か $[M]$ と同じにすると，$[C]$ についても固有モードの直交性が成立するので都合がよい．この形の減衰を**レーリー減衰**（Rayleigh damping）という．実際には，α か β のどちらか一つの項のみ採用し，その値は実験的に決める．α は**アルファ減衰**または**質量減衰**，β は**ベータ減衰**または**剛性減衰**とよばれる．実際に計測される（等価線形粘性）減衰比 ζ との関係は，1自由度系の場合
$$\zeta = \frac{c}{c_{cr}} = \frac{\alpha m + \beta k}{2\sqrt{mk}} = \frac{\alpha}{2\omega_0} + \frac{\beta \omega_0}{2} \tag{7.34}$$
であり，機械構造物の ζ の値としては，特別に減衰を付加しなければ 0.005 から 0.05 程度の値である．

ここまでの減衰に関する説明は，あくまでも数値計算での方便としての説明であった．実際の構造物の減衰としては，構造材料からくる減衰と，結合部（リベットやボルト結合部）からの減衰があり，これらをまとめて**構造減衰**（structural damping）とよぶ．構造減衰の大きさは，振幅に比例し振動数に無関係で，その位相は速度と同じであるということが経験的にわかっている．このような考えから**構造減衰係数** η が導入できて，構造振動を1自由度系で近似すれば，
$$m\ddot{x} + \frac{\eta k}{\omega}\dot{x} + kx = F(t)$$

となる．共振点近傍 ($\omega \approx \omega_0$) では，

$$\eta = 2\zeta \tag{7.35}$$

となり，式 (7.34) の $\beta\omega_0$ と等しくなる．材料レベルでは**損失係数** (loss factor) という用語も用いられ，結果的に構造減衰係数と同じ定義となる．

7.5 初期応力のある系の振動

ここでは，初期応力のある系の振動をはりについて考えてみる．張力がかかった弦の振動数が高くなることはギターやピアノの絃でよく実感することであるが，はりの場合はどのような理由で振動数が高くなったり低くなったりするのかを説明する．

7.5.1 棒の座屈

まず，図 **7.4** のような両端単純支持の棒が，圧縮力 P を受けて曲げ変形を起こす場合について，変形後の力のつり合いを考える．棒に垂直方向の力のつり合いから

$$EI\frac{d^4w}{dx^4} + P\frac{d^2w}{dx^2} = 0 \tag{7.36}$$

が成立しなければならない．両端単純支持であれば，変形は sin 関数で得られて，この解は

$$w = C\sin\frac{n\pi x}{L} \tag{7.37}$$

の形で得られる．式 (7.37) を式 (7.36) に代入すれば，

$$P = \frac{n^2\pi^2 EI}{L^2} = P_n \tag{7.38}$$

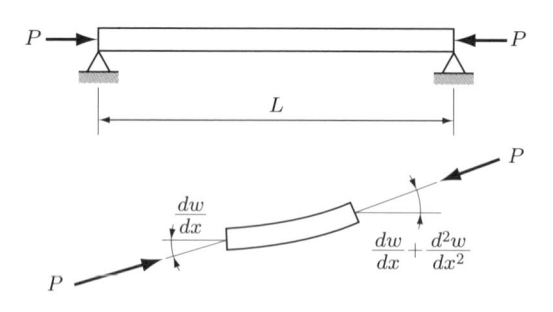

図 **7.4** 圧縮力を受ける棒

が得られる．最低値の P_{cr}, すなわち $n=1$ の場合が**座屈荷重**となる．$P < P_{cr}$ では曲げ変形は起こらず，安定に軸方向に圧縮されるが，$P > P_{cr}$ では曲げ変形が安定である．この P_{cr} をオイラーの座屈荷重という．

7.5.2 軸力を受けるはりの曲げ振動

式 (7.36) に慣性力を導入すると，

$$EI\frac{\partial^4 w}{\partial x^4} + P\frac{\partial^2 w}{\partial x^2} + \rho A\frac{\partial^2 w}{\partial t^2} = 0 \tag{7.39}$$

となる．この解を

$$w = C\sin\frac{m\pi x}{L}e^{j\omega t} \tag{7.40}$$

として式 (7.39) に代入すると，

$$\left(\frac{n\pi}{L}\right)^4 - P\left(\frac{n\pi}{L}\right)^2 - \omega^2 = 0$$

となる．この解を ω_n として，

$$\omega_n = \frac{(n\pi)^2}{L^2}\sqrt{\frac{EI}{\rho A}}\sqrt{1 + \frac{1}{(n\pi^2)}\frac{PL^2}{EI}} \tag{7.41}$$

が得られる．この式から明らかなように，**軸力 P** が引張（正の値）であれば振動数は高くなり，圧縮（負の値）であれば，振動数が低くなる．振動数が 0 のときが座屈である．

例題 7.7

$L = 2$, $n = 1$, $EI = 62440$, $\rho A = 1.40$（単位 SI）として，式 (7.41) を図示せよ．

解答

式 (7.41) を振動数の 2 乗で書き直して，

$$f_1^2 = \frac{\pi^2}{4L^4}\frac{62440}{1.40}\left(1 + \frac{4P}{62440\pi^2}\right) = 6878\left(1 + \frac{P}{154000}\right)$$

となる．これを図示すると図 **7.5** となり，引張荷重のときは振動数が上がり，圧縮荷重になると振動数が下がる．座屈荷重は 1.54×10^5 N（約 1.5 トン）で，このとき振動数は 0 となる．ちなみに，アルミ合金の引張強度を 550 MPa として，破断荷重 F_t は

$$F_t = 550 \times 10^6 \times A = 550 \times 10^6 \times 4.96 \times 10^{-4} = 2.7 \times 10^5 \text{ N}$$

で 2.7 トンであるので，構造としての強度は座屈荷重で決まることになる．実際の問題では，中空断面のはりは薄い板で断面が構成されているので，全体的な座屈の前に局所的な座屈が問題となることがあり，その場合，厚さを増やすなどの処理がなされる．

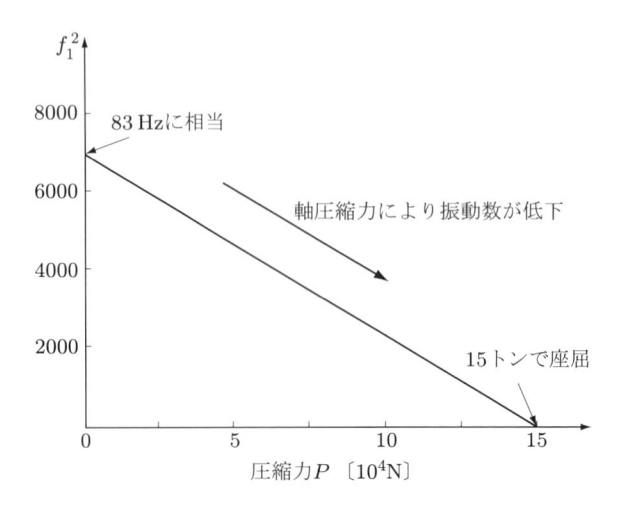

126 第 7 章 有限要素法による振動解析

図 7.5 圧縮力を受ける棒

7.5.3 幾何剛性行列

前節では，方程式を用いて軸圧縮応力と振動数との関係を考えた．ここでは，一般的な問題が解けるよう，有限要素法での取り扱いを説明する．

はりや板のように曲げを受ける部材について考える．始め dx であった線素は，曲げ変形 w によって図 **7.6** のように

$$dx\sqrt{1+\left(\frac{dw}{dx}\right)^2} \approx dx\left\{1+\frac{1}{2}\left(\frac{dw}{dx}\right)^2\right\}$$

となる．よって，たとえば板の場合，曲げ変形による中央面における面内ひずみは，

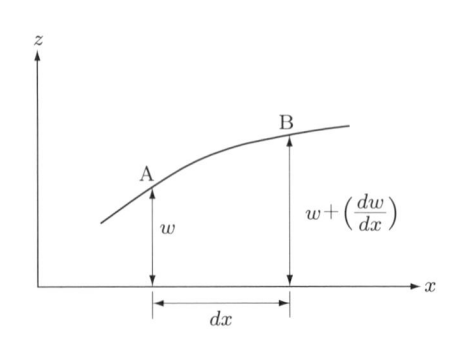

図 7.6 曲げによって伸びる要素

7.5 初期応力のある系の振動

$$\varepsilon_x^0 = \frac{1}{2}\left(\frac{\partial w}{\partial x}\right)^2, \quad \varepsilon_y^0 = \frac{1}{2}\left(\frac{\partial w}{\partial y}\right)^2, \quad \gamma_{xy}^0 = \left(\frac{\partial w}{\partial x}\right)\left(\frac{\partial w}{\partial y}\right)$$

である．これらの表示式は見てわかるように非線形である．この面内ひずみによるひずみエネルギーは，式 (3.30) より

$$\begin{aligned}
\Pi &= \frac{1}{2}\int \{\varepsilon^0\}\{\sigma^0\}\,dV \\
&= \frac{1}{2}\int\left[\sigma_x^0\left(\frac{\partial w}{\partial x}\right)^2 + \sigma_y^0\left(\frac{\partial w}{\partial y}\right)^2 + \tau_{xy}^0\left(\frac{\partial w}{\partial x}\right)\left(\frac{\partial w}{\partial y}\right)\right]dV \\
&= \frac{1}{2}\int\left\{\begin{array}{c}\frac{\partial w}{\partial x}\\ \frac{\partial w}{\partial y}\end{array}\right\}^T\left[\begin{array}{cc}\sigma_x^0 & \tau_{xy}^0\\ \tau_{xy}^0 & \sigma_y^0\end{array}\right]\left\{\begin{array}{c}\frac{\partial w}{\partial x}\\ \frac{\partial w}{\partial y}\end{array}\right\}dV
\end{aligned}$$

であるが，傾斜角が節点変位で

$$\left\{\begin{array}{c}\frac{\partial w}{\partial x}\\ \frac{\partial w}{\partial y}\end{array}\right\} = [G]\{\delta\} \tag{7.42}$$

と書き表されるので，

$$\Pi = \frac{1}{2}\{\delta\}^T[K_G]\{\delta\}$$

となる．ここに，

$$[K_G] = \int [G]^T\left[\begin{array}{cc}\sigma_x^0 & \tau_{xy}^0\\ \tau_{xy}^0 & \sigma_y^0\end{array}\right][G]\,dV \tag{7.43}$$

であり，$[K_G]$ を**幾何剛性行列** (geometric stiffness matrix) とよぶ．例として，はりの幾何剛性行列は演習問題 7.5 で導く．

さて，振動方程式は

$$([K] + [K_G])\{\delta\} + [M]\{\ddot{\delta}\} = 0$$

となる．これが式 (7.39) に相当する．$[K_G]$ が**単位初期応力**に比例するとして，

$$[K_G] = \lambda[K_G^0]$$

とする．慣性力を考えなければ

$$([K] + \lambda[K_G^0])\{\delta\} = 0$$

となり，これは座屈における固有値問題となる．このような状況での構造の挙動は，圧縮力が小さい間は，曲げ変形を生じることなく面内圧縮が続き，上記固有値 λ で与えられる座屈値 P_{cr} で，急に曲げ変形の方が面内圧縮変形より安定な変形となる．このように変形様式が分かれるため，この不安定を**分岐座屈** (bifurcation buckling) とよぶ．固有値解法としては，最低固有値一つがわかればいいので，**べき乗法** (power method) が適している．

演習問題 7

1 $[A]^T\{y_i\} = \lambda_j\{y_j\}$, $[A]\{x_i\} = \lambda_i\{x_i\}$ のとき，$\lambda_j \neq \lambda_i$ であれば $\{y_j\}^T\{x_i\} = 0$ であることを証明せよ．

2 べき乗法のプログラムを作れ．

3 上記プログラムを使って例題 7.4 の 3 個の固有振動数を求めよ．

4 同様に MATLAB の組み込み関数 eig を使って 3 個の固有振動数を計算せよ．

5 はりの幾何剛性行列を求めよ．

第8章 振動解析プログラムの実際

　本章では，振動問題に関しての有限要素プログラムを具体的に解説する．ここで提示するプログラムは，板の振動と 3 次元骨組構造の固有振動解析プログラムである．プログラム言語は MATLAB であるが，互換の言語（Octave，Scilab，MaTX など）でわずかな修正を行えば，それらの言語でも動く．MATLAB には一般固有値問題が解けるサブルーチン (eig.m) があるが，Scilab や Octave にはないので，どのように対応すればよいかを Octave を例にして 8.5 節に示した．

　使用方法は，入力と出力を丁寧に説明したので，あまり苦労なく使えると思う．例題として長方形板の振動，航空機の後退翼の振動，机形状の骨組構造の振動，宇宙空間に浮かぶ骨組構造を説明した．とくに最後の例題は拘束のない構造で，7.1.3 項で説明したシフティングを使っている．プログラム本体はサブルーチン構造をとっている．なお，ここでのプログラムリストは，頁数節約のため 1 行に複数のコマンドを書いているが，基本的に 1 行 1 コマンドが読みやすく，間違いの少ないプログラムとなる．また，ここで掲載しているプログラムリスト，とくにプログラム 8.3 とプログラム 8.5 は，'****' で関数（m ファイル，サブルーチン）が分割されるので，それぞれ独立した m ファイルとして，ばらばらにして .m と拡張子をつけてデフォルトディレクトリに格納しておく．

　プログラム本体にはできるだけ多くの解説を注釈行（%以降が注釈）でつけた．このプログラムをベースにいろいろなバリエーション，たとえば，板と骨組を組み合わせたプログラムが作れる．このように発展させていけば，線形計算のプログラムとしては汎用プログラムとなる．また，頁数の都合で掲載できなかったが，ここに示した振動解析のプログラムにおいて，固有値解析せずに剛性方程式の連立 1 次方程式を解けば，変形計算や応力計算ができる．

8.1 プログラム言語

　有限要素法は本来，科学技術用言語である FORTRAN で記述されるし，著者もプログラムの開発では FORTRAN を使ってきた．しかし，教科書としてアルゴリズムを掲載するには，FORTRAN では長くなりすぎ，また実行もコンパイル・リンクを経

なければならないので不便である．そこで，本書では，プログラム言語としてはインタプリタの MATLAB を使う．FORTRAN に比べてプログラムリストが 1/5 程度となるうえ，MATLAB がなくても互換言語（第 1 章にて説明済み）が使えて印刷物には適するため，読者に便利であろうと思うからである．なお，ここに掲げるプログラムは，森北出版のホームページ (http://www.morikita.co.jp) からもダウンロードできる．

簡単な言語解説は 1.7 節ですでに行った．また，これまでにサンプルプログラムもいくつか提示してあるので，これから示す有限要素法のプログラムの理解にあまり困ることはなかろうと思う．

8.2 使用法

ここで掲載した MATLAB によるプログラムの使用法を説明する．この例では 3 次元骨組構造 BEAM3V の場合であるが，板の場合も同様である．

- すべてのファイルをたとえば d:¥dynafem の下にコピーしておく．
- MATLAB を起動する．
- path (path, 'd:¥dynafem') と入力する（' ' の中はコピーしたディレクトリにより変わる）．
- FRQ0 にシフト量（拘束があれば 0），NEIG に求めるモード数を入力し，

    [MODE,FRQ,TMM,XX,YY,ZZ,KAKOM]=MAIN(FRQ0,NEIG);

として実行すれば，解析結果として

MODE: 固有振動モード，FRQ: 固有振動数，TMM: 質量行列（境界条件導入前），XX, YY, ZZ: 節点の座標，KAKOM: 要素のつなぎ情報

が返される．

- 境界条件があるとき（拘束のあるとき）NFREE=0 として FRQ0 には 0 を入れておく．この場合 KOTEI に境界条件を入れねばならない．境界条件がないとき（衛星のように剛体運動も自由），NFREE=1 として FRQ0 には 0 でない 1 次の固有振動数に予想される振動数（Hz，適当な数値でよい）を入れておく．FRQ0 に近い固有振動数が NEIG 個計算される．
- 数値的には以上で計算終了であるが，モード図がみたいときは，NM にモード番号を入れて

    [HZ]=modesh(NM,MODE,FRQ,XX,YY,ZZ,KAKOM)

を実行すれば，グラフィックが表示される．NM=0 は静止図，NM=1, 2, ..., NEIG では静止図と振動モードの重ね書きで図形表示され，HZ にはそのときの振動数（単位 Hz）が返される．
- 第 N 次モードのモード質量 MN を計算するには，

    NT=size(MODE,1);FN=MODE(1:NT,N);MN=FN' * TMM * FN

として計算できる．
- 入力データは DATAINn.dat の中で変更する（エディタを使用する）．
- 質量マトリックスのデフォルトは整合質量行列であるが，bqmat.m の中で ILUMP=1 とすると，集中質量行列が使える．

8.3 板の振動解析

まず，4.3 節で説明したハイブリッド応力法による，3角形の板曲げ要素による振動解析プログラム SMAT9V を示す．2次元平面内で要素分割を行う．入力データと出力データの説明を次に示す．

8.3.1 入力データに関する説明

DATAIN のファイルの中で入力しなければならないデータと，メインプログラム MAIN で引数として与える FRQ0, NEIG について説明する．わかりにくければ，この後の例題の入力ファイル DATAIN1.m, DATAIN2.m を見ながら読んでいただければ，よくわかるはずである．

NODT　全節点の数（入力する必要はない）
NELT　全要素の数（入力する必要はない）
NEIG　求める固有振動モードの数．
FRQ0　FRQ0（単位 Hz）に近い振動数のものから計算される
NFREE　0 なら KOTEI で拘束条件を入力．1 なら拘束なし．この場合，FRQ0 には必ず 0 以外の数値を与えなければならない．
XX, YY, ZZ　節点の X, Y, Z 座標．それぞれ NODT × 1 のベクトルとなる．
KAKOM　たとえば，4 7 3 と入れれば三角形要素が節点 4, 7, 3（反時計回り）で構成される（図 8.2(a) の根元の要素）．NELT × 3 の行列となる．
KOTEI　境界条件として節点 4 の w, β_y を拘束するのであれば 4 1 0 1 が入る．すなわち 1 が拘束，0 が自由である．この例では 0 に対応しているのは β_x である．
E, PO, T, ROW　それぞれヤング率，ポアソン比，板の厚さ，板の密度を入力する．

8.3.2 出力データに関する説明

メインルーチンを実行した後の出力データについて説明を行う.

> `FRQ` NEIG 個の計算された固有振動数 (単位 Hz)
> `MODE` FRQ に対応する固有振動モード. 全自由度数を NT = (NODT × 3) として, NT × NEIG の行列.
> `XYZ` 節点の x, y, z 座標 XX, YY, ZZ を並べて行列としたもの. NODT × 3 の行列. モード表示のため必要.
> `KAKOM` 入力データそのままの KAKOM. モード表示のため必要.

8.3.3 モード表示の説明

メインルーチンを実行した後のモード表示プログラム MODESH の入力データについて説明を行う.

> `NM` モード次数. 0 を入れれば静止図.
> `MODE, FRQ, XYZ, KAKOM` MAIN の出力をそのまま入れる.

8.3.4 長方形板の振動の例題

2 m × 3 m の長方形の板について, 図 **8.1** に示すような, 全辺固定と, 短辺を片持ちにした境界条件で SMAT9V を動かして理論解と比較し, おおよその計算精度をつかむこととする. 使用した値は

$$a = 2\,\text{m}, \quad b = 3\,\text{m}, \quad E = 1000000, \quad \nu = 0.3$$
$$t = 0.01\,\text{m}, \quad \rho = 0.01, \quad D = \frac{Et^3}{12(1-\nu^2)}$$

であり, 入力ファイル DATAIN1.m をプログラム 8.1 に示す. DATAIN1 の中で要素分割 $N \times N$ として自動的にデータを作るようにした. 結果を**表 8.1** に示す. 理論解は第 6 章の表 **6.4** を導く方法で得られる. このハイブリッド要素は応力解析に向いており, 振動計算ではとくに優れているとはいえないが, オーダー評価には使える.

この例題では, 以下の入力プログラム 8.1 でデータを自動的に生成している. このため, まずプログラム 8.2 の例題の入力プログラムを先に見て, 本例題の入力例を見ることを勧める. こちらの例題を先に出しているのは, 厳密解と比較できる例題であるからである.

(a) 全辺固定　　　　　　　(b) 片持ち

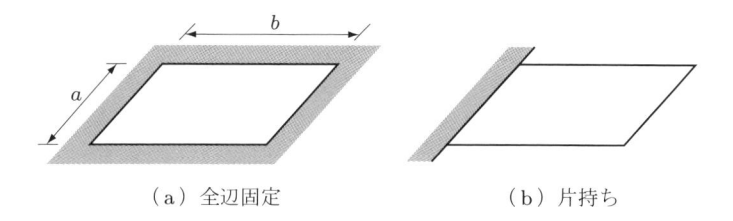

図 8.1　長方形板の境界条件

(プログラム 8.1　長方形板の入力ファイル)

```
****** 長方形板のデータファイル DATAIN1.m *********
function[XYZ,D,KOTEI,KAKOM,T,ROW,NFREE]=DATAIN1
%a,b, ヤング率, ポアソン比, 厚さ, 密度, 拘束あり
A=2;B=3;E=1000000;PO=0.3;T=0.01;ROW=0.01;NFREE=0;
N=16;%辺 a あるいは辺 b にそった節点数　この場合 15*15 分割のデータ
%以上で入力データ終了. 以下で自動メッシュ分割開始
N2=N*N;%全節点数
N1=N-1;XX=1:N2;YY=1:N2;
%(x,y,z) 座標の設定
for I=1:N
IN=(I-1)*N+(1:N);
XX(IN)=(1:N)-1;YY(IN)=(I-1)+0*(1:N);
end
XX=XX*(A/N1);YY=YY*(B/N1);ZZ=0*(1:N2);
XYZ=[XX;YY;ZZ]';
KA=2*((N-1)^2);KAKOM=zeros(KA,3);
%三角形要素を構成する節点の設定
for I=1:N1
IK=(I-1)*N1*2+(1:N1);IKN=N1+IK;
I1=(I-1)*N+(1:N1);I2=I1+1;I3=I2+N;
J1=I1;J2=J1+N+1;J3=I1+N;
III=[I1;I2;I3]';JJJ=[J1;J2;J3]';
KAKOM(IK,:)=III;KAKOM(IKN,:)=JJJ;
end
% all clamp condition 周辺の節点を決め, その点に 1 を入力
NC=N*2+(N-2)*2;KOTEI=1+zeros(NC,4);
IN=(1:N);KOTEI(IN,1)=IN;
for I=1:(N-2)
I2=N+I*2-1;I21=I2+1;
KOTEI(I2,1)=N*I+1;KOTEI(I21,1)=N*(I+1);
end
IK=I21+(1:N);KOTEI(IK,1)=N1*N+(1:N);
```

```
% end clamp
% 応力‐ひずみ関係式の[D]行列の入力. 式(4.41)
D1=1.0/E;D3=-P0*D1;D4=2*(1+P0)/E;
D=[D1 D1 D3 D4 D4 D4];
```

表 8.1 長方形板の固有振動数（単位：Hz）

要素分割	全周固定 1次	2次	3次	短辺片持 1次	2次	3次
5×5	34.1	53.9	88.3	1.82	6.12	11.05
10×10	32.8	51.0	82.1	1.84	6.20	11.37
15×15	32.6	50.5	80.3	1.85	6.22	11.43
20×20	32.5	50.4	79.9	1.85	6.22	11.45
理論解	32.2	49.3	78.5	1.85	6.24	11.50

8.3.5 後退翼の振動の例題

航空機の翼を板で近似し，胴体部固定の条件を課して図 8.2(a)のような要素分割で計算した結果をモード図で示す．この例題のデータ入力は DATAIN2 に入っており，DATAIN1 よりも一般的なデータの入力方法である．

（プログラム 8.2 後退翼の入力ファイル）

```
******後退翼のデータファイル DATAIN2.m ************
function[XYZ,D,KOTEI,KAKOM,T,ROW,NFREE]=DATAIN2
% clamp-free WING condition
%各節点ごとの(x,y,z)座標の入力
XYZ=[0 7 0;0 4.5 0;0 1.5 0;0 0 0;
    2.5 5.75 0; 2.5 3 0;2.5 0 0;
    5 4.5 0;5 2 0;5 0 0; 7.5 3.25 0;7.5 0 0;
    10 2 0;10 0 0];
%各要素を構成する節点の入力（1要素につき3節点）
KAKOM=[1 2 5;2 6 5;2 3 6;3 7 6;3 4 7;
    5 6 8;6 9 8;6 7 9;7 10 9;
    8 9 11;9 12 11;9 10 12;11 12 13;12 14 13];
%節点1,2,3,4の全自由度を拘束（固定条件）
KOTEI=[1 1 1 1;2 1 1 1;3 1 1 1;4 1 1 1];
%ヤング率，ポアソン比，厚さ，密度，拘束あり
E=7.0E10;P0=0.3;T=0.3;ROW=3000;NFREE=0;
% end clamp-free
% 式(4.29)のDの逆行列
```

```
D1=1.0/E;D3=-PO*D1;D4=2*(1+PO)/E;D=[D1 D1 D3 D4 D4 D4];
```

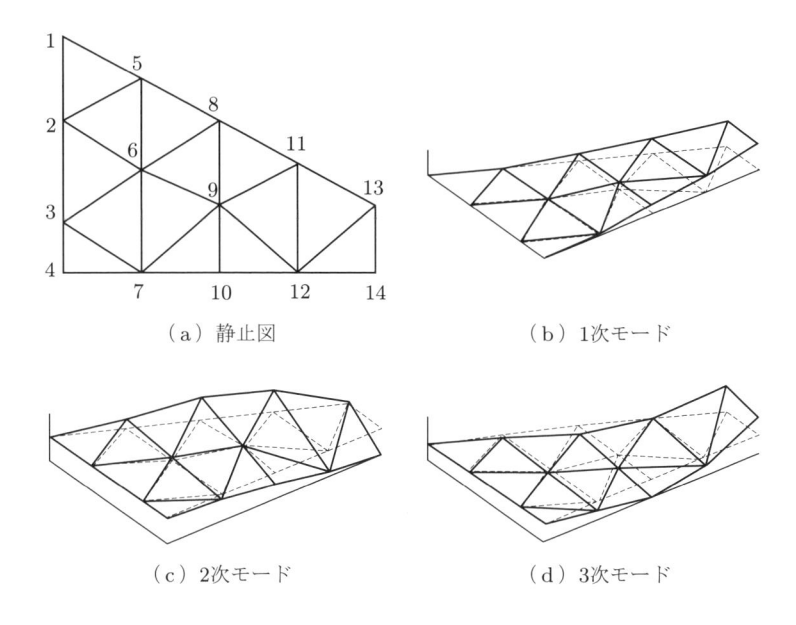

図 8.2 片持後退翼の要素分割と固有振動モード

(a) 静止図　(b) 1次モード　(c) 2次モード　(d) 3次モード

8.3.6 板の振動解析のプログラムリスト

SMAT9V のプログラムリストをプログラム 8.3 に，その中のサブルーチンの機能のまとめを表 8.2 に示す．

（プログラム 8.3　板の曲げ振動本体プログラム：SMAT9V）

```
%ハイブリッド応力法による板曲げ要素による振動解析
****   SMAT9Vのメインプログラム   MAIN.m **********
function [FRQ,MODE,XYZ,KAKOM]=MAIN(FRQO,NEIG)  %主プログラム
[XYZ,D,KOTEI,KAKOM,T,ROW,NFREE]=DATAIN2;       %データ入力
[NODT,DIM]=size(XYZ);[NELT,KAKU]=size(KAKOM);
[NOFIX,JIYU]=size(KOTEI);NT=NODT*(JIYU-1);
TK=zeros(NT,NT);TM=zeros(NT,NT);%全体行列[TK][TM]の初期化
for NE=1:NELT  %各要素行列[SM][QM]を計算して全体行列に組み込む
  K3=KAKOM(NE,1:3);  %NE番目の要素を構成する節点
  X=XYZ(K3,1); Y=XYZ(K3,2);  %そのx座標とy座標
  SM=STIFF(D,X,Y,T);  QM=MASSM(ROW,X,Y,T);%要素行列の計算ルーチン
```

```
   TK=ASMAT(TK,SM,KAKOM,NE);%全体剛性行列[K]への組み込み
   TM=ASMAT(TM,QM,KAKOM,NE);%全体質量行列[K]への組み込み
end
%
if NFREE==1
 MM=NT; KY=1:NT;
%KY には 1 から NT 間での自由度番号が入る
 else
[TK,MM,KY]=PREREA1(TK,NT,KOTEI);   %拘束条件を導入して行列を縮小
[TM,MM,KY]=PREREA1(TM,NT,KOTEI);   %拘束条件を導入して行列を縮小
end   %拘束条件を導入したことにより NT 自由度が MM 自由度になる
% ++++++++ solver ++++++++++++++++++++++++
SHIFT=(2*3.1415926*FRQ0)^2;   %FRQ0 をシフト量とする
TK=TK-SHIFT*TM;               %式(7.14)の操作
[VEC,RAMDA]=SUBSPA(TK,TM,MM,NEIG);   %サブスペース法で固有値問題を解く
FRQ=zeros(NEIG,1);   %NEIG 個の固有値を計算する初期化
for J=1:NEIG
 FRQ(J,1)=sqrt(abs(SHIFT+RAMDA(J,1)));   %シフト量を元に戻す
 FRQ(J,1)=FRQ(J,1)/2.0/3.1415926;   % 2pi で割って振動数の単位を Hz にする
end
[FRQ,NARABI]=sort(FRQ);   %振動数の低い順に並び替えを行う
% -------- end (solve) ---------
MODE=zeros(NT,NEIG);
% ++++++++++ rearrangement +++++++++++++
for NE=1:NEIG
NARA=NARABI(NE);B=VEC(1:MM,NARA)';  %固有ベクトルについても並び替え
if NFREE==1
 MODE(1:NT,NE)=B;
 else
% 固有ベクトルについて拘束条件を入れて自由度を元に戻す
 B=B'; [B]=ARRMAT1(B,NT,MM,KY); MODE(1:NT,NE)=B';
 end
end
** 要素行列を全体行列に並べる ASMAT.m ******
function [TK]=ASMAT(TK,SM,KAKOM,NE)
KI=(KAKOM(NE,1)-1)*3+(1:3);
KJ=(KAKOM(NE,2)-1)*3+(1:3);
KK=(KAKOM(NE,3)-1)*3+(1:3);
TK(KI,KI)=TK(KI,KI)+SM(1:3,1:3);
TK(KI,KJ)=TK(KI,KJ)+SM(1:3,4:6);
TK(KI,KK)=TK(KI,KK)+SM(1:3,7:9);
TK(KJ,KI)=TK(KJ,KI)+SM(4:6,1:3);
TK(KJ,KJ)=TK(KJ,KJ)+SM(4:6,4:6);
TK(KJ,KK)=TK(KJ,KK)+SM(4:6,7:9);
TK(KK,KI)=TK(KK,KI)+SM(7:9,1:3);
TK(KK,KJ)=TK(KK,KJ)+SM(7:9,4:6);
```

8.3 板の振動解析

```
TK(KK,KK)=TK(KK,KK)+SM(7:9,7:9);
***** 要素剛性行列の計算 STIFF.m **********
function [SM]=STIFF(D,X,Y,T)
H=HMAT(D,X,Y,T);    %式(4.40)の[H]
HI=inv(H);TM=TMATR(X,Y,T); %式(4.49)の[T]
SM=(TM') * real(HI') * TM; %式(4.39)の演算
******* 要素質量行列の計算 MASSM.m ************
function[QM]=MASSM(ROW,X,Y,T)
S1=X(2)*Y(3)+X(3)*Y(1)+X(1)*Y(2);
S=S1-X(2)*Y(1)-X(3)*Y(2)-X(1)*Y(3);%三角形要素の面積の2倍
S6=ROW*T*S/6;QM=zeros(9,9);
QM(1,1)=S6;QM(4,4)=S6;QM(7,7)=S6;%集中質量行列式(7.31)
******* 境界条件の導入 PREREA1.m *************
function [TK,MM,KY]=PREREA1(TK,NT,KOTEI)
%入力：拘束条件を適用される前の行列，自由度，拘束条件
%出力：高速条件を適用されて小さくなった行列，
%       小さくなった自由度，残った自由度の番号
[NFIX,K]=size(KOTEI);
  III=0;
%KOTEIで指定された拘束された節点の自由度に対応した
%    KYに0を入力
 for N=1:NFIX
  NODE=KOTEI(N,1);
    for JI=2:4
     if KOTEI(N,JI) ~=0
      III=III+1;
      KY(III)=((NODE-1)*3-1)+JI;
     else
     end
    end
 end
NOFIX=III;  %拘束されている自由度の数
INDEX=1:NT;
  INDEX(KY)=zeros(size(KY));
MM=0;
 for N=1:NT
  if INDEX(N) ~= 0  %INDEX(N)が0であれば縮めていく
    MM=MM+1;
    INDEX(MM)=N;
   else
   end
 end
%
INDEX=INDEX(1:MM);
TK=TK(INDEX,INDEX);%KYに応じた自由度の順に行列が縮小される
*** 解析後，拘束した自由度をもとに戻す ARRMAT1.m ***
```

138　第8章　振動解析プログラムの実際

```
function [A]=ARRMAT1(B,NT,MM,KY)
%入力：PREREA1を参照，MM:縮小されていた自由度，NT:元の自由度
%出力：拘束されていた自由度の行と列に0が入る
NS=size(KY);LL=0;
 for NI=1:NT
   LL=LL+1;
     if sum(NI==KY)==1
       A(NI)=0;LL=LL-1;
     else
       A(NI)=B(LL);
     end
 end
********  HMAT.m ****************************
function [H]=HMAT(D,X,Y,T)
% 式(4.40)の[H]の計算
H=zeros(9,9);AA=16/3*T;BB=8/15*(T*T*T);
A=0;XS=0;YS=0;XX=0;YY=0;XY=0;
% 注釈4.2の方法による積分の計算 y=Sx+R
% たとえば XY = integral(xy)ds の値
for I=1:3
 J=I+1;
   if(I == 3)
      J=1;
   else
   end
  XI=X(I);XJ=X(J);YI=Y(I);YJ=Y(J);
   if((XJ-XI) == 0)
     S=0;R=0;
   else
     S=(YJ-YI)/(XJ-XI);R=(XI*YJ-XJ*YI)/(XI-XJ);
   end
 Z1=XJ-XI; Z2=XJ*XJ-XI*XI;Z3=XJ^3-XI^3;Z4=XJ^4-XI^4;
 A=A-0.5*S*Z2-R*Z1;XS=XS-S*Z3/3-0.5*R*Z2;
 YS=YS-S*S*Z3/6-S*R*0.5*Z2-0.5*R*R*Z1;
 XX=XX-0.25*S*Z4-R*Z3/3;
 XY=XY-S*S*Z4/8-S*R*Z3/3-R*R*Z2/4;
 YY=YY-S*S*S*Z4/12-S*S*R*Z3/3-S*R*R*Z2*0.5-R*R*R*Z1/3;
end
% [H]=[P]^T [D]^{-1} [P] を陽に計算する
H(1,1)=D(1)*AA*A;H(2,1)=D(1)*AA*XS;
 H(1,2)=H(2,1);H(3,1)=D(1)*AA*YS;
 H(1,3)=H(3,1);H(4,1)=D(3)*AA*A;
 H(1,4)=H(4,1);H(5,1)=D(3)*AA*XS;
 H(1,5)=H(5,1);H(6,1)=D(3)*AA*YS;
 H(1,6)=H(6,1);H(2,2)=D(1)*AA*XX+D(5)*BB*A;
H(3,2)=D(1)*AA*XY; H(2,3)=H(3,2);
```

8.3 板の振動解析

```
H(4,2)=D(3)*AA*XS; H(2,4)=H(4,2);
H(5,2)=D(3)*AA*XX; H(2,5)=H(5,2);
H(6,2)=D(3)*AA*XY; H(2,6)=H(6,2);
H(9,2)=D(5)*BB*A; H(2,9)=H(9,2);
H(3,3)=D(1)*AA*YY;H(4,3)=D(3)*AA*YS;
 H(3,4)=H(4,3);H(5,3)=D(3)*AA*XY;
 H(3,5)=H(5,3);H(6,3)=D(3)*AA*YY;
 H(3,6)=H(6,3);H(4,4)=D(2)*AA*A;
H(5,4)=D(2)*AA*XS; H(4,5)=H(5,4);
H(6,4)=D(2)*AA*YS; H(4,6)=H(6,4);
H(5,5)=D(2)*AA*XX;H(6,5)=D(2)*AA*XY;
 H(5,6)=H(6,5);H(6,6)=D(2)*AA*YY+D(6)*BB*A;
H(8,6)=D(6)*BB*A; H(6,8)=H(8,6);
H(7,7)=D(4)*AA*A;H(8,7)=D(4)*AA*XS;
 H(7,8)=H(8,7);H(9,7)=D(4)*AA*YS;
 H(7,9)=H(9,7);H(8,8)=D(4)*AA*XX+D(6)*BB*A;
H(9,8)=D(4)*AA*XY; H(8,9)=H(9,8);
H(9,9)=D(4)*AA*YY+D(5)*BB*A;
**********   TMATR.m *******************
function [TM]=TMATR(X,Y,TT)
% 式(4.49)の[T]の計算
TM=zeros(9,9);
for IVIP=1:3
X1=X(IVIP);Y1=Y(IVIP);
J=IVIP+1;
 if (J == 4)
   J=1;
 else
 end
X2=X(J);Y2=Y(J);
TI=timat(X1,X2,Y1,Y2,IVIP,TT);
TM=TM+TI;
end
**********   TIMAT.m ********************
function [TI]=TIMAT(X1,X2,Y1,Y2,IVIP,TT)
% 注釈4.3の方法により線積分を行う
R=sqrt((X2-X1)^2+(Y2-Y1)^2);
CS=(X2-X1)/R;SN=(Y2-Y1)/R;
PA=[1  0  0  0  0;X1 0  0  1  0;
    Y1 0  0  0  0;0  1  0  0  0;
    0  X1 0  0  0;0  Y1 0  0  1;
    0  0  1  0  0;0  0  X1 0  1;
    0  0  Y1 1  0];
PB=[0 0 0 0 0;CS 0 0 0 0;SN 0 0 0 0;
    0 0 0 0 0;0 CS 0 0 0;0 SN 0 0 0;
    0 0 0 0 0;0 0 CS 0 0;0 0 SN 0 0];
```

```
% TR は式 (4.55) の [R] の転置
TR=[0 CS*SN -SN^2;0 -SN*CS -CS^2;
    0 SN^2-CS^2 2*SN*CS;
    -SN 0 0 ; CS 0 0];
% 式 (4.55) の x,y を線積分したうちの
%   t の 0 次項が EA, 1 次項が EB
EA=[0.5 R/12 0   0.5 -R/12 0
    -1/R 0   0   1/R  0   0
    0    0   0.5 0    0   0.5];
EB=[0.15 R/30 0 0.35 -R/20 0
    -0.5/R -1/12 0 0.5/R 1/12 0
    0    0   1/6 0    0   1/3];
SEKI=SEKIBUN(CS,SN,IVIP);
E1=EA * SEKI;E2=EB * SEKI;
W=PA * TR;V=PB * TR;
T1=W * E1;T2=V * E2;
TI=T1+T2*R;BUS=R*TT*TT*2/3;
TI=BUS*TI;
********  SEKIBUN.m ********************
function [SEKI]=SEKIBUN(CS,SN,IVIP)
% W は式 (4.52) の [L2]
W=[1 0 0 0 0 0;0 CS SN 0 0 0;
    0 -SN CS 0 0 0;0 0 0 1 0 0;
    0 0 0 0 CS SN;0 0 0 0 -SN CS];
A=0;B=0;C=0;
if (IVIP == 1)
  A=1;
  else
   if(IVIP == 2)
    B=1;
    else
     C=1;
    end
  end
% ABC 行列をかけることにより三角形の 3 節点から
%   2 節点の直線部分を抜き出す
ABC=[A 0 0 B 0 0 C 0 0;0 A 0 0 B 0 0 C 0;
     0 0 A 0 0 B 0 0 C;C 0 0 A 0 0 B 0 0;
     0 C 0 0 A 0 0 B 0;0 0 C 0 0 A 0 0 B];
SEKI=W * ABC;
********サブスペース法 SUBSPA.m ***************
function[F,RAMDA,ITE]=SUBSPA(K,M,N,NEIG)
% 入力：剛性行列，質量行列，行列の次元，求める固有値の個数
% 出力：固有振動数，それに対応する固有モード，反復回数
% 理論は 7.3 節参照
RAMDA=zeros(NEIG,1);
```

```
F=rand(N,NEIG);   %初期固有ベクトルをランダム数で入力
Y=zeros(N,NEIG);
for ITE=1:50   %最大50回の反復計算
 RAMOLD=RAMDA;Z=M * F;
  for I=1:NEIG
   YI=K\Z(1:N,I);Y(1:N,I)=YI;
  end
 KG=Y' * K * Y;MG=Y' * M * Y;
  %小さな行列に変換した固有値問題をJacobi法で解く
 [V,D]=eig(KG,MG); % V:固有ベクトル，D:対角項が固有値
% OCTAVEなどを使うときにはここでエラーが出るので
%    対処法は本章の最後に示す
  for I=1:NEIG
   RAMDA(I,1)=real(D(I,I));
  end
 HAN=abs((RAMDA-RAMOLD)/RAMDA);
 if max(HAN)<=0.00002 , break,end   %収束判定
F=real(Y * V);
 for I=1:NEIG
  FMAX=max(abs(F(1:N,I)));
  F(1:N,I)=F(1:N,I)/FMAX;
 end
end
****** モード表示用プログラム MODESH.m ********
%      (NMがモード次数，0の場合静止図)
function [FREQHZ]=MODESH(NM,MODE,FRQ,XYZ,KAKOM)
XX=XYZ(:,1);YY=XYZ(:,2);ZZ=XYZ(:,3);
NELT=size(KAKOM,1);NODT=size(XX,1);NT=3*NODT;
AMP=0;FREQHZ=0;
 for NE=1:NELT
   IN=KAKOM(NE,1);
     XI=XX(IN);YI=YY(IN);ZI=ZZ(IN);
   JN=KAKOM(NE,2);
     XJ=XX(JN);YJ=YY(JN);ZJ=ZZ(JN);
   KN=KAKOM(NE,3);
     XK=XX(KN);YK=YY(KN);ZK=ZZ(KN);
   X=[XI,XJ,XK,XI];Y=[YI,YJ,YK,YI];Z=[ZI,ZJ,ZK,ZI];
  plot3(X,Y,Z,':'),hold on
 end
if NM==0 %静止図を要素ごとに描画した
else %座標に変形量を加えて要素ごとに描画する
 FREQHZ=FRQ(NM,1);SHI=reshape(MODE(1:NT,NM),3,NODT)';
LX=max(XX)-min(XX);LY=max(YY)-min(YY);%変形量最大値
LZ=max(ZZ)-min(ZZ);LEN=max([LX,LY,LZ]);
 WS=SHI(:,1);AMP=0.1*LEN;%AMPで変形量の大きさを調整
%
```

```
XS=XX; YS=YY; ZS=ZZ+WS*AMP;
for NE=1:NELT
  IN=KAKOM(NE,1);
    XI=XS(IN);YI=YS(IN);ZI=ZS(IN);
  JN=KAKOM(NE,2);
    XJ=XS(JN);YJ=YS(JN);ZJ=ZS(JN);
  KN=KAKOM(NE,3);
    XK=XS(KN);YK=YS(KN);ZK=ZS(KN);
  X=[XI,XJ,XK,XI];Y=[YI,YJ,YK,YI];Z=[ZI,ZJ,ZK,ZI];
  plot3(X,Y,Z),hold on
 end
end
axis('equal')
hold off
----------------------------------------------
```

表 8.2 SMAT9V のサブルーチンの機能説明

ファイル名	機能
MAIN	メインプログラム．DATAIN1 や DATAIN2 をよぶ．
DATAIN1	図 8.1 の例題のデータ入力．N に要素分割数を入力すれば自動的にメッシュ分割する．
DATAIN2	図 8.2 の(a)のデータ入力．
ASMAT	要素行列を全体行列に並べる．
STIFF	要素剛性行列の計算．
MASSM	要素質量行列を計算し，要素の質量を 1/3 ずつ各節点に振り分けただけの集中質量行列を出力する．
PREREA1	境界条件の導入．拘束された自由度の行と列を削除する．
ARRMAT1	振動解析後，PREREA1 で削除した拘束自由度に対応する固有振動モード成分に 0 を入力する．
HMAT	（ハイブリッド応力法で必要となる計算）
TRMAR	（ハイブリッド応力法で必要となる計算）
TIMAT	（ハイブリッド応力法で必要となる計算）
SEKIBUN	（ハイブリッド応力法で必要となる計算）
SUBSPA	サブスペース法による $[K][F]=[RAMDA][M][F]$ の固有値解析を行う．
MODESH	静止図，モード図を表示する独立したプログラム．メインプログラムを走らせた後で使用する．

8.4　3 次元骨組構造振動解析

　ここで示すのは，3 次元立体ラーメンの固有振動解析プログラム BEAM3V である．理論の具体的なプログラム化の説明が主目的であるので，記憶容量と計算速度は無視している．また，行列の格納は正方行列で，バンドマトリックス化されていない．プロ

8.4 3次元骨組構造振動解析 *143*

グラムリストは 8.4.5 項にあるが,まず,具体的な解析例を次に示す.

8.4.1 入力データに関する説明

主に DATAIN のファイルで与えなければならないデータについて説明する.

NODT 全節点の数(入力する必要はない).
NELT 全要素の数(入力する必要はない).
NEIG ほしい固有振動モードの数.
NFREE 1のとき拘束なし.0のとき必ず KOTEI に境界条件のデータを入力しなければならない.
FRQO FRQO(単位 Hz)に近い順に固有値が計算される.拘束のない構造であれば0以外の値を入力する.
XX, YY, ZZ 節点の X, Y, Z 座標.それぞれ NODT × 1 のベクトルとなる.
KAKOM たとえば第5行目に4 7と入力すると,要素番号5のはり要素が節点4,7をつないで構成される.KAKOM は NELT × 2 の行列となる.
KOTEI 節点の6個の自由度 u, v, w, β_x, β_y, β_z に対応する境界条件を入力する.拘束するのであれば1が,自由なら0が入る.たとえば,節点4を固定とするなら4 1 1 1 1 1 1とする.KOTEI は,境界条件が設定される点の数を NF とすれば,NF × 7 の行列となる.
EA, EIY, EIZ, RA, GJ, RI 要素行列の式 (3.20) と式 (7.27) における EA, EI_y, EI_z, ρA, GJ, ρI_p を入力する.

8.4.2 出力データに関する説明

メインルーチンを実行した後の出力データについて説明を行う.

FRQ NEIG 個の計算された固有振動数(単位 Hz).
MODE FRQ に対応する固有振動モード.全自由度数を NT = NODT × 6 として NT × NEIG の行列.
XX, YY, ZZ 節点の x, y, z 座標.モード表示のため必要.
KAKOM 入力データそのままの KAKOM.モード表示のため必要.

8.4.3 下端固定のフレームの例題

図 **8.3**(a)に示すような机形状のフレーム[21]で,下端(節点番号1, 2, 3, 4)を固定したときの入力データをプログラム 8.4 に示す.MAIN の中では,入力ファイルとして DATA3 をよぶようにしておいて

144　第8章　振動解析プログラムの実際

```
[MODE,FRQ,TMM,XX,YY,ZZ,KAKOM]=MAIN(0,8);
```

と実行すれば，8個の固有振動数と固有振動モードが得られる．振動数を表8.3に，振動モードを図8.3（b）〜（d）に示す．左右対称構造なので，同じ固有振動数のものが計算される．表8.3では集中質量行列と整合質量行列とを使って比較を行っている．分割数が粗いので，両者で1%程度の差異が出ている．

（a）要素分割と節点番号　　（b）1次モード

（c）3次モード　　（d）4次モード

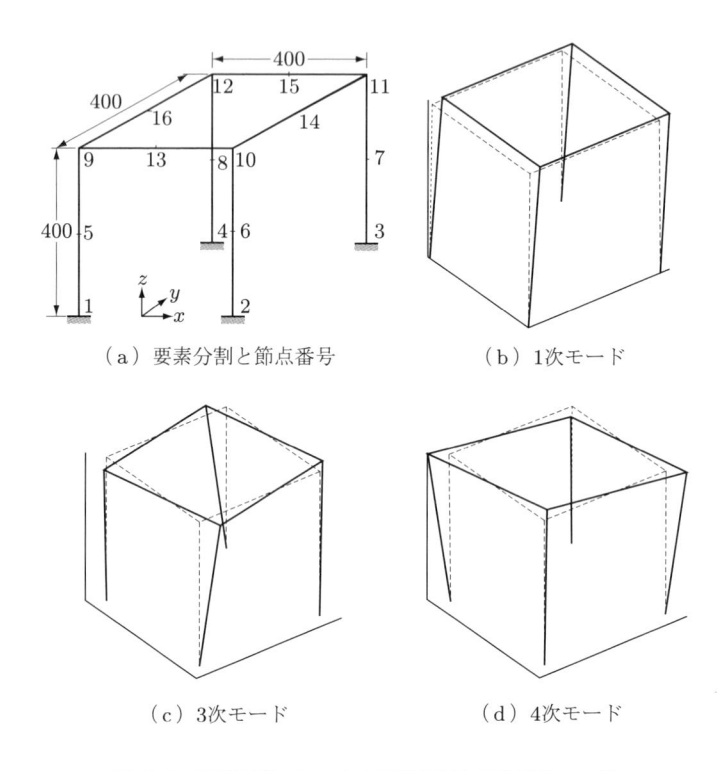

図8.3　下端固定フレームの要素分割と固有振動モード

（プログラム8.4　フレームの入力ファイル）

```
****** 机状フレームの入力 : DATAIN3.m *****************
function[XX,YY,ZZ,KAKOM,NFREE,TEISUU,KOTEI]=DATAIN3
NELT=16;NODT=16;%全要素数と全節点数
XX=100*[0 4 4 0 0 4 4 0 0 4 4 0 2 4 2 0];% 各節点のx座標
YY=100*[0 0 4 4 0 0 4 4 0 0 4 4 0 2 4 2];% 各節点のy座標
ZZ=100*[0 0 0 0 2 2 2 2 4 4 4 4 4 4 4 4];% 各節点のz座標
```

```
KAKOM=[1 5;5 9;2 6;6 10;3 7;7 11;4 8;8 12;9 13
       13 10;10 14;14 11;11 15;15 12;12 16;16 9];%要素のつなぎ
% 拘束なしのとき，NFREE=1
% 拘束ありのとき，NFREE=0 で KOTEI を入力する．
  NFREE=0;
  KOTEI=[1 1 1 1 1 1 1
         2 1 1 1 1 1 1
         3 1 1 1 1 1 1
         4 1 1 1 1 1 1];%節点1,2,3,4を固定
TEISUU=zeros(NELT,6);
for NE=1:NELT
   EA=1.055E6;EIY=4.222E6;EIZ=EIY;%伸び剛性，曲げ剛性
%単位長さ当たりの質量，ねじり剛性，ねじりに対する回転慣性
   RA=3.971E-8;GJ=3.378E6;RI=3.177E-7;
TEISUU(NE,:)=[EA EIY EIZ RA GJ RI];
end
```

表 8.3 下端固定フレームの固有振動数

モード次数	整合質量行列	集中質量行列
1	25.8	25.6
2	25.8	25.6
3	33.1	31.5
4	56.6	55.9
5	109.3	106.9
6	130.4	126.4

8.4.4 空間に浮かんだ骨組構造の振動の例題

図 8.4(a)に示すような，長さ10m，断面1m×1mの骨組構造[22]が空間に浮かんでいる場合（拘束なし）の振動解析例を示す．10個のベイで構成されているので，入力データファイル DATAIN4 では，規則性を考慮して節点の座標値と要素のつなぎをプログラムで作成している．最初の2個のベイのつなぎを図 8.5 に示す．縦方向の主部材と，斜め部材および正方形を構成する部材の断面定数は同一とはしていない．全部で 44 節点，136 要素の 264 自由度の系となる．計算結果を図 8.4(b)〜(d)に示す．

(a) 静止図

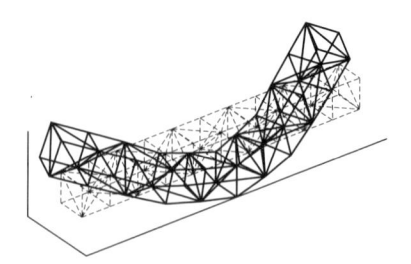

(b) 1次モード12.7 Hz（2次モードも同じ振動数でxy平面曲げ）

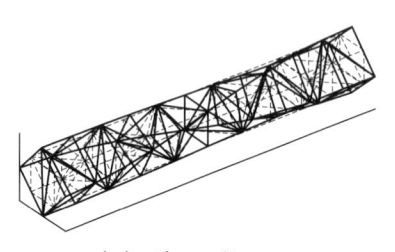

(c) 3次モード14.9 Hz

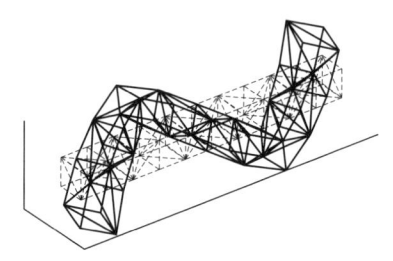

(d) 5次モード27.1 Hz（4次モードも同じ振動数でxy平面曲げ）

図 8.4　空間に浮かんだ骨組構造の振動

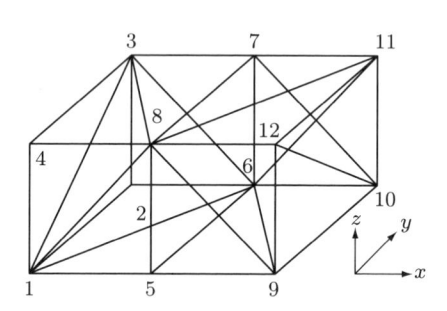

図 8.5　骨組 1 単位 (2 ベイ分) の要素の構成

（プログラム 8.5　空間浮遊フレームの入力ファイル）

```
******* 空間浮遊フレームの入力 : DATAIN4.m　******
function[XX,YY,ZZ,KAKOM,NFREE,TEISUU,KOTEI]=DATAIN4
% FREE-FREE Frame Structure
L=1;NBAY=5;
```

8.4 3次元骨組構造振動解析

```
NODT=(NBAY*2+1)*4;
XX=zeros(NODT,1);YY=XX;ZZ=XX;
XX(1:4)=[0 0 0 0];YY(1:4)=[0 L L 0];ZZ(1:4)=[0 0 L L];
for I=1:(NBAY*2)
NN=I*4+(1:4);
XX(NN)=[0 0 0 0]+(I*L);YY(NN)=YY(1:4);ZZ(NN)=ZZ(1:4);
end
KAKOM=zeros((13*NBAY*2+5),2);
KAKOM(1:13,:)=[1 2;2 3;3 4;4 1;1 5;2 6;3 7;4 8;
1 6;3 6;3 8;1 8;1 3];
KAKOM(14:26,:)=[5 6;6 7;7 8;8 5;5 9;6 10;7 11;8 12;
 6 9;6 11;8 11;8 9;8 6];
for I=1:(NBAY-1)
    NN=(1:26)+I*26;N13=(I+1)*26;
    KAKOM(NN,:)=KAKOM(1:26,:)+I*8;
end
NEND=[1 2 3 4 5]+NBAY*26;NN=NBAY*8+1;
KAKOM(NEND,:)=[NN (NN+1);(NN+1) (NN+2);
               (NN+2) (NN+3);(NN+3) NN;NN (NN+2)];
% 拘束なしのとき，NFREE=1
% 拘束ありのとき，NFREE=0 で KOTEI を入力する．
NFREE=1;
% 固定-自由のとき
% (この例題では NFREE=1 なので KOTEI はあとで無視される)
KOTEI=[1 1 1 1 1 1 1;2 1 1 1 1 1 1;
       3 1 1 1 1 1 1;4 1 1 1 1 1 1];
% (よって KOTEI は入力しなくてもよい．ここでは見本)
% 境界条件入力終了
NELT=size(KAKOM,1);%全要素数
NODT=size(XX,1);%全節点数
NT=6*NODT;%解析自由度 (1節点6自由度)
ELEMENT=0*(1:NELT);
for II=1:(2*NBAY)
 I1=(II-1)*13+(5:8);
 ELEMENT(I1)=[1 1 1 1];
end
%  TEISUU=[EA EIY EIZ RA GJ RI];
TEISUU=zeros(NELT,6);
%ヤング率，横弾性係数，RA と RI 入力の定数
EY=7.0E10;GG=3.0E10;RHR=30000;
for IN=1:NELT
 if ELEMENT(IN)==1
   TEISUU(IN,(1:3))=EY*[0.0003 1.5E-8 1.5E-8];
   TEISUU(IN,(4:6))=[RHR*0.0003 GG*3E-8 RHR*3E-8];
 else
   TEISUU(IN,(1:3))=EY*[0.0002 1E-8 1E-8];
```

```
    TEISUU(IN,(4:6))=[RHR*0.0002 GG*2E-8 RHR*2E-8];
  end
end
------------------------------------------------
```

8.4.5 3次元骨組構造の振動解析のプログラムリスト

まず，最初にサブルーチンの機能を表 8.4 にまとめる．

表 8.4 BEAM3V のサブルーチンの機能説明

ファイル名	機能
MAIN	メインプログラム．DATAIN3 や DATAIN4 をよぶ．
DATAIN1	図 8.3(a) の例題のデータ入力．
DATAIN4	図 8.4(a) の例題のデータ入力．
ARRMAT1	振動解析後，PREREA1 で削除した拘束自由度に対応する固有振動モード成分に 0 を入力する．
ASMAT	要素行列を並べて全体行列を作る．
PREREA1	境界条件の導入．拘束された自由度の行と列を削除する．
SKMAT	要素剛性行列を計算する．
BQMAT	要素質量行列を計算する．内部で ILUMP=1 とすれば集中質量行列となり，ILUMP=0 とすれば整合質量行列となる．
SUBSPA	サブスペース法による $[K][F]=[RAMDA][M][F]$ の固有値解析を行う．
MODESH	静止図，モード図を表示する独立したプログラム．メインプログラムを走らせた後で使用する．

(プログラム 8.6 3次元骨組構造解析プログラム本体：BEAM3V)

```
********* BEAM3V のメインプログラム ： MAIN.m *****************
function [MODE,FRQ,TMM,XX,YY,ZZ,KAKOM]=MAIN(FRQO,NEIG)
%入力：振動数のシフト量（予想される最低固有振動数），求める固有値の数
% DYNAMIC PROBLEM OF 3-DIMENSIONAL BEAM STRUCTURE
%  ++++++++++ data input +++++++++++++++++
[XX,YY,ZZ,KAKOM,NFREE,TEISUU,KOTEI]=DATAIN4;%入力データ
NELT=size(KAKOM,1);NODT=size(XX,1);
if NODT==1
  NODT=size(XX,2);
 else
end
NT=NODT*6;   %解析自由度（1 節点 6 自由度）
```

8.4 3次元骨組構造振動解析

```
% ------- end (data input) ------------
% 全体剛性行列と全体質量行列の初期化
 TK=zeros(NT,NT);
 TM=zeros(NT,NT);
%
% +++++++ element assembly +++++++++++++
for NE=1:NELT  %各要素についての[K]と[M]を計算して
%                全体座標系に変換し[TK][TM]に組み込む
EA=TEISUU(NE,1);EIY=TEISUU(NE,2);EIZ=TEISUU(NE,3);
RA=TEISUU(NE,4);GJ=TEISUU(NE,5);RI=TEISUU(NE,6);%各要素の物性と断面定数
   IN=KAKOM(NE,1);
     XI=XX(IN);YI=YY(IN);ZI=ZZ(IN);
   JN=KAKOM(NE,2);
     XJ=XX(JN);YJ=YY(JN);ZJ=ZZ(JN);
   [HEN,FL]=HENKA1(XI,XJ,YI,YJ,ZI,ZJ);%座標変換行列
   [CK]=SKMAT(FL,RA,EA,EIZ,EIY,GJ,RI);%要素剛性行列
     CK=HEN' * CK * HEN;  %全体座標系への変換
   K1=((KAKOM(NE,1)-1)*6)+(1:6);
   K2=((KAKOM(NE,2)-1)*6)+(1:6);
  TK(K1,K1)=TK(K1,K1)+CK(1:6,1:6);
  TK(K1,K2)=TK(K1,K2)+CK(1:6,7:12);
  TK(K2,K2)=TK(K2,K2)+CK(7:12,7:12);
  TK(K2,K1)=TK(K2,K1)+CK(7:12,1:6);%全体剛性行列への組み込み
   [CM]=BQMAT(FL,RA,RI);%要素質量行列の計算
     CM=HEN' * CM * HEN;%全体座標系への変換
   K1=((KAKOM(NE,1)-1)*6)+(1:6);
   K2=((KAKOM(NE,2)-1)*6)+(1:6);
  TM(K1,K1)=TM(K1,K1)+CM(1:6,1:6);
  TM(K1,K2)=TM(K1,K2)+CM(1:6,7:12);
  TM(K2,K2)=TM(K2,K2)+CM(7:12,7:12);
  TM(K2,K1)=TM(K2,K1)+CM(7:12,1:6);%全体質量行列への組み込み
%
end
% -------- end (assembly) ---------------
TMM=TM;%あとで全体質量行列を使うときのために別名で保存
% TMはあとの計算において壊されるので
% +++++++ boundary condition ++++++++++++
%拘束条件のある自由度の行と列を削除する
if NFREE==1
 MM=NT;
 KY=1:NT;
else
 [TK,MM,KY]=PREREA1(TK,NT,KOTEI);
 [TM,MM,KY]=PREREA1(TM,NT,KOTEI);
end
% ------- end (boundary) ----------------
```

```
% ++++++++ solver ++++++++++++++++++++++++
SHIFT=(2*3.1415926*FRQ0)^2;%固有値のシフト
TK=TK-SHIFT*TM;% 式(7.14)
[VEC,RAMDA]=SUBSPA(TK,TM,MM,NEIG);%サブスペース法
 FRQ=zeros(NEIG,1);
for J=1:NEIG
 FRQ(J,1)=sqrt(abs(SHIFT+RAMDA(J,1)));
 FRQ(J,1)=FRQ(J,1)/2.0/3.1415926;%シフト量を元に戻す
end
% -------- end (solve) ------------------
MODE=zeros(NT,NEIG);
% ++++++++++ rearrangement ++++++++++++++
%拘束されていた自由度の行と列に 0 を入れる
for NE=1:NEIG
B=VEC(1:MM,NE);
 if NFREE==1
  MODE(1:NT,NE)=B;
 else
  B=B';
  [B]=ARRMAT1(B,NT,MM,KY); MODE(1:NT,NE)=B';
 end
end
%FRQ に固有振動数, MODE に固有振動ベクトルが入る
--------------------------------------------------
** 境界条件を導入して縮小された行列を作る : PREREA1.m **
% (板のプログラムの PREREA1 と同じであるため注省略)
function [TK,MM,KY]=PREREA1(TK,NT,KOTEI)
[NFIX,K]=size(KOTEI);    III=0;
 for N=1:NFIX
  NODE=KOTEI(N,1);
    for JI=2:7
     if KOTEI(N,JI) ~=0
      III=III+1;   KY(III)=((NODE-1)*6-1)+JI;
     else
     end
    end
 end
NOFIX=III;
INDEX=1:NT;
  INDEX(KY)=zeros(size(KY));MM=0;
 for N=1:NT
  if INDEX(N) ~= 0
   MM=MM+1; INDEX(MM)=N;
  else
  end
 end
```

8.4　3次元骨組構造振動解析

```
%
INDEX=INDEX(1:MM);TK=TK(INDEX,INDEX);
--------------------------------------------------
** 解析後の拘束条件をモード行列に戻す: ARRMAT1.m ***
%  (板のプログラムの ARRMAT1 と同じであるため注省略)
function [A]=ARRMAT1(B,NT,MM,KY)
NS=size(KY);
LL=0;
 for NI=1:NT
   LL=LL+1;
    if sum(NI==KY)==1
      A(NI)=0;
      LL=LL-1;
    else
      A(NI)=B(LL);
    end
 end
--------------------------------------------------
************ 要素の剛性行列 : SKMAT.m *********
function [ck]=SKMAT(L,RA,EA,EIZ,EIY,GJ,RI)
%式 (3.20) をそのまま記述
L2=L*L;
L3=L2*L;
ck=zeros(12,12);
ck(1,1)=EA/L;ck(1,7)=-EA/L; ck(7,1)=ck(1,7);
ck(2,2)=12*EIZ/L3;ck(2,6)=6*EIZ/L2; ck(6,2)=ck(2,6);
ck(2,8)=-12*EIZ/L3; ck(8,2)=ck(2,8);ck(2,12)=6*EIZ/L2;
 ck(12,2)=ck(2,12);ck(3,3)=12*EIY/L3;ck(3,5)=-6*EIY/L2;
 ck(5,3)=ck(3,5);ck(3,9)=-12*EIY/L3; ck(9,3)=ck(3,9);
ck(3,11)=-6*EIY/L2; ck(11,3)=ck(3,11);ck(4,4)=GJ/L;
ck(4,10)=-GJ/L; ck(10,4)=ck(4,10);ck(5,5)=4*EIY/L;
ck(5,9)=6*EIY/L2; ck(9,5)=ck(5,9);ck(5,11)=2*EIY/L;
 ck(11,5)=ck(5,11);ck(6,6)=4*EIZ/L;ck(6,8)=-6*EIZ/L2;
 ck(8,6)=ck(6,8);ck(6,12)=2*EIZ/L; ck(12,6)=ck(6,12);
ck(7,7)=EA/L;ck(8,8)=12*EIZ/L3;ck(8,12)=-6*EIZ/L2;
 ck(12,8)=ck(8,12);ck(9,9)=12*EIY/L3;ck(9,11)=6*EIY/L2;
 ck(11,9)=ck(9,11);ck(10,10)=GJ/L;ck(11,11)=4*EIY/L;
ck(12,12)=4*EIZ/L;
--------------------------------------------------
************ 要素の質量行列 : BQMAT.m ***********
function [cm]=BQMAT(L,RA,RI)
L2=L*L;
cm=zeros(12,12);
% --- input 1 or 0 for ILUMP ----
   ILUMP=1; % Lumped mass matrix 式 (7.20),(7.23),(7.24)
% ILUMP=0; % Consistent mass matrix 式 (7.27)
```

```
%
if ILUMP==0
  cm(8,8)=156;cm(9,9)=156;cm(5,5)=4*L2;cm(6,6)=4*L2;
  cm(11,11)=4*L2;cm(12,12)=4*L2;cm(2,2)=156;
  cm(1,1)=140;cm(7,7)=140;cm(7,1)=70;cm(1,7)=70;
  cm(5,3)=-22*L; cm(3,5)=cm(5,3);cm(3,3)=156;
  cm(12,8)=-22*L; cm(8,12)=cm(12,8);
  cm(6,2)=22*L; cm(2,6)=cm(6,2);
  cm(11,9)=22*L; cm(9,11)=cm(11,9);
  cm(8,2)=54;cm(2,8)=54;cm(9,3)=54;cm(3,9)=54;
  cm(12,2)=-13*L; cm(2,12)=cm(12,2);
  cm(9,5)=-13*L; cm(5,9)=cm(9,5);
  cm(11,3)=13*L; cm(3,11)=cm(11,3);
  cm(8,6)=13*L; cm(6,8)=cm(8,6);
  cm(11,5)=-3*L2; cm(5,11)=cm(11,5);
  cm(12,6)=-3*L2; cm(6,12)=cm(12,6);
  cm(4,4)=140*RI/RA;cm(10,10)=140*RI/RA;
  cm(4,10)=70*RI/RA;cm(10,4)=70*RI/RA;
else
  cm(1,1)=210;cm(7,7)=210;cm(2,2)=210;cm(3,3)=210;
  cm(8,8)=210;cm(9,9)=210;cm(5,5)=L2;cm(6,6)=L2;
  cm(11,11)=L2;cm(12,12)=L2;
  cm(4,4)=210*RI/RA;cm(10,10)=210*RI/RA;
end
cm=cm*(RA*L/420);
-------------------------------------------------
****** 全体座標系への変換行列 : HENKA1.m *********
%式(3.21)とそのあとの説明参照のこと
function [h,fl]=HENKA1(xi,xj,yi,yj,zi,zj)
h=zeros(12,12);
fl=sqrt((xj-xi)^2+(yj-yi)^2+(zj-zi)^2);
if xi ~= xj | yi ~= yj
  h(1,1)=(xj-xi)/fl;  h(1,2)=(yj-yi)/fl;
  h(1,3)=(zj-zi)/fl;
  ff2=sqrt(h(1,2)^2+h(1,1)^2);
  h(2,1)=-h(1,2)/ff2;h(2,2)=h(1,1)/ff2;
  h(3,1)=-h(1,3)*h(2,2);h(3,2)=h(1,3)*h(2,1);
  h(3,3)=ff2;
else
% ---------- modified --------------
    if zj < zi
       h(1,3)=-1.0;h(2,1)=-1.0;h(3,2)=1.0;
    else
       h(1,3)=1.0;h(2,1)=1.0;h(3,2)=1.0;
    end
%-------------------------
```

```
    end
      for ni=1:3
        for nj=1:3
          i3=ni+3;j3=nj+3;i6=ni+6;
          j6=nj+6;i9=ni+9;j9=nj+9;
          h(i3,j3)=h(ni,nj);h(i6,j6)=h(ni,nj);
          h(i9,j9)=h(ni,nj);
        end
      end
```

*** 固有値解析（サブスペース法） : SUBSPA.m ******
```
function[F,RAMDA,ITE]=SUBSPA(K,M,N,NEIG)
% （板のプログラムのSUBSPAと同じであるため注省略）
RAMDA=zeros(NEIG,1);F=rand(N,NEIG);Y=zeros(N,NEIG);
for ITE=1:50
 RAMOLD=RAMDA;
 Z=M * F;
  for I=1:NEIG
   YI=K\Z(1:N,I);Y(1:N,I)=YI;
  end
 KG=Y' * K * Y;MG=Y' * M * Y;
 [V,D]=eig(KG,MG);
  for I=1:NEIG
   RAMDA(I,1)=real(D(I,I));
  end
 HAN=abs((RAMDA-RAMOLD)/RAMDA);
 if max(HAN)<=0.00002 , break,end
F=real(Y * V);
 for I=1:NEIG
  FMAX=max(abs(F(1:N,I)));F(1:N,I)=F(1:N,I)/FMAX;
 end
end
```

***** 振動モード表示プログラム MODESH.m ***********
```
% （板のプログラムのMODESHと自由度が違うだけであるため注省略）
function [FREQHZ]= MODESH(NM,MODE,FRQ,XX,YY,ZZ,KAKOM)
NELT=size(KAKOM,1);NODT=size(XX,2);
if NODT==1
 NODT=size(XX,1);
 XX=XX';YY=YY';ZZ=ZZ';
 else
end
NT=6*NODT;AMP=0;FREQHZ=0;
 for NE=1:NELT
   IN=KAKOM(NE,1);
     XI=XX(IN);YI=YY(IN);ZI=ZZ(IN);
```

```
     JN=KAKOM(NE,2);
      XJ=XX(JN);YJ=YY(JN);ZJ=ZZ(JN);
    X=[XI,XJ];Y=[YI,YJ];Z=[ZI,ZJ];
   plot3(X,Y,Z,':'),hold on
  end
 if NM==0
 else
  FREQHZ=FRQ(NM,1); SHI=reshape(MODE(1:NT,NM),6,NODT)';
  LX=max(XX)-min(XX);LY=max(YY)-min(YY);LZ=max(ZZ)-min(ZZ);
  LEN=max([LX,LY,LZ]);AMP=0.1*LEN;
  XS=SHI(1:NODT,1)'; YS=SHI(1:NODT,2)'; ZS=SHI(1:NODT,3)';
  XS=XX+XS*AMP; YS=YY+YS*AMP; ZS=ZZ+ZS*AMP;
   for NE=1:NELT
     IN=KAKOM(NE,1);
      XI=XS(IN);YI=YS(IN);ZI=ZS(IN);
     JN=KAKOM(NE,2);
      XJ=XS(JN);YJ=YS(JN);ZJ=ZS(JN);
    X=[XI,XJ];Y=[YI,YJ];Z=[ZI,ZJ];
   plot3(X,Y,Z),hold on
  end
 end
 axis('equal')
 hold off
```

8.5 固有値計算法（Octave などを使うとき）

本節は，MATLAB を使っている人には不要である．Octave などの互換プログラムを使っている人のための追加説明である．

本書では，固有値計算アルゴリズムとしてプログラムの中ではサブスペース法を採用している．サブスペース法では，大きな自由度の問題をほしい固有値の数の小さな自由度の固有値問題に変換して，ヤコビ法で最終的に固有値を求めている．SMAT9V と BEAM3V とのプログラムでは，いずれも

[V,D]=eig(KG,MG)

をよんでいるが，これは，

$$[K]\{\phi\} = \omega^2[M]\{\phi\} \qquad (8.1)$$

または，書き換えて

8.5 固有値計算法（Octave などを使うとき）

$$[K_G][V] = [D][M_G][V]$$

の形の固有値問題を解いている．ここに $[V]$ は固有ベクトル行列で，$[D]$ の対角項がそれに対応する固有値である．MATLAB と互換の Octave や Scilab にはこの KM 型の固有値の関数はないので，標準型

$$[A]\{\phi\} = \lambda[I]\{\phi\} \tag{8.2}$$

の固有値計算の関数 eig しか使えない．標準型において $[I]$ は単位行列，$[A]$ は任意の行列でよいが，対称行列であれば，多くの固有値計算法が使える．したがって，KM 型の固有値問題が解けるプログラムを作って，サブスペース法 SUBSPA の中の [V,D]=eig(KG,MG) をプログラム 8.7 に示す [V,D]=eigkm(KG,MG) に置き換える．内部で使っている schur は，行列 K の逆行列を計算する代わりに行列の三角分解を使ったので三角分解関数であり，eig は，Octave の中の標準型の固有値問題の関数である．

（プログラム 8.7 一般化固有値問題の関数）

```
function[VEC,RAM]=eigkm(TK,TM)
% for OCTAVE TK VEC=RAM TM VEC
[U,S]=schur(TM,"u");%三角分解
L=U*(real(sqrt(S)));
LI=inv(L);
H=LI*TK*(LI');
[V,RAM]=eig(H);%標準型固有値問題解法
VEC=real((LI')*V);%固有ベクトル
```

プログラム 8.7 のアルゴリズムを説明する．$[A]$ が対称行列の標準型であればヤコビ法が使えるので，式 (8.1) を式 (8.2) に変換する．$[K]$ の逆行列をとって

$$[K]^{-1}[M]\{\phi\} = \frac{1}{\omega^2}\{\phi\} \tag{8.3}$$

とすれば式 (8.2) の形にはなるが，$[K]^{-1}M$ は対称行列ではない．$[K]^{-1}[M]$ を対称行列とするため，$[K]$ を三角行列 $[L]$ に分解して

$$[K] = [L][L]^T \tag{8.4}$$

とできる．$[K]$ の逆行列をとって次のような変形を行う．式 (8.4) を式 (8.3) に代入すると

$$([L][L]^T)^{-1}[M]\{\phi\} = \lambda\{\phi\}$$

であるので，左から $[L]^T$ を両辺にかけて

$$[L]^{-1}[M]\{\phi\} = \lambda [L]^T\{\phi\}$$

となる．ここで，

$$[L]^T\{\phi\} = \{z\}, \quad [H] = [L]^{-1}[M][L]^{-T}$$

と変換すれば $[H]$ は対称行列となり，

$$[H]\{z\} = \lambda\{z\} \tag{8.5}$$

となって対称行列の固有値問題に変換できる．固有ベクトルは計算後

$$\{\phi\} = [L]^{-1}\{z\} \tag{8.6}$$

を使って元に戻す．

第9章 過渡応答と衝撃

本章では，実際に構造に加わる動的な荷重を想定し，まず，応答解析の手法を示す．さまざまな外力や機械基盤の動きに対して，機械構造物がどのように応答するかということを調べる．外力が特定の振動数範囲で定常的に加振される場合には共振に気をつければよいが，衝撃や地震動などのような過渡的な外力に対しては，共振以外の応答も重要となる．後半では応答スペクトルについて紹介する．実際問題としては，応答の時系列よりも，機械構造が壊れるか壊れないか，すなわち，構造物の応答の最大値が最も知りたい値である．応答スペクトルとは，このような応答の最大値を，機械構造の固有振動数に対してプロットしたスペクトルである．とくに衝撃については，衝撃応答スペクトルとよばれている．

9.1 時系列解析

時系列解析とは，振動方程式

$$ku + c\dot{u} + m\ddot{u} = f(t) \tag{9.1}$$

を直接，時間軸上で解いていくものである．つまり，加速度は速度の微分，速度は変位の微分であることを，微分を差分に置き換えて計算していくものであり，差分の取り方により種々の方法がある．

常微分方程式の一般解法として**ルンゲ-クッタ-ギル** (Runge-Kutta-Gill) **法**があるが，振動問題は2階の常微分方程式であるので，1階の微分方程式に変換しなければならず，解くべき自由度の数が2倍になる．そこで代わりに，その特質を利用して考えられたのが

- ニューマーク (Newmark) の β 法
- フーボルト (Houbolt) 法
- ウィルソン (Wilson) の θ 法

の三つである．これらの中で，ニューマークの β 法で $\beta = 1/6$ としたものは**線形加速度法**とよばれ，最もよく使われる．まず，線形加速度法から説明する．

9.1.1 線形加速度法

まず，変位を $u(t)$ として微小時間増分を $\Delta t = T$ とすると，$u(t+T)$ はテイラー展開により

$$u(t+T) = u(t) + T\dot{u}(t) + \frac{T^2}{2}\ddot{u}(t) + \frac{T^3}{6}\dddot{u}(t) + \cdots \tag{9.2}$$

と無限級数となる．これを有限項で打ち切って T^3 項を

$$\dddot{u}(t) = \frac{\ddot{u}(t+T) - \ddot{u}(t)}{T}$$

と近似すると，

$$u(t+T) = u(t) + T\dot{u}(t) + \frac{T^2}{3}\ddot{u}(t) + \frac{T^2}{6}\ddot{u}(t+T)$$

とできる．速度については，

$$\dot{u}(t+T) = \dot{u}(t) + T\frac{\ddot{u}(t) + \ddot{u}(t+T)}{2} \tag{9.3}$$

とする．加速度は，振動方程式 (9.1) に，ここで導いた速度と変位を代入して，

$$\ddot{u}(t+T) = \left(m + \frac{T}{2}c + \frac{T^2}{6}k\right)^{-1}\Bigg[f(t+T)$$
$$-c\left\{\dot{u}(t) + \frac{T}{2}\ddot{u}(t)\right\} - k\left\{u(t) + T\dot{u}(t) + \frac{T^2}{3}\ddot{u}(t)\right\}\Bigg] \tag{9.4}$$

となる．

実際の計算手順としては，速度，加速度，変位に初期値（初期条件）を与え，T に十分小さな値を与えて式 (9.2), (9.3), (9.4) を逐次解いていく．T の値としては，そのシステムが持っている固有周期の 1/5 以下，できれば 1/10 程度であればよい．この方法は，実は加速度を t から $t+T$ の間で線形に変化すると近似している．そのためこれを線形加速度法という．

9.1.2 ニューマークの β 法

線形加速度法を一般化すると

$$u(t+T) = u(t) + T\dot{u}(t) + \frac{T^2}{2}\ddot{u}(t) + \beta T^2\{\ddot{u}(t+T) - \ddot{u}(t)\} \tag{9.5}$$

となる．$\beta = 1/6$ とすれば線形加速度法である．数値的収束性がよいのは $\beta = 1/4$ のときであり，この 1/4 と 1/6 がよく用いられる．まとめれば，

$$\ddot{u}(t+T) = \left(m + \frac{T}{2}c + \beta T^2 k\right)^{-1}\Bigg[f(t+T) - c\left\{\dot{u}(t) + \frac{T}{2}\ddot{u}(t)\right\}$$

$$-k\left\{u(t)+T\dot{u}(t)+\left(\frac{1}{2}-\beta\right)T^2\ddot{u}(t)\right\}\Big] \tag{9.6}$$

$$\dot{u}(t+T)=\dot{u}(t)+T\frac{\ddot{u}(t)+\ddot{u}(t+T)}{2} \tag{9.7}$$

である．具体的な計算手順を次の例題により確認する．

例題 9.1

図 9.1 のような 1 自由度系の土台が，50 Hz の正弦波の半波で土台加振された場合の応答を求めよ．ただし，系の固有振動数を 20 Hz と 100 Hz として両者を比較せよ．減衰比は 5%とする．

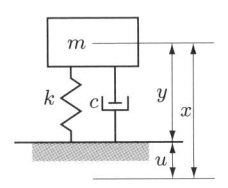

図 9.1 土台加振される 1 自由度系

解答

図 9.1 について，ばねと減衰の相対変位は $y=x-u$ で，慣性力は絶対座標系での変位 x で書けるので，振動方程式は

$$m\ddot{x}+c\dot{y}+ky=0$$

となる．よって，

$$m\ddot{y}+c\dot{y}+ky=-m\ddot{u} \tag{9.8}$$

となる．この式に対して，ニューマークの β 法のプログラムを作って計算する．$f(t)$ の代わりに慣性加振力 $-m\ddot{u}$ が入る．なお，加速度 $\ddot{x}$ は

$$\ddot{x}=\ddot{y}+\ddot{u}=\frac{-1}{m}(c\dot{y}+ky)$$

として得られる．プログラムは以下のとおりである．

（プログラム 9.1　ニューマークの β 法の例題）

```
%外力の作成
%50Hzの半波は1/50/2=0.01秒まで
%STEP FUNCTION
```

```
FORCE=zeros(1,1100);%1100*DT 秒まで計算
DT=0.0001; % 時間刻 (秒)
OMESYS=2*3.1415926*50.0; % 50Hz を各振動数に
TT=sin(OMESYS*DT*(1:100));% 100\times 0.0001=0.01 秒
FORCE(2:101)=TT; %0.02 秒の時間で外力を作った
%
%20Hz 系の応答
M=1;K=(2*pi*20)^2;C=2*0.05*(2*pi*20)*M;
[ACC20,V20,DIS20]=NEWMARK(FORCE,M,K,C,DT);
%100Hz 系の応答
M=1;K=(2*pi*100)^2;C=2*0.05*(2*pi*100)*M;
[ACC100,V100,DIS100]=NEWMARK(FORCE,M,K,C,DT);
subplot(3,1,1);plot(FORCE);
 xlabel('time (*DT sec)');ylabel('force')
 axis([0 1000 0 1.2])
subplot(3,1,2);plot(DIS20);
 xlabel('time (*DT sec)');ylabel('20HzRes')
 axis([0 1000 -5E-5 5E-5])
subplot(3,1,3);plot(DIS100);
 xlabel('time (*DT sec)');ylabel('100HzRes')
 axis([0 1000 -5E-6 5E-6])
%
%Newmark の β 法のサブルーチン
function[A,V,D]=NEWMARK(FORCE,FM,FK,FC,DT)
BETA=1/4;
[N1,N2]=size(FORCE);NT=[N1,N2];
A=zeros(NT);V=A;D=A;
AB=0.0;VB=0.0;DB=0.0;FN=FORCE(1);
%
CONST=1/(FM+0.5*DT*FC+BETA*DT*DT*FK);
for I=1:(N2-1)
 AN=(FN-FC*(VB+0.5*DT*AB)-FK*(DB+DT*VB+(0.5-BETA)*DT*DT*AB))*CONST;
 VN=VB+DT*0.5*(AN+AB);
 DN=DB+DT*VB+DT*DT*0.5*AB+BETA*DT*DT*(AN-AB);
 A(I)=AN; V(I)=VN; D(I)=DN;
 AB=AN; VB=VN; DB=DN;
 FN=FORCE(I+1);
end
```

計算結果を図 **9.2** に示す.この図では応答変位をプロットしているが,静的な変位 δ は 20 Hz 系,100 Hz 系それぞれ,

$$\delta_{20} = \frac{F_{\max}}{k} = \frac{1}{(2\pi \times 20)^2} = 6.3 \times 10^{-5}, \quad \delta_{100} = \frac{1}{(2\pi \times 100)^2} = 2.5 \times 10^{-6}$$

なので，応答の最大値 (4.5×10^{-5}, 4.1×10^{-6}) と比較すると，それぞれ 0.7 倍，1.6 倍となっている．これは，衝撃の振動数に比べ振動数の低い（柔らかい）系の応答は小さく，振動数の高い（硬い）系は応答が大きくなることを示している．

（a）入力波形

（b）20 Hz 系の応答

（c）100 Hz 系の応答

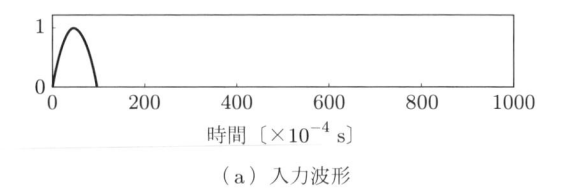

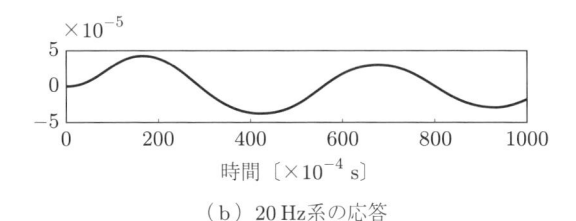

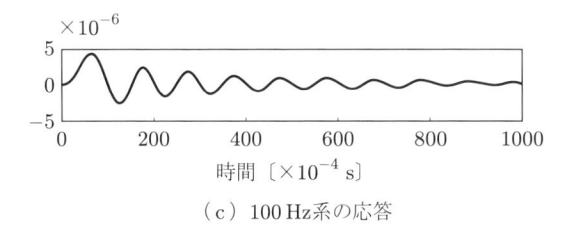

図 **9.2** 応答解析結果

ここまでは 1 自由度系で述べてきたが，線形加速度法とニューマークの β 法は，行列に置き換えても成立する．すなわち，ニューマークの β 法であれば，

$$\{u(t+T)\} = \{u(t)\} + T\{\dot{u}(t)\} + \frac{T^2}{2}\{\ddot{u}(t)\} \\ + \beta T^2 \left(\{\ddot{u}(t+T)\} - \{\ddot{u}(t)\}\right) \tag{9.9}$$

$$\{\ddot{u}(t+T)\} = \left([M] + \frac{T}{2}[C] + \beta T^2[K]\right)^{-1} \\ \times \left[\{f(t+T)\} - [C]\left(\{\dot{u}(t)\} + \frac{T}{2}\{\ddot{u}(t)\}\right) \right. \\ \left. - [K]\left(\{u(t)\} + T\{\dot{u}(t)\} + \left(\frac{1}{2} - \beta\right)T^2\{\ddot{u}(t)\}\right) \right] \tag{9.10}$$

$$\{\dot{u}(t+T)\} = \{\dot{u}(t)\} + T\frac{\{\ddot{u}(t)\} + \{\ddot{u}(t+T)\}}{2} \qquad (9.11)$$

である．行列の規模が小さければ（数十次元以下），上記の式を使ってもよいが，大規模な行列に対しては，次のモード重畳法を使うのが一般的である．

9.2 モーダルパラメータとモード重畳法

振動問題を，その系に特有の固有振動特性から分析することを，広義に**モード解析** (modal analysis) という．固有振動解析は，モード解析の中でも最も重要なものである．振動問題は，ほとんどがモード解析に終始するといってもよい．その中で，固有振動モードの重ね合わせで任意の応答を解析する方法を，**モード重畳法** (mode superpositin method, mode displacement method) とよぶ．

減衰のない振動方程式

$$[K]\{\delta\} + [M]\{\ddot{\delta}\} = \{F(t)\} \qquad (9.12)$$

について考える．固有振動解析がすでに行われて，固有振動数 ω_n と固有振動モード $\{\phi_n\}$ がわかっているとき，応答 $\{\delta(t)\}$ を固有振動モードの重ね合わせで

$$\{\delta(t)\} = \sum_{i=1}^{\infty}\{\phi_i\}q_i(t) = [\Phi]\{q(t)\} \qquad (9.13)$$

とする．ここに，固有モード行列 $[\Phi]$ は

$$[\Phi] = [\phi_1, \phi_2, \phi_3, \ldots, \phi_n] \qquad (9.14)$$

である．q_i は**一般化変位** (generalized displacement)，**モード座標** (modal coordinate)，あるいは**正規座標** (the normal coordinates of the structure) とよばれ，応答全体の中で個々のモードが寄与する割合を表す．振動方程式に式 (9.13) を代入し，さらに左から $[\Phi]^T$ をかけると

$$[\tilde{K}]\{q\} + [\tilde{C}]\{\dot{q}\} + [\tilde{M}]\{\ddot{q}\} = [\Phi]^T\{F\} \qquad (9.15)$$

となる．ここに，

$$[\tilde{K}] = [\Phi]^T[K][\Phi], \quad [\tilde{C}] = [\Phi]^T[C][\Phi], \quad [\tilde{M}] = [\Phi]^T[M][\Phi] \qquad (9.16)$$

であるが，$[K]$ と $[M]$ については，固有ベクトルの直交性からすべて対角行列となり，$[C]$ については，式 (7.33) より

$$[C] = \alpha[M] + \beta[K]$$

であるので，やはり対角行列となる．それらの対角成分は k_i, c_i, m_i で，それぞれモード剛性，モード減衰，モード質量とよばれる．このうち，モード剛性とモード質量とは独立でなく，固有角振動数 ω_i を介して

$$k_i = m_i \omega_i^2 \tag{9.17}$$

の関係がある．各対角成分を取りだせば，$f_i = \{\phi_i\}^T\{F\}$ として，

$$k_i q_i + c_i \dot{q}_i + m_i \ddot{q}_i = f_i \tag{9.18}$$

という n 個のそれぞれ独立した 1 自由度の振動方程式となる．したがって，

$$c_i = 2\omega_i m_i \zeta_i \tag{9.19}$$

となり，モード減衰はモード減衰比 ζ_i に置き換えられる．次数の低いほうから n 組の固有振動数 ω_i，固有振動モード $\{\phi_i\}$，モード質量 m_i，モード減衰比 ζ_i を，モーダルパラメータ (modal parameter) という．モーダルパラメータは外力に無関係な，その構造系が独自に持っている動特性である．また，固有振動モードは相対値であり，その絶対値はモード質量と関係する．式 (9.16) から計算されることからわかるように，m_i, k_i, c_i も相対的な値であるが，どれか一つを決めれば他の二つの値も決まる．この固有モード（ベクトル）の表示方法として，7.1.4 項で述べたように，通常次の三つの方法が使われている．

1) 固有振動モードの最大変位を 1 とする．
2) 固有振動モードのノルムを 1 とする．
3) モード質量が 1 となるよう固有振動モードを決める．

3) の方法で決められた固有振動モード $\{\phi_i^3\}$ は，1) の方法での m_i と $\{\phi_i^1\}$ との間に，

$$\{\phi_i^3\} = \{\phi_i^1\}\sqrt{m_i} \tag{9.20}$$

の関係がある．

式 (9.18) は 1 自由度系として簡単に解けるので，その線形重ね合わせとして，多自由度での応答が式 (9.13) によって得られる．これがモード重畳法で，採用されるモード数は多くの場合 10 個以下，多くても 50 個程度である．

9.3 有効モード質量

有効モード質量 (effective modal mass) の概念は，地震動のように土台（ベース）加振された構造の振動モードが，全体的な振動か，局所的な振動かを判断するための

概念で，地震を受ける構造の応答解析[23]に用いられてきた．この概念は，通常の応答解析においてモード重畳法（9.2節参照）を適用する際に，採用モードの選択に役立つので，ここで紹介する．

土台が$[\Phi_R]\{\ddot{u}\}$の加速度で動く構造物の応答を考える．$[\Phi_R]$は構造物の剛体モードで，3方向の並進と3軸周りの回転がある．よって，nを構造物の解析自由度とすれば，$[\Phi_R]$は$n\times 6$の行列，$\{\ddot{u}\}$は6×1のベクトルとなり，6個の剛体モードに対する加速度振幅と考えてよい．構造物の相対変位を$\{y\}$とすると，振動方程式は

$$[M](\{\ddot{y}\}+[\Phi_R]\{\ddot{u}\})+[C]\{\dot{y}\}+[K]\{y\}=\{0\}$$

であり，これを書き直すと，

$$[M]\{\ddot{y}\}+[C]\{\dot{y}\}+[K]\{y\}=-[M][\Phi_R]\{\ddot{u}\} \tag{9.21}$$

となる．$\{y\}$に対してモード座標系$\{q\}$を導入すると，

$$\{y\}=[\Phi]\{q\}$$

であり，これを式(9.21)に代入し，さらに左から$\{\phi_i\}^T$をかければ，

$$m_i\ddot{q}_i+c_i\dot{q}_i+k_iq_i=-\{\phi_i\}^T[M][\Phi_R]\{\ddot{u}\}$$

となる．これは$i=1,\ldots,n$に対して成立する．両辺をモード質量m_iで割ると，

$$\ddot{q}_i+2\zeta_i\omega_i\dot{q}_i+\omega_i^2q_i=-\{\Gamma_i\}\{\ddot{u}\} \tag{9.22}$$

となる．ここで，

$$\{\Gamma_i\}\equiv\frac{\{L_i\}}{m_i}=\frac{\{\phi_i\}^T[M][\Phi_R]}{\{\phi_i\}^T[M]\{\phi_i\}} \tag{9.23}$$

は1×6のベクトルで**モード寄与率** (modal participation factor; モード刺激係数と訳されることもある) とよぶ．$\{L_i\}$は同じく1×6のベクトルで，

$$\{L_i\}=\{\phi_i\}^T[M][\Phi_R] \tag{9.24}$$

と定義される．$\{L_i\}$は質量行列の両側から**弾性モード**$\{\phi_i\}$と**剛体モード**$[\Phi_R]$をかけたもので，質量行列を介した直交性の指標ともなっており，その次元（単位）はモード質量と同じ次元を持つ．

式(9.22)を解けばモード座標系の応答が得られて，

$$q_i=-\{\Gamma_i\}H_i\{\ddot{u}\} \tag{9.25}$$
$$H_i=\frac{1}{(\omega_i^2-\omega^2)+2j\zeta\omega_i\omega}$$

である．さて，振動している構造の力が土台へ伝わり，それが反力 F となって，

$$\{F\} = -[\Phi_R]^T([C]\{\dot{y}\} + [K]\{y\}) \tag{9.26}$$

となる．$\{F\}$ の計算で $[\Phi_R]^T$ がかかっているのは，構造の各節点で計算されるそれぞれの力を土台の力に変換するためである．すなわち，節点力がモーメントの場合，その局所的なモーメントと，節点での力により発生するモーメントが加算されることが，$[\Phi_R]^T$ をかけることにより実現される．式 (9.21) より $\{F\}$ を慣性力で記述すると，

$$\{F\} = [\Phi_R]^T[M](\{\ddot{y}\} + [\Phi_R]\{\ddot{u}\})$$

となるが，$\{y\} = \sum\{\phi_i\}q_i$ とし，さらに式 (9.25) を使うと，次のようになる．

$$\{F\} = [\Phi_R]^T[M]\left(\sum_{i=1}^n \{\phi_i\}\{\Gamma_i\}(\omega^2 H_i) + [\Phi_R]\right)\{\ddot{u}\}$$

$$= \sum_{i=1}^n [\Phi_R]^T[M]\{\phi_i\}\frac{\{\phi_i\}^T[M][\Phi_R]}{m_i}(\omega^2 H_i)\{\ddot{u}\} + [\Phi_R]^T[M][\Phi_R]\{\ddot{u}\}$$

$$= \sum_{i=1}^n \frac{\{L_i\}^T\{L_i\}}{m_i}(\omega^2 H_i)\{\ddot{u}\} + [\Phi_R]^T[M][\Phi_R]\{\ddot{u}\} \tag{9.27}$$

ここで，

$$[M_i] = \frac{\{L_i\}^T\{L_i\}}{m_i} \tag{9.28}$$

と定義すると，式 (9.27) の第 2 項については，

$$[\Phi_R]^T[M][\Phi_R] = [\Phi_R]^T[M]\{\phi_i\}(\{\phi_i\}^T[M]\{\phi_i\})^{-1}\{\phi_i\}^T[M][\Phi_R]$$

$$= \sum_i^n \frac{\{L_i\}^T\{L_i\}}{m_i} = \sum_i^n [M_i] \tag{9.29}$$

であるので，

$$\{F\} = \sum_i^n [M_i](\omega^2 H_i + 1)\{\ddot{u}\} \tag{9.30}$$

となる．式 (9.28) で定義される $[M_i]$ は有効モード質量とよばれ，6 自由度を許される運動については 6×6 の行列である．このうち，物理的に明確な意味を持つのはその対角項である．先に述べたように，$\{L_i\}$ はモード質量の次元を持つので，$[M_i]$ もモード質量の次元を持つ．有効モード質量が大きいということは，式 (9.30) からわかるように，その土台加振に対して大きく応答する振動モードであるということができる．逆に小さければ，その加振に対しては局所的で微小な応答をする．したがって，応

答解析において無視できるモードであるといえる．

ここまでの議論は，式 (9.21) において $[\Phi_R]$ が長さの次元（単位）を持つモード形状であることを暗黙に仮定しており，式 (9.30) はこの条件の下で成立する．一般に，固有振動モードには前節で述べたような正規化の方法があるので，有効モード質量も

$$[R_i] = \frac{[M_i]}{[M_T]} \qquad (9.31)$$

と無次元化したほうが便利である．$[R_i]$ を**有効モード質量比** (effective modal mass ratio) といい，割り算は各行列要素で行う．$[M_T]$ は

$$[M_T] = [\Phi_R]^T [M] [\Phi_R]$$

で定義される量である．剛体モードに無次元の単位移動量をとると，$[M_T]$ の対角項のうち，変位に対応する項は**全質量**となり，回転角度に対応する項は固定点周りの**断面二次モーメント**となる．このことはあとの例題で確認できる．有効モード質量をすべて足し合わせると $[M_T]$ になることは，式 (9.29) より明らかである．よって，

$$\sum_{i=1}^{\infty} [R_i] = [I]$$

が成立する．

例題 9.2

例題 7.6 で固有振動を計算した**図 7.2** のような片持ちはりの振動について，各モードの有効モード質量比を求めよ．

解答

四つのビーム要素に分割し，集中質量行列を使って固有振動解析する．その結果を使って，定義式により有効モード質量を計算する．計算に使用する剛体モード $\{\phi_R\}$ は，この場合二つあり，並進と回転である．並進は x 方向の全変位に 1 を入れれば良いし，回転は，全回転自由度に 1 を入れて，その回転に対する変位を計算すれば，幾何形状からただちに得ることができる．計算プログラムはプログラム 7.1 の後半にある．その結果を**表 7.1** の下 2 行に示す．有効モード質量比の合計として，水平加振については四つのモードで 99.6%，回転加振については 1 次のモードだけで 97.3% であることがわかる．

9.4 衝撃応答スペクトル

前節までは構造の応答解析の方法を示した．実際問題としては，応答の時系列よりも，構造が壊れるか壊れないか，すなわち，応答の最大値が最も知りたい値である．本節では，周波数と最大応答の関係を示す衝撃応答スペクトルについて説明する．

9.4.1 地震応答スペクトル

地震が起きたときの建築構造の最大応答を知りたいとする．建物を最も簡単な1自由度の振動系とみなし，図 9.3 のようにさまざまな固有振動数の建物（ここでは質量 m_1 と m_2 で近似）を並べて，横軸に固有振動数，縦軸に最大応答値をとった図を地震応答スペクトルという．この図では，質量 m_1 と m_2 の固有振動数をそれぞれ f_1, f_2 とし，その応答の最大値を A_1, A_2 として，加速度に関する応答スペクトル曲線としてプロットしている．

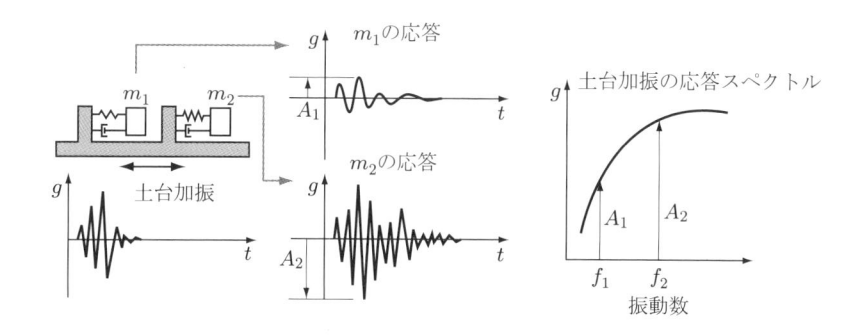

図 9.3 応答スペクトルの概念

もし，応答の時系列を変位で計測すれば変位応答スペクトルであり，速度で計測すれば速度応答スペクトルである．応答スペクトルは地震波そのものの周波数特性を表すものではなく，1自由度系と近似した建築構造物に与える影響を表現しているものである．応用として興味深い分野[24][25]であるが，ここでは本来の機械構造物に移ろう．

9.4.2 衝撃応答スペクトル

機械構造物に関しては，地震応答スペクトルと同様の考え方で衝撃応答スペクトル (SRS; Shock Response Spectrum) がある．衝撃とは，構造振動の固有周期に比べて入力の時間がはるかに短いものをいう．まず，衝撃に対する1自由度系の応答は式 (5.32) より

$$x_I(t) = \frac{I}{m\omega_d}e^{-\zeta\omega_0 t}\sin\omega_d t$$

であり，速度応答と加速度応答は，

$$\dot{x}_I(t) = \frac{I}{m\omega_d}e^{-\zeta\omega_0 t}\{-\zeta\omega_0\sin\omega_d t - \omega_d\cos\omega_d t\}$$
$$\approx -\frac{I}{m}e^{-\zeta\omega_0 t}\cos\omega_d t$$
$$\ddot{x}_I(t) = \frac{I}{m\omega_d}e^{-\zeta\omega_0 t}\{-\zeta(\omega_0\omega_d + \omega_d^2)\cos\omega_d t - (\zeta^2\omega_0 + \omega_d^2)\sin\omega_d t\}$$
$$\approx \frac{I\omega_0}{m}e^{-\zeta\omega_0 t}\sin\omega_d t$$

である．これらの計算では，減衰が小さいとして ($\zeta \ll 1$)，$\omega_0 \approx \omega_d$ と近似している．

この結果を，横軸に1自由度系の固有振動数 ω_0，縦軸に応答の最大値をとって概念的に描くと，図 **9.4** のようになる．

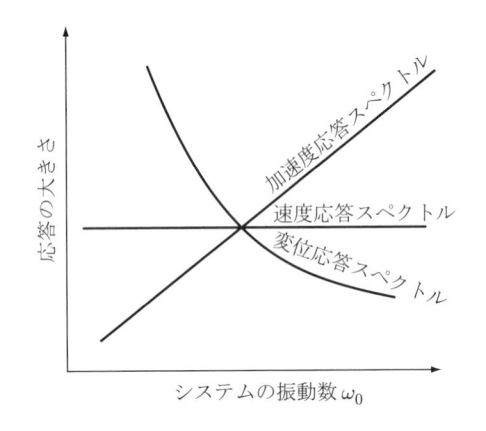

図 **9.4** 衝撃スペクトルの特徴

一般に，衝撃のかかっている時間に比べて系の固有周期 T が短ければ（すなわち，小さくて硬いもの），系の応答は衝撃に追随し，大きな応答を生じる．一方で，系の固有周期が長ければ（すなわち普通の構造体は）衝撃には追随できない．前者では衝撃中に最大応答が出て，後者では衝撃の後で最大応答が出る．定性的に描けば図 **9.5** のようになり，前者を初期衝撃スペクトル (initial shock spectrum)，後者を残留衝撃スペクトル (residual shock spectrum) という．

衝撃応答スペクトルの応用例として人工衛星の構造を考えよう．図 **9.6** に典型的な人工衛星の一例を示す．衛星には小さなミッション機器（ほとんどが電子機器）が取

9.4 衝撃応答スペクトル

（a）初期衝撃スペクトル

（b）残留衝撃スペクトル

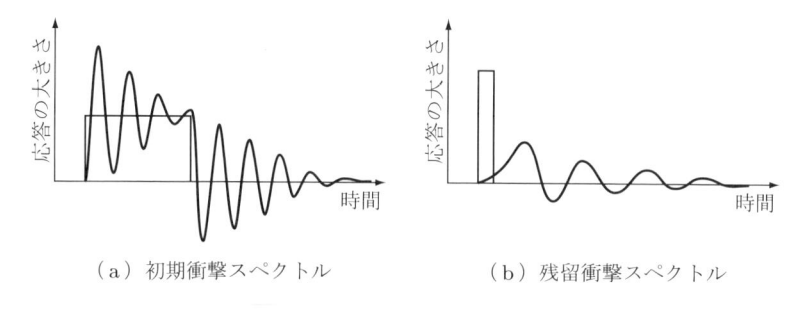

図 9.5 初期衝撃スペクトルと残留衝撃スペクトル

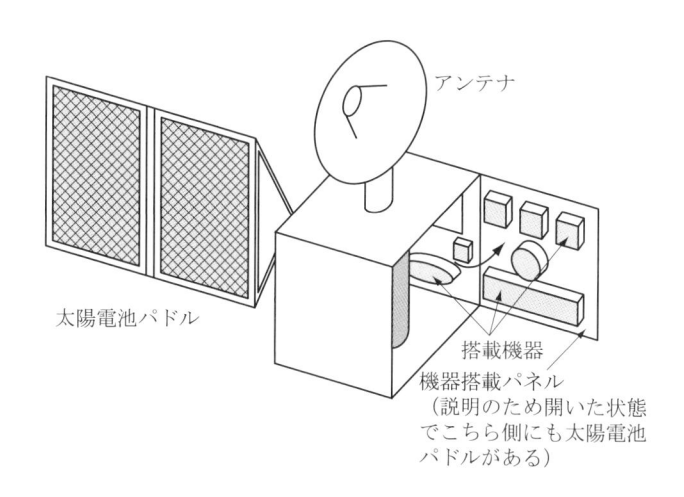

図 9.6 典型的な衛星の機器搭載状況例

りつけられた機器搭載パネルがあり，そのパネルには太陽電池パドルが折りたたまれて取りつけられている．軌道上で太陽電池パドルを展開するとき，火工品（爆発ボルトなど）で保持解放がなされるが，このときパネルを通じてミッション機器が衝撃を受ける．どのような試験を経て保証されれば，この機器を衛星パネルに搭載できるかを示すため，衝撃環境条件が衝撃応答スペクトル (SRS) で与えられる．すなわち，搭載予定位置で計測された衝撃波形のスペクトルが**図 9.7**の点線であったとすると，それを包絡する直線または曲線で設計条件（1点鎖線）が提示される．提示された条件をもとに，ミッション機器側はそれ以上の SRS（実線）となる衝撃試験を実施して，その衝撃に耐えることを保証する．この考え方は，小さな機器が衝撃で壊れるときは，衝撃の時系列の波形によらず，その応答の最大値に依存するということが前提となっている．

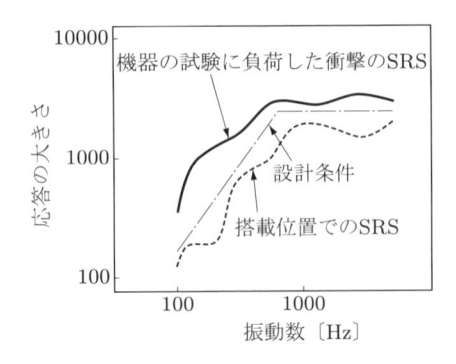

図 9.7 衛星搭載機器の衝撃環境条件例

　実際に衝撃スペクトルを作るには，ニューマークの β 法などで直接応答を計算して作る．衝撃力は通常，加速度により土台加振 (base excitation) で与えられるので，使う方程式は式 (9.21) である．

例題 9.3
図 9.8(a) のような矩形波の土台加振を受けた系の SRS を求めよ．

解答

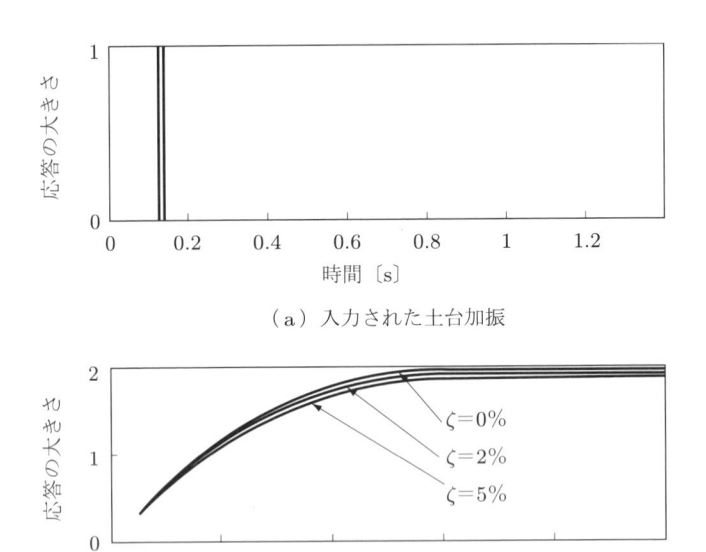

(a) 入力された土台加振

(b) 衝撃応答スペクトル

図 9.8 矩形波の衝撃応答スペクトルと減衰比の影響

9.4 衝撃応答スペクトル *171*

　この例題は矩形インパルスのSRSを計算するものである．$\Delta t = 0.001$ s として，1024 点の時系列中の 129 点目から 138 点目までを $1g$ とし，残りを 0 とした矩形波衝撃が入力される．減衰比は 5% としている．スペクトラムは 5 Hz から 100 Hz までの 50 点の等分割で計算した．プログラムリスト（SRS1.m と NEWMARK.m は汎用）をプログラム 9.2 に，それで計算した結果を図 9.8（b）に示す．この例題では SRS をリニア表示しているが，log-log 表示されることが多い．

　SRS を計算する際には，減衰比を決めなければならない．減衰比が SRS の大きさに与える影響については，SRS は共振現象ではないので，減衰が 1/2 になれば応答は 2 倍になるといった線形関係にはなく，そう大きな影響はないといえよう．数値例として，先の矩形波衝撃について，減衰比を 0%，2%，5% として計算した結果を示してある．地震での応答解析では，鉄筋コンクリート建築構造で 3%，コンクリートで 5%，鉄筋で 2% 程度である．先の衛星のようなケースでは 5% としている．

　次章で述べるフーリエ変換を使うと，スペクトルと時系列の間で変換/逆変換ができる．しかし，衝撃応答スペクトルの逆変換は一意ではない．与えられた SRS を持つ時系列の作り方が提案されている[26]が，そのような波形が得られても，波形は衝撃として数ミリ秒のことなので，ハードウェアの制限で実現できない場合が多い．

（プログラム 9.2　SRSの計算プログラム）

```
function [SPEC]=SRSMAIN
% rectangular impulse
DT=0.001;%最高振動数(FE)の周期の1/5より短く，1/10程度がよい
%UDATA=load('rectexample.txt');%excel file 矩形波の読み込み
UDATA=0*(1:1024);UDATA(129:138)=1+0*(1:10);
TIME=DT*((1:1024)-1);%時間軸の生成
subplot(2,1,1);plot(TIME,UDATA);%入力時系列の表示
title('input base acceleration');xlabel('time (sec)');ylabel('g');
% SRSの計算と表示
[SPEC,FREQ]=SRS1(UDATA,DT,50,0.0,5,100);%減衰比0%
subplot(2,1,2);plot(FREQ,SPEC),hold on;
[SPEC,FREQ]=SRS1(UDATA,DT,50,0.02,5,100);%減衰比2%
plot(FREQ,SPEC), hold on;
[SPEC,FREQ]=SRS1(UDATA,DT,50,0.05,5,100);%減衰比5%
plot(FREQ,SPEC), hold off;
title('shock response spectrum');xlabel('frequency (Hz)');ylabel('g');
end
%
function [SPEC,FREQ]=SRS1(UDATA,DT,NSPEC,ZETA,FI,FE)
```

```
% UDATA : base acceleration time series
% DT : time step of UDATA
% NSPEC : SRS number
% ZETA : damping ratio
% FI,FE : initial and end freq. of SRS
FREQ=0*(1:NSPEC);
DFRQ=(FE-FI)/(NSPEC-1);
SPEC=0*(1:NSPEC);
for I=1:NSPEC
 FREQ(I)=FI+DFRQ*(I-1);
 OME=2*pi*FREQ(I);
 OME2=OME*OME;
   FM=1.0;FK=OME2;FC=2*FM*OME*ZETA;%1自由度系のm,k,c
 [A,V,D]=NEWMARK(UDATA,FM,FK,FC,DT);%9.1.2節のサブルーチンを使う
 ACC=-(2*ZETA*OME)*V-OME2*D;%式(9.10)を使う
 SPEC(I)=max(abs(ACC));
end
```

演習問題 9

1 減衰がゼロの場合のステップ応答を求めよ．

2 矩形のインパルスがかかったときの衝撃応答スペクトルを求めよ．インパルスの大きさは F_0，持続時間は τ，減衰比はゼロとする．

第10章 周波数応答関数とランダム応答

本章では，周波数応答関数を説明する．実際に振動を起こす入力はランダム（不規則）であることが多い．このランダムな入力について統計的な処理を行えば，有限要素法による構造の数学モデル（周波数応答関数やモードモデル）と組み合わせて，構造の応答（出力）の統計的性質を知ることができる．本章ではスペクトル解析の，構造の確率的な計算をするうえで必要な知識について述べる．とくにスペクトルは，定義によって 2π がついたりつかなかったりする．また，線スペクトルか連続スペクトルかで縦軸の単位が異なる．また，実際に得られるのは有限離散スペクトルであるなど，区別をはっきりしておかないと実際の計算において間違いを犯すおそれがあるので，基礎と定義の部分については頁数を費やした．本章の結果は，さらに次の章で応用される．

10.1　フーリエスペクトル

10.1.1　フーリエ級数

まず，フーリエ級数についてであるが，区間 $(-T/2, T/2)$ における周期関数 $x(t)$ は

$$x(t) = \frac{a_0}{2} + \sum_{n=1}^{\infty}\left[a_n \cos(n\omega_0 t) + b_n \sin(n\omega_0 t)\right] \qquad (10.1)$$

とフーリエ級数で展開できる．このとき，T は周期，ω_0 は角振動数で，振動数 f_0 を介して

$$\omega_0 = 2\pi f_0 = \frac{2\pi}{T} \qquad (10.2)$$

の関係がある．係数は式 (10.1) の両辺に $\cos(n\omega_0 t)$，$\sin(n\omega_0 t)$ をかけて $-T/2$ から $T/2$ 間での区間で積分することにより得られて，

$$a_n = \frac{2}{T}\int_{-T/2}^{T/2} x(t)\cos(n\omega_0 t)\,dt, \quad b_n = \frac{2}{T}\int_{-T/2}^{T/2} x(t)\sin(n\omega_0 t)\,dt$$

$$(10.3)$$

となる. a_0 だけが $1/2$ の係数をとるのは,

$$\int_{-T/2}^{T/2} dt = T, \quad \int_{-T/2}^{T/2} \cos^2 n\omega_0 t\, dt = \frac{T}{2} \quad (n \geq 1)$$

となることによる. a_n, b_n を**フーリエ係数**という. 関数 $x(t)$ の区間を $(0, T)$ とすれば, 式 (10.3) において積分区間が $(0, T)$ となるだけである.

10.1.2 複素フーリエ級数

オイラーの定理により

$$\cos n\omega_0 t = \frac{e^{jn\omega_0 t} + e^{-jn\omega_0 t}}{2}, \quad \sin n\omega_0 t = \frac{e^{jn\omega_0 t} + e^{-jn\omega_0 t}}{2j}$$

と複素数表現できるので, 式 (10.1) は

$$x(t) = \frac{a_0}{2} + \sum_{n=1}^{\infty} \left[a_n \frac{e^{jn\omega_0 t} + e^{-jn\omega_0 t}}{2} + jb_n \frac{-e^{jn\omega_0 t} + e^{jn\omega_0 t}}{2} \right]$$

$$= \frac{a_0}{2} + \sum_{n=1}^{\infty} \left[\frac{a_n - jb_n}{2} e^{jn\omega_0 t} + \frac{a_n + jb_n}{2} e^{-jn\omega_0 t} \right]$$

と変形できる. これを,

$$x(t) = c_0 + \sum_{n=0}^{\infty} \left[c_n e^{jn\omega_0 t} + c_{-n} e^{-jn\omega_0 t} \right] \tag{10.4}$$

と**複素フーリエ級数**として書き表す. フーリエ係数は

$$c_n = \frac{a_n - jb_n}{2} = \frac{1}{T} \int_{-T/2}^{T/2} x(t) \left[\cos(n\omega_0 t) - j \sin(n\omega_0 t) \right] dt$$

$$= \frac{1}{T} \int_{-T/2}^{T/2} x(t) e^{-jn\omega_0 t}\, dt$$

となり, 同様に

$$c_{-n} = \frac{a_n + jb_n}{2} = \frac{1}{T} \int_{-T/2}^{T/2} x(t) e^{jn\omega_0 t}\, dt$$

となる. よって n の総和を負にも広げれば, 式 (10.4) は

$$x(t) = \sum_{-\infty}^{\infty} c_n e^{jn\omega_0 t} \tag{10.5}$$

となり, 係数 c_n は

$$c_n = \frac{1}{T} \int_{-T/2}^{T/2} x(t) e^{-jn\omega_0 t}\, dt \tag{10.6}$$

となる.

10.1.3 フーリエ積分

　フーリエ級数で関数 $x(t)$ を表現するとき，$x(t)$ は周期関数であるという制限がある．**フーリエ積分**では，$x(t)$ に対するこの制限が取り除かれる．式 (10.2) において ω_0 を小さくしていけば，周期 T は非常に大きくなり，$\omega_0 \to 0$ で周期は無限大となって $x(t)$ に課せられていた周期性の条件はなくなる．そこで $\Delta\omega_0 = 2\pi/T$ とおくと，式 (10.6) は

$$c_n = \frac{\Delta\omega_0}{2\pi} \int_{-T/2}^{T/2} x(t) e^{-jn\omega_0 t} \, dt$$

であるので，これを式 (10.5) に代入して，

$$x(t) = \sum_{-\infty}^{\infty} \left[\frac{1}{2\pi} \int_{-T/2}^{T/2} x(t) e^{-jn\omega_0 t} \, dt \right] e^{jn\omega_0 t} \Delta\omega_0$$

となる．上式で

$$\sum_{n=-\infty}^{\infty} \Delta\omega_0 \quad \to \quad \int_{-\infty}^{\infty} d\omega$$

と書き直して $n\omega_0 \to \omega$ とすれば，

$$X(\omega) = \frac{1}{2\pi} \int_{-\infty}^{\infty} x(t) e^{-j\omega t} \, dt \tag{10.7a}$$

$$x(t) = \int_{-\infty}^{\infty} X(\omega) e^{j\omega t} \, d\omega \tag{10.7b}$$

となる．(10.7a) を**フーリエ変換**，(10.7b) を**逆フーリエ変換**という．

　ここまでは変数を角振動数 ω としたが，変数を振動数 f とすると，まったく同様の手順で $\Delta f_0 = 1/T$ とし，$nf_0 \to f$ として，

$$c_n = \Delta f_0 \int_{-T/2}^{T/2} x(t) e^{-j2\pi f t} \, dt$$

$$x(t) = \sum_{-\infty}^{\infty} \left[\int_{-T/2}^{T/2} x(t) e^{-j2\pi f t} \, dt \right] e^{j2\pi f t} \Delta f_0$$

となるので，

$$X(f) = \int_{-\infty}^{\infty} x(t) e^{-j2\pi f t} \, dt \tag{10.8a}$$

$$x(t) = \int_{-\infty}^{\infty} X(f) e^{j2\pi ft} df \tag{10.8b}$$

の組み合わせが得られる．$X(f)$ に $1/2\pi$ がかかっていないことに注意されたい．

10.1.4 線スペクトルと連続スペクトル

フーリエ級数，あるいはフーリエ変換によって得られる係数を分布図にしたものを，**フーリエスペクトル**という．前者は**線スペクトル**になり，後者は**連続スペクトル**になることを例題[27]によって示す．

例題 10.1

波形が，時間領域において図 10.1 に示すような範囲 $[-T/4, T/4]$ で一定値 A をとるときのフーリエ級数とフーリエ変換を求めよ．

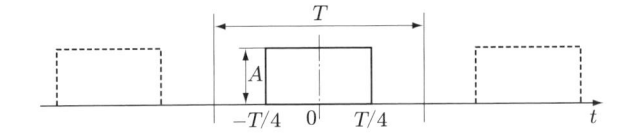

図 10.1 周期 T の矩形波

解答

まず，フーリエ級数について定義式により計算する．与えられた関数は偶関数なので，式 (10.3) を使って cos 項のみを計算すれば，

$$a_n = A \frac{2}{T} \int_{-T/4}^{T/4} \cos \frac{2n\pi t}{T} dt = A \frac{2}{T} \left[\sin \frac{2n\pi t}{T} \right]_{-T/4}^{T/4} = A \frac{2}{n\pi} \sin \frac{n\pi}{2}$$

となる．よって，フーリエ級数は

$$\frac{x(t)}{A} = \frac{1}{2} + \frac{2}{\pi} \cos \frac{2\pi}{T} t - \frac{2}{\pi} \frac{1}{3} \cos \frac{6\pi}{T} t + \frac{2}{\pi} \frac{1}{5} \cos \frac{10\pi}{T} t + \cdots \tag{10.9}$$

であり，一方，フーリエ変換は

$$X(f) = A \int_{-\infty}^{\infty} x(t) e^{-j2\pi ft} dt = A \int_{-T/4}^{T/4} e^{-j2\pi ft} dt$$

$$= A \frac{1}{2j\pi f} \left[e^{j\pi fT/2} - e^{-j\pi fT/2} \right] = A \frac{1}{\pi f} \sin \frac{\pi fT}{2} = AT \frac{1}{\pi fT} \sin \frac{\pi fT}{2}$$

である．ゆえに，

$$\frac{x(t)}{A} = \int_{-\infty}^{\infty} F(f) e^{j2\pi ft} df = \int_{-\infty}^{\infty} \frac{1}{\pi f} \sin \frac{\sin \pi fT}{2} e^{j2\pi ft} df$$

と書き表される．この波形は偶関数であるので，$e^{j\pi ft}$ は $\cos(2\pi ft)$ で表せる．また，$f \to 0$ で特異になるので，$\sin x/x = 1 \ (x \to 0)$ の形で表せば，

$$\frac{x(t)}{A} = \int_{-\infty}^{\infty} \frac{T}{2} \frac{\sin(\pi fT/2)}{\pi fT/2} e^{j2\pi ft} \, df = \int_{-\infty}^{\infty} \frac{T}{2} \frac{\sin(\pi fT/2)}{\pi fT/2} \cos(2\pi ft) \, df \tag{10.10}$$

と変形できる．sin 項は対称性から 0 となる．これら a_n と，$X(f)$ の絶対値を縦軸にとり，横軸に f をとって（a_n では $f = n/T$ の n が整数，$X(f)$ では実数）図示すれば，**図 10.2** のように線スペクトルと連続スペクトルとなる．線スペクトルでは縦軸は A のオーダーであるが，連続スペクトルでは AT のオーダーで表示している．

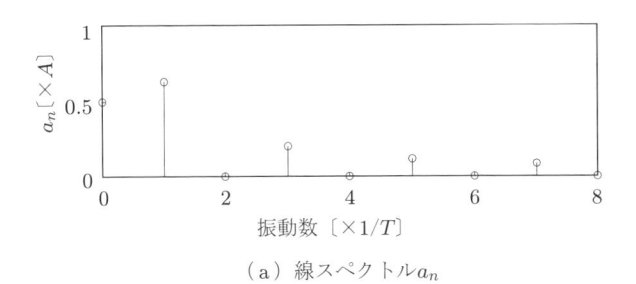

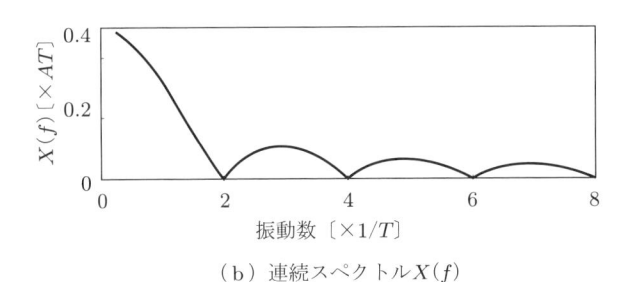

（a）線スペクトル a_n

（b）連続スペクトル $X(f)$

図 10.2 矩形波のフーリエスペクトル

10.1.5 有限離散フーリエ変換

われわれが使う試験計測によって得られるスペクトルの多くは，**高速フーリエ変換** (FFT; Fast Fourie Transform) アルゴリズムを使って得られるものである．これは連続時系列波形から有限個の離散的なデータをとって得られるもので，得られるスペクトルは線スペクトルである．これは，後で述べるパワースペクトルについても同様であり，FFT を使って得られるスペクトルは線スペクトルであることに十分注意された

い．したがって，このスペクトルは便宜的に折れ線グラフで表すことが多いが，本来棒グラフで表さなければならない．なお，例題 10.1 をパワースペクトル表示することは，例題 10.3 にて示す．

さて，そもそも連続アナログ量を有限区間 $(0, T)$ において N 個の離散点でサンプリングすると，周期は $T = N\Delta t$ であり，式 (10.1) は

$$x(t) = \frac{a_0}{2} + \sum_{n=0}^{N-1}\left[a_n \cos(n\omega_0 t) + b_n \sin(n\omega_0 t)\right]$$

である．ここに，$t = k\Delta t$ として，

$$n\omega_0 t = n\frac{2\pi}{N\Delta t}k\Delta t = \frac{2\pi n k}{N}$$

$$a_n = \frac{2}{N\Delta t}\int_0^T x(t)\cos\frac{2\pi nk}{N}\,dt = \frac{2}{N}\sum_{n=0}^{N-1} x(k\Delta t)\cos\frac{2\pi nk}{N}\delta t$$

$$b_n = \frac{2}{N}\sum_{n=0}^{N-1} x(k\Delta t)\sin\frac{2\pi nk}{N}$$

となる．ここで，データは実数で N 個であるから，a_n と b_n あわせて $2N$ 個の未知数が決まることになる．たとえば，a_n で $n = 1$ から $n = N - 1$ まで独立かどうかみるため，$n = N - l$ とすると，

$$\cos\frac{2\pi(N-l)k}{N} = \cos\left(2\pi k - \frac{2\pi l k}{N}\right) = \cos\frac{2\pi l k}{N}$$

であり，a_l と a_{N-l} は基底関数としては同じ関数を持つことになる．同様に，

$$\sin\frac{2\pi(N-l)k}{N} = -\sin\frac{2\pi l k}{N}$$

と同じ基底となる．このことは後に示す式 (10.15) と等価である．よって，総和の上限は $N/2 - 1$ でよいことになる．そこで，上限を $N/2$ として，この係数に対応する振動数を折り返し振動数 $f_{N/2}$，あるいは**ナイキスト** (Nyquist) **振動数** f_{Ny} といい，

$$f_{N/2} = f_{Ny} = \frac{1}{2\Delta t} \tag{10.11}$$

で与えられる．時系列信号が f_{Ny} より大きな周波数成分を含んでいないとき，任意の時刻における信号の値は，Δt 秒ごとのサンプリング値によって完全に再現できる．これを**サンプリング定理**という．逆に信号を Δt でサンプリングした場合，f_{Ny} より高い周波数成分が，f_{Ny} より低い成分に加えられて検出される．これを**エイリアシング** (aliasing) という．

サンプリング間隔 Δt を通る周波数成分は実際には無数に作れて，たとえば，

$$x_s(t) = \sin\{2\pi(2nf_{Ny} \pm f)k\Delta t\} = \pm \sin(2\pi f k \Delta t)$$
$$x_c(t) = \cos\{2\pi(2nf_{Ny} \pm f)k\Delta t\} = \pm \cos(2\pi f k \Delta t)$$

となる．すなわち，周波数 $2nf_{Ny} \pm f$ の周波数成分は，f の周波数成分と区別できない．これを図 **10.3** で確かめてみる．$\Delta t = 1$, $f_{Ny} = 1/(2\Delta t) = 0.5$ とすると，

$$2nf_{Ny} \pm f = 1 \pm 0.3 = 0.7, 1.3 \quad (n = 1)$$
$$= 2 \pm 0.3 = 1.7, 2.3 \quad (n = 2)$$

となる．このうち，$0.3\,\text{Hz}$ と $0.7\,\text{Hz}$ の波を重ねて描けば，その交点は必ずサンプリング点と一致して，離散点で見る限り，両者の区別はできなくなることがわかる．以上をまとめると，

- 時系列を N 点でサンプリングする．そのフーリエ係数は N 個である．
- $\cos$ の係数についての n は $0, 1, 2, \ldots, N/2 - 1, N/2$
- $\sin$ の係数についての n は $1, 2, \ldots, N/2 - 1$

$\sin$ について 0, $N/2$ の項がないのは係数が 0 になるためである．よって，

$$x(t) = \frac{a_0}{2} + \sum_{n=0}^{N/2-1} [a_n \cos(n\omega_0 t) + b_n \sin(n\omega_0 t)] + a_{N/2}$$
$$a_n = \frac{2}{N} \sum_{n=0}^{N-1} x(k\Delta t) \cos \frac{2\pi nk}{N}, \quad b_n = \frac{2}{N} \sum_{n=0}^{N-1} x(k\Delta t) \sin \frac{2\pi nk}{N}$$

(10.12)

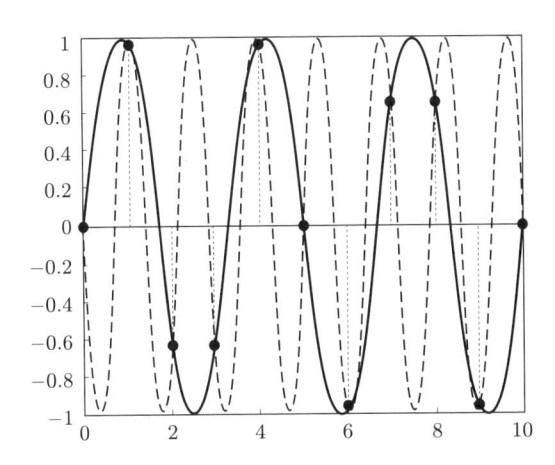

図 **10.3** エイリアシングの説明（$\Delta t = 1\,\text{Hz}$, $f_N = 0.5\,\text{Hz}$, 実線：$0.3\,\text{Hz}$ の波，破線：$0.7\,\text{Hz}$ の波）

とまとめることができる．ここで，先のフーリエ級数と同じように複素表示すると，

$$x(k\Delta t) = \sum_{n=0}^{N-1} c_n e^{j2\pi nk/N} \quad (k=0,1,2,\ldots,N-1) \tag{10.13}$$

ここに，

$$c_n = \frac{a_n - jb_n}{2}$$
$$= \frac{1}{N}\sum_{n=0}^{N-1} x(k\Delta t) e^{-j2\pi nk/N} \quad (n=0,1,2,\ldots,N-1) \tag{10.14}$$

で，これを有限複素フーリエ級数という．式 (10.14) がフーリエ変換，式 (10.13) が逆フーリエ変換である．k の数と n の数が一致するが，$x(k\Delta t)$ は実数，c_n は複素数であるので，未知数として 2 倍違うが実は c_n^* を c_n の共役複素数として

$$c_{N-n} = c_n^* \quad ,n=1,2,\ldots,N/2-1 \tag{10.15}$$

の関係がある（例題 10.2 参照）．

高速フーリエ変換 (FFT) は，有限複素フーリエ変換について，サンプル数 N を 2 のべき乗とすることにより高速演算を実現するアルゴリズムである．FFT ではデータについて完全な周期性，すなわち $x(1)$ と $x(N+1)$ とが一致することを前提として作られているアルゴリズムなので，データの最初と最後が滑らかにつながっていないデータの解析では誤差が生じる．このため，データの最初と最後とを一致させる**ウィンドウ関数**を原波形にかけてデータ処理を行う．ウィンドウ関数としてハニングウィンドウやエクスポネンシャルウィンドウなどが提案されているが，これらについては計測技術の話なので参考書[28]に譲る．表 10.1 に，時間間隔 Δt で N 点サンプリングした時系列のスペクトルの特性についてまとめる．

表 10.1　時間間隔 Δt で N 点サンプリングした時系列のスペクトル

折り返し振動数	$f_{Ny} = 1/(2\Delta t)$
スペクトルの範囲	$(0, f_{Ny})$
スペクトルの本数	$N/2$
分解能	$\Delta f = 1/(N\Delta t)$

有限離散フーリエ積分は教科書，ソフトウェアごとに定義が異なる．本書では，フーリエ変換を

$$X(f) = X(k\Delta f) = \frac{1}{N}\sum_{m=1}^{N} x(m\Delta t) e^{-j2\pi(k-1)(m-1)/N} \tag{10.16}$$

とし，逆フーリエ変換を

$$x(t) = x(m\Delta t) = \sum_{k=1}^{N} X(k\Delta f)e^{j2\pi(k-1)(m-1)/N} \qquad (10.17)$$

とするが，総和記号の前の係数は人により相違がある．表 10.2 に定義の相違を示す．実際に計算する場合には，それらの定義をよく確認することが必要である．定義の確認のため，手計算でも可能な 16 点の計算例[24]を例題 10.2 に示す．

表 10.2 各教科書，ソフトウェアでの有限離散フーリエ変換の係数

本，ソフト	フーリエ変換	逆フーリエ変換
[24], [27], [29], [30]	$1/N$	1
MATLAB, Excel	1	$1/N$
Mathematica	$1/\sqrt{N}$	$1/\sqrt{N}$

例題 10.2

図 10.4(a)のような，16 点で離散的に与えられる時系列[24]のフーリエスペクトルを求めよ．時系列 $x(t_m)$ は

$$x = [5, 32, 38, -33, -19, -10, 1, -8, -20, 10, -1, 4, 11, -1, -7, -2]$$

で，時間間隔は $\Delta t = 0.5\,\text{s}$ である．

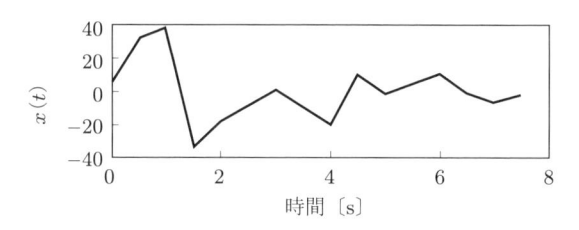

(a) 16 点で作った時系列

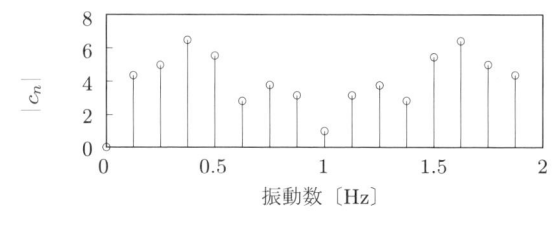

(b) フーリエ振幅スペクトル

図 10.4 16 点で作った時系列とそのフーリエ振幅スペクトル

解答

これをたとえば MATLAB で計算する場合，本書での定義（表 10.2 の上段）と MATLAB （表中段）との定義の違いから逆フーリエ変換として計算し，結果の共役複素数をとる．

（プログラム 10.1　フーリエスペクトルの計算）

```
X=[5 32 38 -33 -19 -10 1 -8 -20 10 -1 4 11 -1 -7 -2];%時系列の例題
T=0.5*((1:16)-1);FRQ=0.125*((1:16)-1);%時系列とFFTの横軸の作成のため
XF=ifft(X,16);% 逆フーリエ変換
XF=XF';% 共役複素
subplot(2,1,1);plot(T,X)
xlabel('Time sec');ylabel('x(t)');title('Time history');
subplot(2,1,2);stem(FRQ,abs(XF));%bar(abs(XF))
xlabel('Frequency Hz');ylabel('abs(c_n)');title('Fourie Spectrum')
```

これを実行して

k	Re(XF)+ iIm(XF)	abs(XF)
1	0	0
2	3.8796 + 2.0713i	4.3979
3	2.7445 - 4.1901i	5.0089
4	2.4790 - 5.9762i	6.4700
5	-3.3750 - 4.3750i	5.5255
6	-2.0940 + 1.9280i	2.8464
7	-3.6195 + 1.1849i	3.8085
8	1.9854 + 2.4756i	3.1734
9	1.0000	1.0000
10	1.9854 - 2.4756i	3.1734
11	-3.6195 - 1.1849i	3.8085
12	-2.0940 - 1.9280i	2.8464
13	-3.3750 + 4.3750i	5.5255
14	2.4790 + 5.9762i	6.4700
15	2.7445 + 4.1901i	5.0089
16	3.8796 - 2.0713i	4.3979

計算結果を図 10.4(b) に示す．フーリエスペクトルは絶対値 $|X_k|$ でプロットしてある．横軸は振動数で $\Delta f = 1/(N\Delta t) = 0.125\,\text{Hz}$ であり，$f_{N/2} = 1\,\text{Hz}$ の折り返し振動数で左右対称になっていることがわかる．

10.2 相関関数とパワースペクトル

10.2.1 パワースペクトル

パワースペクトルは通常，相関関数の逆フーリエ変換で定義することが多いが，ここではエネルギーを使ってもっと直感的に導入する．

まず，離散値で考える．時系列の 2 乗平均値（平均パワーとよぶ）は式 (10.13) を使って

$$\frac{1}{N}\sum_{m=0}^{N-1} x^2(m\Delta t) = |c_0|^2 + 2\sum_{k=1}^{N/2-1} |c_k|^2 + |c_{N/2}|^2 \tag{10.18}$$

となる．この式はパーセバル (Parseval) の定理として知られている．通常，この式に $T = N\Delta t$ をかけて，

$$\Delta t \sum_{m=0}^{N-1} x(m\Delta t)^2 = T\left(|c_0|^2 + 2\sum_{k=1}^{N/2-1} |c_k|^2 + |c_{N/2}|^2\right)$$

$$= \sum_{k=0}^{N/2} C(f_k) \tag{10.19}$$

として，各項を振動数に対して描いたものを**パワースペクトル** (power spectrum) とよび，ここでは $C(f_k)$ と表す．

一方で，連続的な時系列の場合，式 (10.18) に対応するのは，式 (10.4) を使って

$$\lim_{T\to\infty} \frac{1}{T} \int_{-T/2}^{T/2} x^2(t)\,dt = \sum_{k=-\infty}^{\infty} |c_k|^2 = \sum_{k=-\infty}^{\infty} T|c_k|^2 \frac{1}{T} \tag{10.20}$$

であるが，$T \to \infty$ のとき

$$\frac{1}{T} \to df$$

であるので，

$$\sum_{k=-\infty}^{\infty} T|c_k|^2 \frac{1}{T} = \int_{-\infty}^{\infty} T|c_k|^2\,df$$

と書き表せて，

$$\lim_{T\to\infty} \left(T|c_k|^2\right) = P(f) \tag{10.21}$$

という関数 $P(f)$ を定義すれば，式 (10.20) は

$$\lim_{T\to\infty} \frac{1}{T} \int_{-T/2}^{T/2} x^2(t)\,dt = \int_{-\infty}^{\infty} P(f)\,df \tag{10.22}$$

となる．$P(f)$ はその振動数 f におけるエネルギーの密度となっているので，**パワースペクトル密度** (power spectrum density) とよぶ．

$P(f)$ について考察するため，式 (10.6) において，$T\to\infty$, $n\omega_0 \to 2\pi f$ とおけば，

$$Tc_k = \int_{-\infty}^{\infty} x(t)e^{-j2\pi ft}\,dt = X(f)$$

となる．ここに，$X(f)$ は式 (10.8) で定義される $x(t)$ の逆フーリエ変換である．よって，式 (10.21) より

$$\begin{aligned} P(f) &= \lim_{T\to\infty} (T|c_k|^2) = \lim_{T\to\infty} \left[\frac{1}{T}|X(f)^2|\right] \\ &= \lim_{T\to\infty} \left[\frac{1}{T}X(f)X^*(f)\right] \end{aligned} \tag{10.23}$$

となる．ここに，$X^*(f)$ は $X(f)$ の複素共役であり，この式は $P(f)$ と $x(t)$ のフーリエスペクトル $X(f)$ との関係を示す．

例題 10.3

例題 10.1 の矩形波の平均パワーを，連続スペクトルと線スペクトルから求めよ．

解答

まず，連続スペクトルからパワースペクトル $P(f)$ を求めれば，例題 10.1 の結果の式 (10.10) から

$$X(f) = A\frac{1}{\pi f}\sin\frac{\pi fT}{2}$$

であり，これを式 (10.23) に代入すれば，

$$P(f) = \lim_{T\to\infty}\left[A^2\frac{T}{4}\frac{\sin(\pi fT/2)}{\pi fT/2}\right]$$

となる．これを積分すると，$x = \pi fT/2$ とおいて

$$\bar{x}^2 = \int_{-\infty}^{\infty} P(f)\,df = \frac{A^2 T}{2\pi T}\int_{-\infty}^{\infty}\left(\frac{\sin x}{x}\right)^2 dx$$

となるが，ここで積分公式

$$\int_0^\infty \left(\frac{\sin x}{x}\right)^2 dx = \frac{\pi}{2}$$

より

$$\bar{x}^2 = \frac{A^2 T}{2\pi T}\pi = \frac{A^2}{2}$$

を得る.

一方,線スペクトルからは,式 (10.9) よりただちに

$$\frac{\bar{x}^2}{A^2} = \frac{1}{4} + \frac{1}{2}\left(\frac{2}{\pi}\right)^2 \sum_{n=1}^{\infty}\left(\frac{1}{2n-1}\right)^2$$

であるが,級数の部分は

$$1 + \frac{1}{3^2} + \frac{1}{5^2} + \frac{1}{7^2} + \cdots = \frac{\pi^2}{8}$$

の公式を使えば,

$$\frac{\bar{x}^2}{A^2} = \frac{1}{4} + \frac{1}{2}\frac{4}{\pi^2}\frac{\pi^2}{8} = \frac{1}{2}$$

となり,同じ値 $\bar{x}(t) = A/\sqrt{2}$ を得る.

10.2.2 自己相関関数

自己相関関数 (auto-correlation function) は,時系列データの周期性をみるためのもので,周期性に関するパラメータを τ として,

$$R_{xx}(\tau) = E[x(t)x(t+\tau)] = \lim_{T\to\infty}\frac{1}{T}\int_{-T/2}^{T/2} x(t)x(t+\tau)\,dt \quad (10.24)$$

と定義する.期待値の演算子 E の定義は,改めて式 (11.2) で行う.時間 τ をラグ (lag) とよぶ.自己相関関数はある時間間隔 τ での周期性をみるもので,$\tau=0$ での値で割って正規化したものを自己相関係数 (auto-correlation coefficient) とよび,$x_i \equiv x(i\Delta t)$ として,

$$A_{xx}(\tau) = \frac{\displaystyle\sum_{i=1}^{N} x_i x_{i+\tau-1}}{\displaystyle\sum_{i=1}^{N} x_i^2}, \quad \tau = 1, 2, \ldots, N/2+1 \quad (10.25)$$

で計算できる.

例題 10.4

$x(t) = a\sin(2\pi ft)$ のとき,$R_{xx}(\tau)$ と $A_{xx}(\tau)$ を求めよ.

【解答】

定義式より

$$x(t)x(t+\tau) = a^2 \sin 2\pi ft \sin 2\pi f(t+\tau)$$

$$= \frac{a^2}{2}\{\cos 2\pi f\tau - \cos 2\pi f(2t+\tau)\}$$

であるので,式 (10.24) より

$$R_{xx}(\tau) = \frac{a^2}{2}\cos 2\pi f\tau$$

が得られ, $R_{xx}(0) = a^2/2$ なので,式 (10.25) より

$$A(\tau) = \cos 2\pi f\tau$$

が得られる.

自己相関関数の性質については,定義より,
- 自己相関関数は偶関数である.
- ラグ τ が 0 のとき最大値をとる.
- 信号の不規則性が強くなると, $\tau = 0$ 以外での値は小さくなる.
- 周期性がある場合,ある τ の値で極値となる.

とまとめることができる.

10.2.3 ウィナー‐ヒンチンの関係式

自己相関関数は式 (10.24) で定義されるが,フーリエ変換の式 (10.8)

$$x(t) = \int_{-\infty}^{\infty} X(f)e^{-j2\pi ft}\,df, \quad X(f) = \int_{-\infty}^{\infty} x(t)e^{-j2\pi ft}\,dt$$

の関係式を使って変形して,

$$\begin{aligned}R_{xx}(\tau) &= \lim_{T\to\infty}\frac{1}{T}\int_{-T/2}^{T/2} x(t)x(t+\tau)\,dt \\ &= \lim_{T\to\infty}\frac{1}{T}\int_{-T/2}^{T/2} x(t)\left[\int_{-\infty}^{\infty} X(f)e^{j2\pi f(t+\tau)}\,df\right]dt \\ &= \lim_{T\to\infty}\frac{1}{T}\int_{-\infty}^{\infty} X(f)e^{j2\pi f\tau}\left[\int_{-T/2}^{T/2} x(t)e^{j2\pi ft}\,dt\right]df\end{aligned}$$

である.ここで, $(-T/2, T/2)$ 以外の区間で $x(t)$ は 0 なので,その積分区間を $(-\infty, \infty)$ として置き換えて,

$$\begin{aligned}R_{xx}(\tau) &= \lim_{T\to\infty}\frac{1}{T}\int_{-\infty}^{\infty} X(f)^* e^{j2\pi f\tau} X(f)\,df \\ &= \int_{-\infty}^{\infty}\left[\lim_{T\to\infty}\frac{X(f)X^*(f)}{T}\right]e^{j2\pi f\tau}\,df\end{aligned}$$

となる.これをパワースペクトルの定義式 (10.23)

$$S_{xx}(f) = \lim_{T\to\infty} \frac{X(f)X^*(f)}{T} = \lim_{T\to\infty} \frac{|X(f)|^2}{T}$$

を使って書き直すと,

$$R_{xx}(\tau) = \int_{-\infty}^{\infty} S_{xx}(f)e^{j2\pi f\tau}\,df \tag{10.26a}$$

である. ここで, $\tau = 0$ のとき,

$$R_{xx}(0) = E[x(t)^2] = \bar{x}^2$$

であるので, 平均パワーは

$$\bar{x}^2 = \int_{-\infty}^{\infty} S_{xx}(f)\,df$$

となり, 式 (10.22) より, $S_{xx}(f)$ が f で表したパワースペクトル密度であることがわかる.

式 (10.26a) については, 逆フーリエ変換の式が得られて,

$$S_{xx}(f) = \int_{-\infty}^{\infty} R_{xx}(\tau)e^{-j2\pi f\tau}\,d\tau \tag{10.26b}$$

となる. 以上は周波数領域上の変数を f としたが, ω で記述すると式 (10.8) の代わりに式 (10.7) を用いて, 式 (10.23) は

$$S_{xx}(\omega) = \lim_{T\to\infty} \frac{2\pi X(\omega)X^*(\omega)}{T} \tag{10.27}$$

となり, 式 (10.26) は

$$R_{xx}(\tau) = \int_{-\infty}^{\infty} S_{xx}(\omega)e^{j\omega\tau}\,d\omega, \quad S_{xx}(f) = \frac{1}{2\pi}\int_{-\infty}^{\infty} R_{xx}(\tau)e^{-j\omega\tau}\,d\tau \tag{10.28}$$

となる. 式 (10.26), (10.28) は, 相関関数とパワースペクトル密度を結びつける関係式であり, **ウィナー–ヒンチン** (Wiener–Khintchine) の関係式という.

10.2.4　クロススペクトルと相互相関関数

パワースペクトルは, 自己相関関数との対比で**オートスペクトル** (auto-spectrum) ともよばれる. また, **クロススペクトル** (cross-spectrum) は, x と y との時系列における周期性をみる相互相関関数

$$R_{xy}(\tau) = E[x(t)y(t+\tau)]$$

と関連させて

$$S_{xy}(f) = \lim_{T\to\infty} \frac{X(f)Y^*(f)}{T} \tag{10.29}$$

のように入力と出力との積により定義される．通常，x と y はシステムの入力と出力である．また，

$$X(f) = \int_0^\infty x(t)e^{-j2\pi ft}\,dt$$

$$Y(f) = \int_0^\infty y(t)e^{-j2\pi ft}\,dt$$

であり，アステリスク $*$ は共役複素数を表す．

相互相関関数 R_{xy} とクロススペクトルについても，フーリエ変換とその逆変換の関係があり，

$$R_{xy}(\tau) = \int_{-\infty}^\infty S_{xy}(f)e^{j2\pi f\tau}\,df, \qquad S_{xy}(f) = \int_{-\infty}^\infty R_{xy}(\tau)e^{-j2\pi f\tau}\,d\tau \tag{10.30}$$

となり，変数 ω で表せば，

$$R_{xy}(\tau) = \int_{-\infty}^\infty S_{xy}(\omega)e^{j\omega\tau}\,d\omega, \qquad S_{xy}(\omega) = \frac{1}{2\pi}\int_{-\infty}^\infty R_{xy}(\tau)e^{-j\omega\tau}\,d\tau \tag{10.31}$$

である．

フーリエ変換と逆フーリエ変換について**表 10.3** にまとめる．表において，両側スペクトル S と片側スペクトル G との間には，

$$G_{xx}(f) = 2S_{xx}(f) \tag{10.32}$$

$$G_{xy}(f) = 2S_{xy}(f) \tag{10.33}$$

の関係がある．自己相関関数は偶関数であり，また，振動数 f は正の値であるので，実際に使うのは片側スペクトルである．また，角振動数で表した片側スペクトルとの間には，

$$G_{xx}(f) = 2\pi G_{xx}(\omega) = 4\pi S_{xx}(\omega) \tag{10.34}$$

の関係がある．表の一番下の欄の $C_{xy}(f)$ は実数値偶関数で同相スペクトル密度関数，$Q_{xy}(f)$ は実数値奇関数で直交スペクトル密度関数という．

例題 10.5

式 (10.34) の, $G_{xx}(f) = 4\pi S_{xx}(\omega)$ を証明せよ.

解答

全周波数領域を総和したエネルギーが等しいことから導く. 平均パワー $\bar{x}^2$ がどの定義を用いても同じでなければならないので,

$$\bar{x}^2 = \int_0^\infty G_{xx}(f)\,df = \int_{-\infty}^\infty S_{xx}(\omega)\,d\omega$$

ここで, $\omega = 2\pi f$ なので,

$$\int_0^\infty G_{xx}(f)\,df = 2\int_0^\infty S_{xx}(\omega)\,d\omega = 2\int_0^\infty S_{xx}(\omega) 2\pi\,df = 4\pi \int_0^\infty S_{xx}(\omega)\,df$$

となり, $G_{xx}(f) = 4\pi S_{xx}(\omega)$ を得る.

表 10.3 時間間隔 Δt で N 点サンプリングした時系列のスペクトル

項目	フーリエ変換	逆フーリエ変換
定義 1	$X(\omega) = \dfrac{1}{2\pi}\displaystyle\int_{-\infty}^\infty x(t)e^{-j\omega t}\,dt$	$x(t) = \displaystyle\int_{-\infty}^\infty X(\omega)e^{j\omega t}\,d\omega$
定義 2	$X(f) = \displaystyle\int_{-\infty}^\infty x(t)e^{-j2\pi f t}\,dt$	$x(t) = \displaystyle\int_{-\infty}^\infty X(f)e^{j2\pi f t}\,df$
	両側パワースペクトル密度 $S_{xx}(f) = \displaystyle\int_{-\infty}^\infty R_{xx}(\tau)e^{-j2\pi f\tau}\,d\tau$	自己相関関数 $R_{xx}(\tau) = 2\displaystyle\int_0^\infty S_{xx}(f)\cos(2\pi f\tau)\,df$
	片側パワースペクトル密度 $G_{xx}(f) = 4\displaystyle\int_0^\infty R_{xx}(\tau)\cos(2\pi f\tau)\,d\tau$	自己相関関数 $R_{xx}(\tau) = \displaystyle\int_0^\infty G_{xx}(f)\cos(2\pi f\tau)\,df$
	両側クロススペクトル密度 $S_{xy}(f) = \displaystyle\int_{-\infty}^\infty R_{xy}(\tau)e^{-j2\pi f\tau}\,d\tau$	相互相関関数 $R_{xy}(\tau) = 2\displaystyle\int_0^\infty S_{xy}(f)\cos(2\pi f\tau)\,df$
	片側クロススペクトル密度 $G_{xy}(f) = 2\displaystyle\int_{-\infty}^\infty R_{xy}(\tau)e^{-j2\pi f\tau}\,d\tau$ $= C_{xy}(f) - jQ_{xy}(f)$	相互相関関数 $R_{xy}(\tau) = \displaystyle\int_0^\infty G_{xy}(f)\cos(2\pi f\tau)\,df$ $= \displaystyle\int_0^\infty \Big[C_{xy}(f)\cos(2\pi f\tau)\,d\tau$ $+ Q_{xy}(f)\sin(2\pi f\tau)\Big]df$

10.3 周波数応答関数

本節では，振動系の周波数応答関数を定義する．周波数応答関数は，多自由度の振動系の特性を表現するのに有益な情報となる．

10.3.1 振動系の周波数応答関数

まず，フーリエ変換の時間微分を考える．$\dot{x}(t)$ のフーリエ変換は，式 (10.8a) より

$$\dot{X}(f) = \int_{-\infty}^{\infty} \frac{dx}{dt} e^{-j2\pi ft} \, dt$$

である．ここで，部分積分法を使って，

$$\dot{X}(f) = x(t)e^{-j2\pi ft}\big|_{-\infty}^{\infty} + (j2\pi f)X(f) = (j2\pi f)X(f) \tag{10.35}$$

となる．部分積分の第1項が0となるのは，$t \to \pm\infty$ で $x(t) \to 0$ のような関数でなければフーリエ変換の対象とはならないからである．同様に，$\ddot{x}(t)$ のフーリエ変換についても部分積分法を使って，

$$\ddot{X}(f) = -(2\pi f)^2 X(f) \tag{10.36}$$

であるので，1自由度の振動方程式

$$m\ddot{x} + c\dot{x} + kx = f(t) \tag{10.37}$$

の両辺をフーリエ変換すると，

$$-m(2\pi f)^2 X(f) + c(j2\pi f)X(f) + kX(f) = F(f)$$

であり，これを

$$X(f) = H(f)F(f) \tag{10.38}$$

とすれば，

$$H(f) = \frac{1}{-m(2\pi f)^2 + jc(2\pi f) + k} \tag{10.39}$$

である．$H(f)$ を**周波数応答関数** (**FRF**; Frequency Response Function) とよぶ．引数 f の代わりに ω をとって，

$$X(\omega) = H(\omega)F(\omega), \quad H(\omega) = \frac{1}{-m\omega^2 + jc\omega + k} \tag{10.40}$$

とすることのほうが多い．

試験によって $H(f)$ を得るためには，入出力のフーリエ変換 $X(f)$，$F(f)$ を計測して

$$H(f) = \frac{X(f)}{F(f)} \qquad (10.41)$$

から求めることができる．実際には，あとで述べるパワースペクトルとクロススペクトルから，

$$H_1(\omega) = \frac{S_{xf}(\omega)}{S_{ff}(\omega)} \quad \text{または} \quad H_2(\omega) = \frac{S_{xx}(\omega)}{S_{xf}(\omega)} \qquad (10.42)$$

として求める．実際の構造物の周波数応答関数は有限要素法により求め，それを振動試験によって計測された周波数応答関数（またはモーダルパラメータ）により検証して設計に使う．上記 H_1 は試験において共振点近くで，H_2 は**反共振点**近くで使うとよい．全域では

$$H_v = \sqrt{H_1 H_2} \qquad (10.43)$$

を使うとよいという提案もある[31]．試験における H_1, H_2, H_v の使い分けは，力センサーと変位（加速度）センサーで計測される誤差とノイズの影響を小さくしようという配慮からくるものである．詳しくは参考書（[31]など）を参照されたい．

例題 10.6

周波数伝達関数の逆変換が**インパルス応答関数**となることを証明せよ．

解答

$e^{-\alpha t}$ のフーリエ変換 $F[e^{-\alpha t}]$ は，

$$F[e^{-\alpha t}] = \int_0^\infty e^{-\alpha t} e^{-j\omega t}\, dt = \frac{1}{\alpha + j\omega} \qquad (10.44)$$

となる．周波数応答関数を次のように変形してこの式を利用する．

$$\begin{aligned}
H(\omega) &= \frac{1}{-m\omega^2 + j\omega c + k} = \frac{1}{m(-\omega^2 + 2j\zeta\omega\omega_0 + \omega_0^2)} \\
&= \frac{1}{m\sqrt{1-\zeta^2}\,\omega_0} \frac{\sqrt{1-\zeta^2}\,\omega_0}{-(\omega - j\zeta\omega_0)^2 + (\sqrt{1-\zeta^2}\,\omega_0)^2} \\
&= \frac{1}{2m\sqrt{1-\zeta^2}\,\omega_0} \\
&\quad \times \left[\frac{1}{j\omega + (\zeta\omega_0 + j\sqrt{1-\zeta^2}\,\omega_0)} - \frac{1}{j\omega + (\zeta\omega_0 - j\sqrt{1-\zeta^2}\,\omega_0)} \right]
\end{aligned}$$

と変形し，ここで，式 (10.44) を使って，

$$F^{-1}[H(\omega)] = \frac{1}{2m\sqrt{1-\zeta^2}\,\omega_0} \left[e^{-(\zeta\omega_0 + j\sqrt{1-\zeta^2}\,\omega_0)t} + e^{-(\zeta\omega_0 - j\sqrt{1-\zeta^2}\,\omega_0)t} \right]$$

$$= \frac{1}{m\sqrt{1-\zeta^2}\,\omega_0} e^{-\zeta\omega_0 t} \sin(\omega_0\sqrt{1-\zeta^2}\,t)$$

となる．これは第 5 章のインパルス応答関数の式 (5.33) と一致する．

10.3.2 多自由度系の周波数応答関数

有限要素法で定式化された多自由度の振動方程式

$$[M]\{\ddot{\delta}\} + [C]\{\dot{\delta}\} + [K]\{\delta\} = \{F(t)\} \tag{10.45}$$

について考える．固有振動解析がすでに行われて，固有振動数 ω_n と固有振動モード $\{\phi_n\}$ がわかっているとき，固有振動モード行列を両側からかけて

$$k_i q_i + c_i \dot{q}_i + m_i \ddot{q}_i = f_i \tag{10.46}$$

という n 個のそれぞれ独立した 1 自由度の振動方程式 (式 (9.18) と同じ) となることは，すでに 9.2 節でみた．f_i は $\{\phi\}$ を第 i 次の固有振動モードとして

$$f_i(t) = \{\phi_i\}^T \{F\} \tag{10.47}$$

である．外力として $f_i(t) = f_0 e^{j\omega_0 t}$ という調和振動を考え，その応答 q_i についても $q_i = q_0 e^{j\omega t}$ として式 (10.46) に代入すると，

$$\frac{q_0}{f_0} = H(\omega) = \frac{1}{k_i + j\omega c_i - \omega^2 m_i} \tag{10.48}$$

となる．ここに，

$$k_i = m_i \omega_i^2 \tag{10.49}$$

$$c_i = 2\omega_i m_i \zeta_i \tag{10.50}$$

で，m_i, ω_i, ζ_i はそれぞれ i 次 (振動数の低いほうから i 番目という意味) のモード質量，固有角振動数，減衰比といい，まとめて**モーダルパラメータ**という．よって，i 次のモードに関してのモード座標 q_i とモード力 f_i の周波数応答関数は，

$$H_i(\omega) = \frac{1}{m_i\{(\omega_i^2 - \omega^2) + 2j\zeta_i \omega \omega_i\}} \tag{10.51}$$

である．この周波数応答関数は変位/力であるので，H_i を**コンプライアンス** (compliance)，加速度/力 ($G = -\omega^2 H_i$) を**アクセレランス** (accelerance) とよぶこともある．

物理座標点 δ_i と j 点における実際の力 F_j との周波数応答関数は，式 (10.47) より

として，

$$f_j = \sum \phi_{jr} F_j$$

$$\delta_i = \sum_{r=1}^{n} \phi_{ir} q_r, \quad H_{ij}(\omega) = \sum_{r=1}^{n} \frac{\phi_{ir}\phi_{jr}}{m_r\{(\omega_r^2 - \omega^2) + j2\zeta_r\omega_r\omega\}} \quad (10.52)$$

となる．ここで，$\phi_{ir}\phi_{jr}/m_r$ はレジデュ (residue) とよばれる．r は振動の次数を表し，ϕ_{ir} は振動モード $\{\phi_r\}$ の第 i 成分を表す．

 周波数応答関数は，式 (10.52) からわかるように複素数である．まず，絶対値で表示したものを図 10.5 に，実数部と虚数部に分けて表示したもの (**Co-Quad plot** ともいう) を図 10.6 に示す．虚数部は，共振振動数の情報と減衰比およびモード質量の情報に加え，位相情報も持っていることに注意されたい．

 多自由度の，すなわち構造物の周波数応答関数は，モーダルパラメータがわかれば作ることができる．また，周波数応答関数がわかれば，有限個の組のモーダルパラメータを同定することができる．前者は，有限要素法による固有値解析から周波数応答関数が作れることを示す．後者は，振動試験によって周波数応答関数を求めて固有振動特性を知ることに相当する．後者の作業をカーブフィットという．これは，周波数応答関数を1自由度の線形和に分解することからつけられた名前である．本書では，試験による周波数応答関数の測定法についてはふれないが，**実験的モード解析**としていろいろな参考書[28] があるので参照されたい．

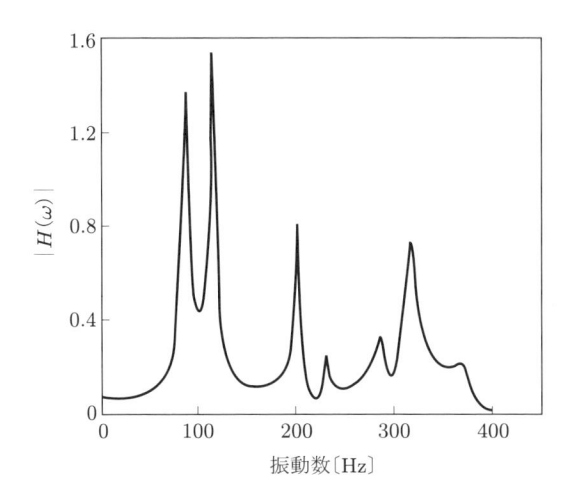

図 10.5　周波数応答関数の例（絶対値表示）

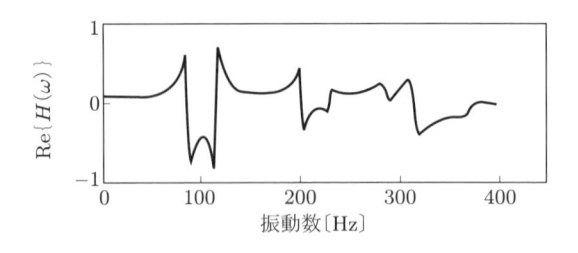

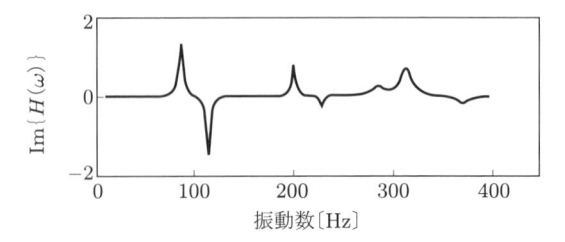

図 10.6 周波数応答関数の例（Co-Quad プロット）

10.4 ランダム応答

10.4.1 応答のパワースペクトル

さて，振動系の外力と応答は，式 (10.38) のように

$$X(f) = H(f)F(f)$$

で表されることを前節で示した．ここでは外力をランダムとして，その応答のパワースペクトルを求めることを考える．たとえば設計において，$0.1\,\mathrm{G^2/Hz}$ のパワースペクトル密度で揺れる土台の上の構造物の，ある部分の応答を求めたい場合や，応力の平均応答を求めたい場合である．このとき，応答のパワースペクトルは

$$\begin{aligned}S_{xx} &= \lim_{T\to\infty} \frac{2\pi}{T} X(\omega) X^*(\omega) \\ &= \lim_{T\to\infty} H(\omega) \frac{2\pi F(\omega) F(\omega)^*}{T} H(\omega)^* = |H(\omega)|^2 S_{FF}(\omega) \quad (10.53)\end{aligned}$$

と得られる．この式より，外力のパワースペクトル S_{FF} が与えられれば，周波数応答関数を介して応答のパワースペクトルが得られることがわかる．本節では，$|H(\omega)|^2$ を含んだ積分を行うため，表 10.4 を用意[32]した．この表の計算法を，次の例題によって示す．

例題 10.7

留数定理を使って表 10.4 の積分を求めよ.

表 10.4 $|H(\omega)|^2$ の積分

$$H(\omega), \quad I \equiv \int_{-\infty}^{\infty} |H(\omega)|^2 \, d\omega$$

$$H = \frac{B_0}{A_0 + i\omega A_1}, \quad I = \pi \frac{B_0^2}{A_0 A_1}$$

$$H = \frac{B_0 + i\omega B_1}{A_0 + i\omega A_1 - \omega^2 A_2}, \quad I = \pi \frac{B_0^2 A_2 + B_1^2 A_0}{A_0 A_1 A_2}$$

$$H = \frac{B_0 + i\omega B_1 - \omega^2 B_0}{A_0 + i\omega A_1 - \omega^2 A_2 - i\omega^3 A_3},$$

$$I = \pi \frac{(B_0^2/A_0) A_2 A_3 + A_3(B_1^2 - 2B_0 B_2) + A_1 B_2^2}{A_1 A_2 A_3 - A_0 A_3^2}$$

$$H = \frac{B_0 + i\omega B_1 - \omega^2 B_2 - i\omega^3 B_3}{A_0 + i\omega A_1 - \omega^2 A_2 - i\omega^3 A_3 + \omega^4 A_4},$$

$$I = \pi \frac{N_{um}}{A_1(A_2 A_3 - A_1 A_4) - A_0 A_3^2},$$

$$N_{um} \equiv (B_0^2/A_0)(A_2 A_3 - A_1 A_4) + A_3(B_1^2 - 2B_0 B_2)$$
$$+ A_1(B_2^2 - 2B_1 B_3) + (B_3^2/A_4)(A_1 A_2 - A_0 A_3)$$

解答

表の中の一つの例について計算してみる.
$$H(\omega) = \frac{B_0 + i\omega B_1}{A_0 + i\omega A_1 - \omega^2 A_2}$$
について
$$I = \int_{-\infty}^{\infty} |H(\omega)|^2 \, d\omega = \frac{B_0^2 A_2 + B_1^2 A_0}{A_0 A_1 A_2} \pi$$
を証明する. 積分の中を計算して,
$$|H(\omega)|^2 = \frac{B_0^2 + \omega^2 B_1^2}{(A_0 - \omega^2 A_2)^2 + \omega^2 A_1^2}$$
$$= \frac{B_0^2 + \omega^2 B_1^2}{A_2^2(\omega - \omega_1)(\omega - \omega_2)(\omega + \omega_1)(\omega + \omega_2)}$$
となる. この極である ω_1, ω_2 は,
$$\omega_{1,2} = \frac{-iA_1 \pm \sqrt{-A_1^2 + 4A_0 A_2}}{-2A_2}$$
であるので, $|H(\omega)|^2 = p/q$ とおいて, 複素関数論の留数定理より

$$\frac{1}{2\pi i}I = \frac{p(\omega_1)}{q'(\omega_1)} + \frac{p(\omega_2)}{q'(\omega_2)}$$

が得られる．ここに，

$$q'(\omega) = A_2^2 \Big[(2\omega - \omega_1 - \omega_2)\big\{\omega^2 + (\omega_1 + \omega_2)\omega + \omega_1\omega_2\big\}$$
$$\times (2\omega + \omega_1 + \omega_2)\big\{\omega^2 - (\omega_1 + \omega_2)\omega + \omega_1\omega_2\big\}\Big]$$

であるので，

$$I = \frac{2\pi i}{A_2^2} \left\{ \frac{B_0^2 + \omega_1^2 B_1^2}{(\omega_1 - \omega_2)2\omega_1(\omega_1 + \omega_2)} + \frac{B_0^2 + \omega_2^2 B_1^2}{(\omega_2 - \omega_1)2\omega_1(\omega_1 + \omega_2)} \right\}$$
$$= \frac{2\pi i}{A_2^2} \frac{-B_0^2 + B_1^2 \omega_1 \omega_2}{2\omega_1\omega_2(\omega_1 + \omega_2)}$$

が得られる．ここで，

$$\omega_1 + \omega_2 = \frac{iA_1}{A_2}, \quad \omega_1\omega_2 = -\frac{A_0}{A_2}$$

であるので，これらを代入して，

$$I = \frac{B_0^2 A_2 + B_1^2 A_0}{A_0 A_1 A_2}\pi$$

を得る．

10.4.2　1自由度系の応答とマイルズの式

マイルズ (Miles) の式は，土台（ベース）がランダム加振を受ける構造を1自由度系で近似したとき，その応答を求める式である．ベース加振 $\ddot{u}$ を受ける1自由度系の応答のスペクトルを求めてみる．

絶対変位を x，相対変位を y として，

$$x = y + u$$

とすると，振動方程式は

$$m\ddot{y} + c\dot{y} + ky = -m\ddot{u}$$

となるので，土台加振と応答のパワースペクトルの関係式は

$$S_{yy}(\omega) = |H(\omega)|^2 S_{\ddot{u}\ddot{u}}(\omega)$$
$$H(\omega) = \frac{1}{\omega_0^2 - \omega^2 + 2j\zeta\omega\omega_0}$$

であり，式 (10.26a) より

$$E[y(t)^2] = R_{yy}(0) = \int_{-\infty}^{\infty} S_{yy}(\omega)\,d\omega$$

となる．ここで，ベース加振は振動数に関係なく一定（ホワイトランダム）とすると，

$$E[y(t)^2] = S_{\ddot{u}\ddot{u}} \int_{-\infty}^{\infty} |H(\omega)|^2\,d\omega = S_{\ddot{u}\ddot{u}} \frac{\pi}{2\zeta\omega_0^3} \tag{10.54}$$

となる．ここで，$H(\omega)$ の積分には前の例題 10.7 による公式を使った．また，速度については同様に，

$$E[\dot{y}(t)^2] = S_{\ddot{u}\ddot{u}} \int_{-\infty}^{\infty} \omega^2 |H(\omega)|^2\,d\omega = \frac{\pi S_{\ddot{u}\ddot{u}}}{2\zeta\omega_0} \tag{10.55}$$

であり，相対変位による減衰と剛性が絶対変位の慣性力とつりあうので，

$$m\ddot{x}(t) = -c\dot{y}(t) - ky(t)$$

であり，m で両辺を割ると

$$\ddot{x}(t) = -2\zeta\omega_0 \dot{y}(t) - \omega_0^2 y(t)$$

なので，

$$R_{\ddot{x}\ddot{x}}(0) = (2\zeta\omega_0)^2 R_{\dot{y}\dot{y}}(0) + \omega_0^4 R_{yy}(0) + 2\zeta\omega_0^3 \{R_{y\dot{y}}(0) + R_{\dot{y}y}(0)\}$$

となる．ここで，

$$R_{y\dot{y}}(0) = R_{\dot{y}y}(0)$$

なので，式 (10.54) と式 (10.55) を代入して，

$$\begin{aligned}E\{\ddot{x}(t)^2\} &= (2\zeta\omega_0)^2 E[\dot{y}(t)^2] + \omega_0^4 E[y(t)^2] \\ &= S_{\ddot{u}\ddot{u}} \frac{\pi\omega_0}{2\zeta}(1 + 4\zeta^2)\end{aligned} \tag{10.56}$$

となる．$\zeta^2 \ll 1$ として，この式を式 (10.34) を使って片側オートスペクトル $G_{\ddot{u}\ddot{u}}(f)$ で表し，

$$\zeta = \frac{1}{2Q}, \quad \omega_0 = 2\pi f_0, \quad G_{\ddot{u}\ddot{u}} = 4\pi S_{\ddot{u}\ddot{u}}$$

と書き直して，

$$E\{\ddot{x}(t)^2\} \approx S_{\ddot{u}\ddot{u}} \frac{\pi\omega_0}{2\zeta} = \frac{\pi}{2} f_0 Q G_{\ddot{u}\ddot{u}}$$

を得る．応答は共振点の外側では 0 に近いので，近似的に

$$\ddot{x}_{\mathrm{rms}} = \sqrt{\frac{\pi}{2} f_0 Q G_{\ddot{u}\ddot{u}}(f_0)} \tag{10.57}$$

と表すことができる．この式をマイルズの式[33]という．xの添え字 rms は root mean square（2乗平均）の略である．式 (10.34) に見られるように，土台のスペクトルの定義が片側か両側か，ωかfかで数値が異なるので要注意である．また，式 (10.57) で表される値は応答の平均値であり，実際の設計では信頼性を考えて3σ上限値（標準偏差σについては第 11 章で説明する）をとるので，式 (10.57) の 3 倍以上で設計する．すなわち，x_dを設計値として，

$$\ddot{x}_d = 3\sigma = 3\ddot{x}_{\rm rms} = 3\sqrt{\frac{\pi}{2}f_0 Q G_{\ddot{u}\ddot{u}}(f_0)}$$

である．

例題 10.8

マイルズの式の妥当性を検討してみる．数値例として質量$m = 1\,{\rm kg}$，振動数$f_1 = 50\,{\rm Hz}$，減衰比$\zeta = 0.05$ ($Q = 10$)，変位の$G_{\ddot{u}\ddot{u}} = 1\,{\rm G}^2/{\rm Hz}$とする．

解答

応答加速度の分散を$\ddot{x}_{\rm rms}$とする．マイルズの式 (10.57) を使って，

$$\ddot{x}_{\rm rms} = \sqrt{\frac{\pi}{2}f_1 Q G_{\ddot{u}\ddot{u}}} = \sqrt{\frac{\pi}{2} \times 50 \times 10 \times 1} = 28\,{\rm G}$$

を得る．一方，定義式を積分すると，式 (10.56) より

$$\ddot{x}_{\rm rms}^2 = \frac{\omega_1 G_{\ddot{u}\ddot{u}}}{8\zeta}(1 + 4\zeta^2) = \frac{100\pi \times 1}{2 \times 0.05}(1 + 4 \times 0.05^2) = (28.4\,{\rm G})^2$$

となり，かなり良い近似であることがわかる．

10.4.3 多自由度系の応答

多自由度系の場合，これまでに述べてきたように，モード分解して 1 自由度系に直し，その線形重ね合わせで解を求める．固有値解析は完了しているとして，モード座標系での応答の式は，式 (10.53) より

$$[G_{qq}] = |H(\omega)|^2 [G_{ff}]$$

である．$H(\omega)$は式 (10.51) で与えられる．本項では，両側スペクトルSの代わりに片側スペクトルGを使っている．物理座標系とモード座標系の変換式は

$$\{x(t)\} = [\Phi]\{q(t)\}, \quad \{f(t)\} = [\Phi]^T\{F(t)\}$$

であるので，$\{X\}$を$\{x\}$のフーリエ変換，$*$を複素転置の記号として，

$$[G_{xx}] = \lim_{T \to \infty} \frac{2\pi}{T} \{X(\omega)\}\{X^*(\omega)\}$$
$$= \lim_{T \to \infty} \frac{2\pi}{T} [\varPhi]\{Q(\omega)\}\{Q^*(\omega)\}[\varPhi]^T = [\varPhi][G_{qq}][\varPhi]^T$$

となる. $\{Q\}$ は $\{q\}$ のフーリエ変換である. 同様に,

$$[G_{ff}] = [\varPhi]^T[G_{FF}][\varPhi]$$

などを使えば,

$$[G_{xx}] = [\varPhi][G_{qq}][\varPhi]^T = [\varPhi][H(\omega)][G_{ff}][H(\omega)]^*[\varPhi]^T$$
$$= [\varPhi][H(\omega)][\varPhi]^T[G_{FF}][\varPhi][H(\omega)]^*[\varPhi]^T \tag{10.58}$$

が得られる.

次に, 先ほどの1自由度の場合と同じように, 土台加振の場合の加速度応答を求めてみる. 相対変位を $\{y(t)\}$, 土台の剛体変位ベクトルを $\{u(t)\}$ とし, 剛体変位の形状ベクトルを6自由度系に投影して $[R]$ として,

$$\{x(t)\} = \{y(t)\} + [R]\{u(t)\} \tag{10.59}$$

とする. 先の式 (10.58) において力を慣性加振力に置き換えると,

$$\{F(t)\} = -[M]\{R\}\{\ddot{u}(t)\} \tag{10.60}$$

であるので, 相対変位 $\{y(t)\}$ のパワースペクトルは

$$[G_{yy}] = [\varPhi][H(\omega)][\varPhi]^T[M]\{R\}[G_{\ddot{u}\ddot{u}}]\{R\}^T[M]^T[\varPhi][H(\omega)][\varPhi]^T$$

である. この式は

$$[H_{y\ddot{u}}(\omega)] = -[\varPhi][H(\omega)][\varPhi]^T[M]\{R\} \tag{10.61}$$

とすれば,

$$[G_{yy}] = [H_{y\ddot{u}}(\omega)][H_{y\ddot{u}}(\omega)]^*[G_{\ddot{u}\ddot{u}}] \tag{10.62}$$

と書ける. 式 (10.62) のように表示できれば, $[H_{y\ddot{u}}(\omega)]$ を式 (10.61) のように定義できるということである. 式 (10.61) において符号が負となっているのは, 式 (10.60) の慣性力表示によるものである.

次に, 絶対加速度 $\{\ddot{x}\}$ のパワースペクトルを求めてみる.

$$\{\ddot{X}(\omega)\} = \{\ddot{Y}(\omega)\} + [R]\{\ddot{U}(\omega)\} = ([H_{\ddot{y}\ddot{u}}(\omega)] + [R])\{\ddot{U}(\omega)\}$$

であるので,

200　第10章　周波数応答関数とランダム応答

$$[G_{\ddot{x}\ddot{x}}(\omega)] = [H_{\ddot{x}\ddot{u}}][H_{\ddot{x}\ddot{u}}]^*[G_{\ddot{u}\ddot{u}}(\omega)] \tag{10.63}$$

が得られる．ここに，

$$[H_{\ddot{x}\ddot{u}}(\omega)] = [H_{\ddot{y}\ddot{u}}(\omega)] + [R] \tag{10.64}$$

であり，式 (10.61) より

$$[H_{\ddot{y}\ddot{u}}(\omega)] = \omega^2[\Phi][H(\omega)][\Phi]^T[M][R] \tag{10.65}$$

である．

ランダム振動では加速度よりも応力が問題となることも多いので，応力の応答を求めてみる．応力 σ は第3章の有限要素法の式 (3.27), (3.28) より

$$\{\sigma\} = [D]\{\varepsilon\} = [D][B]\{y\} \equiv [D_B]\{y\}$$

である．モード座標系で

$$\{\sigma\} = [D_B]\{y\} = [D_B][\Phi]\{q\} \tag{10.66}$$

であるので，これまでの導出方法に従って導くと，力加振の場合

$$[G_{\sigma\sigma}] = [H_{\sigma F}][H_{\sigma F}]^*[G_{FF}(\omega)] \tag{10.67}$$

となる．ここに，

$$[H_{\sigma F}] = [D_B][\Phi][H][\Phi]^T \tag{10.68}$$

であり，慣性加振の場合

$$[G_{\sigma\sigma}] = [H_{\sigma\ddot{u}}][H_{\sigma\ddot{u}}]^*[G_{\ddot{u}\ddot{u}}(\omega)] \tag{10.69}$$

$$[H_{\sigma\ddot{u}}] = -[D_B][\Phi][H][\Phi]^T[M][R] \tag{10.70}$$

である．

例題 10.9

例題 7.6 の片持ちはりの例題で，土台に横方向に $10\sim210\,\mathrm{Hz}$ の帯域で一定の加速度 $0.01\,\mathrm{G}^2/\mathrm{Hz}$ が土台に与えられているとする．このとき，各点の加速度と応力の応答パワースペクトルを求めよ．ただし，減衰比は2%とする．

解答

まず，例題 7.2 での固有振動解析結果を使って解析する．プログラム 7.1 を実行した後，ここで示すプログラム 10.2 を実行すればよい．ここまでに展開した理論式とプログラムの対応はプログラムの注釈に書き込んである．応力-変位関係式 (10.66) は，この場合，合

応力（断面で積分した応力）-変位関係式となり，境界条件を入れる前の剛性行列式 (3.12) となる．強度が問題となる場合，この合応力から断面内の応力分布を求めねばならないが，この計算については例題 11.7 にて示す．

応答を加速度について計算した結果を図 10.7 に，応力について計算した結果を図 10.8 に示す．図 10.8（a）がせん断力，図 10.8（b）が曲げモーメントである．加速度で図示した点は節点 3, 4, 5 であり，自由端に行くほど応答が大きい．合応力で図示した点は節点

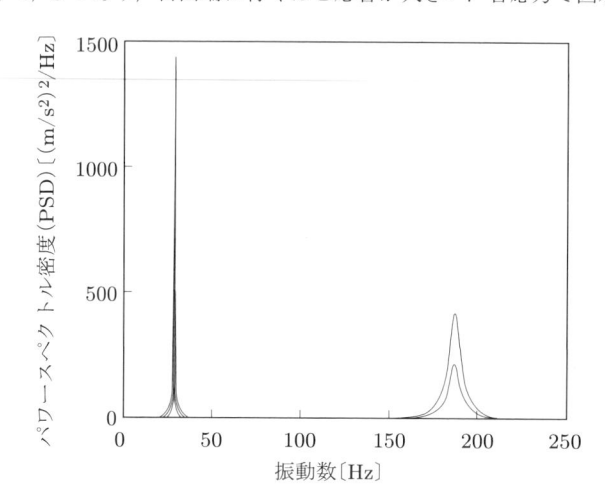

図 10.7 点 3, 4, 5 の加速度応答のパワースペクトル

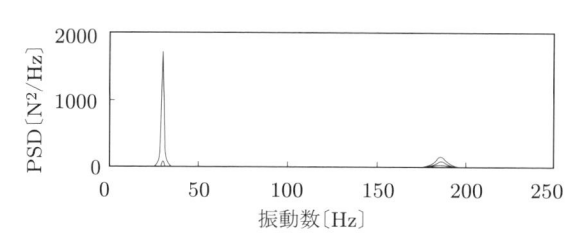

（a）点 1, 2, 3 のせん断力のパワースペクトル

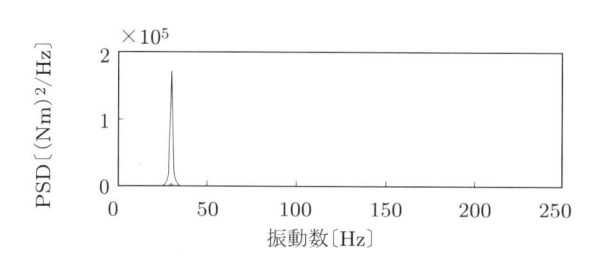

（b）点 1, 2, 3 の曲げモーメントのパワースペクトル

図 10.8 点 1, 2, 3 のせん断力のパワースペクトルと曲げモーメントのパワースペクトル

1,2,3であり，根元に近いほど応答が大きい．

結果の解釈としては，平均加速度

$$\sqrt{0.01 \times (210-10)} = 1.4g$$

で土台加振された節点5の平均応答加速度は，図**10.7**の応答を周波数方向に積分 sqrt(0.2*sum(WXX(7,:))) して，$85.5\,\mathrm{m/s^2} = 8.7g$ 出ているということである（注：プログラムではパワースペクトル記号 GXX の代わりに WXX を使っている）．そして，その応答は，ほとんどが1次固有振動数付近での共振であるといえる．

（プログラム 10.2　土台加振での応答）

```
%random response
% (この計算に入る前にプログラム7.1を実行しておくこと)
%モード質量は1に正規化
zeta=0.02;%減衰比
FAIN=FAI(:,(1:NEIG));
NF=1001;%刻みを0.2Hzとして210Hzまで計算
FREAXI=10+(1:NF)*0.2;%周波数軸の設定
WXX=zeros(8,NF);%4節点×2自由度＝8
HXU=zeros(NEIG,NF);
for J=1:NF
F=10+(J-1)*0.2;
OME=F*2*pi;%omega
for I=1:NEIG
OMEI=FN(I)*2*pi;%固有角振動数
HXU(I,J)=1/((OMEI^2-OME^2)+2*j*zeta*OME*OMEI);%式(10.51)でm=1
end
DD=diag(HXU(:,J));
R=[1 0 1 0 1 0 1 0]';%並進剛体変位
HXUT=(2*pi*F)^2*(FAIN*DD*FAIN' *SM*R)+R;%式(10.64)(10.65)
HH=(HXUT*HXUT');
WXX(:,J)=diag(HH)*(0.01*9.8*9.8);%式(10.63)
end
% ----加速度について----
figure(1)
plot(FREAXI,abs(WXX(3,:)),'b')
hold on
plot(FREAXI,abs(WXX(5,:)),'k')
plot(FREAXI,abs(WXX(7,:)),'r')
xlabel('Frequency'),ylabel('PSD (m/s^2)^2/Hz')
%---------------------------------
% Stress response
```

10.4 ランダム応答

```
SK0=zeros(10);%剛性行列　式(3.12)
SK0((3:10),(3:10))=SK/(EI/(L^3));
SK0(1,(1:4))=[12 -6*L -12 -6*L];
SK0(2,(1:4))=[-6*L 4*L^2 6*L 2*L^2];
SK0(3,(1:2))=[-12 6*L];SK0(4,(1:2))=[-6*L 2*L^2];
SK0=(EI/(L^3))*SK0;
FAIN0=zeros(10,4);
FAIN0((3:10),:)=FAIN;
FAIN0((1:2),:)=zeros(2,4);
SM0=zeros(10);%式(3.12)に対応する質量行列　式(7.29)
SM0((3:10),(3:10))=SM/(RAL/420);
SM0(1,(1:4))=[156 -22*L 54 -13*L];
SM0(2,(1:4))=[-22*L 4*L^2 -13*L -3*L^2];
SM0(3,(1:4))=[54 -13*L 312 0];
SK0(4,(1:4))=[13*L -3*L^2 0 8*L^2];
SM0=(RAL/420)*SM0;
%
NF=1001;
WSS=zeros(10,NF);
HSU=zeros(NEIG,NF);
for J=1:NF
F=10+(J-1)*0.2;
OME=F*2*pi;
for I=1:NEIG
OMEI=FN(I)*2*pi;
HSU(I,J)=1/((OMEI^2-OME^2)+2*j*zeta*OME*OMEI);
end
DD=diag(HSU(:,J));
R=[1 0 1 0 1 0 1 0 1 0]';%並進剛体変位
HSUT=FAIN0*DD*FAIN0' *SM0*R;%式(10.70)でDBをかけていない
DS=SK0;%DBの式(10.66)
HH=DS*HSUT;%式(10.70)
WSS(:,J)=diag(HH*HH')*(0.01*9.8*9.8);%式(10.69)
end
% ----------------
figure(1)
subplot(2,1,1)
plot(FREAXI,abs(WSS(1,:)),'r')
%axis([0 (NF-1) 0 14E6])
hold on
plot(FREAXI,abs(WSS(3,:)),'k')
plot(FREAXI,abs(WSS(5,:)),'b')
xlabel('Frequency'),ylabel('PSD N^2/Hz')
subplot(2,1,2)
plot(FREAXI,abs(WSS(2,:)),'r')
%axis([0 (NF-1) 0 14E6])
```

```
hold on
plot(FREAXI,abs(WSS(4,:)),'k')
plot(FREAXI,abs(WSS(6,:)),'b')
xlabel('Frequency'),ylabel('PSD (Nm)^2/Hz')
%-----------------------------------
```

演習問題 10

1 問図 10.1 に示す 2 自由度系の運動方程式を求めよ．

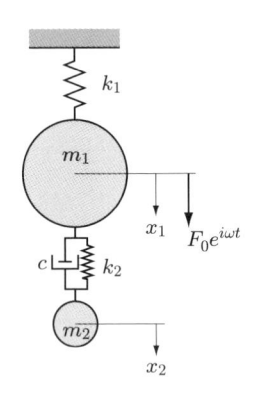

問図 **10.1** 2 自由度振動系の例

2 演習問題 10.1 において

$$m_1 = 50\,\text{kg}, \quad k_1 = 2 \times 10^7\,\text{N/m}, \quad m_2 = 2\,\text{kg}$$
$$k_2 = 4 \times 10^5\,\text{N/m}, \quad c = 0.02 \times (2\sqrt{m_2 k_2}\,)$$

として，振動力 F_0 に対する x_1 の周波数応答関数を求めよ．

3 演習問題 10.2 において，m_1 の固有振動数と同じ固有振動数を m_2 に与えるため，$m_2 = 1$，すなわち

$$\omega^2 = \frac{k_1}{m_1} = \frac{k_2}{m_2}$$

となるように m_2 を変更した場合の $H_{x_1 F_0}$ を求めよ．

第11章 ランダム振動にともなう破壊

　本章では，ランダム振動によって起こる破壊について考える．この破壊には2種類あって，最初にある大きな振動力がかかった場合，その1回の応答で破壊が起こる場合と，1回だけでは破壊しないが，それらが累積してある累積総計で起こる破壊である．前者が**初通過破壊** (first-excursion failure, first-passage failure)，後者は**疲労破壊** (fatigue failure) である．本章では，前章でのランダム振動の確率統計的な取り扱い方法を応用して，前半で初通過破壊，後半で疲労破壊について説明する．

11.1 ランダム過程と確率密度関数

11.1.1 ランダム過程

　ランダム振動を扱うとき，統計量として用いられるものとして平均値と分散がある．統計量で表される変数を確率変数とよび，ここでは加振力，土台の変位，応答の変位，応力などがある．確率変数を x として，その中の n 個の x_i $(i = 1, 2, \ldots, n)$ が測定されたとする．たくさんの場所，あるいはものの平均

$$E[x] = \frac{1}{n} \sum_{i=1}^{n} x_i \tag{11.1}$$

を**集合平均** (ensemble average) といい，x_i が時間の関数であれば

$$E[x] = \frac{1}{n} \sum_{i=1}^{n} x(t_i) = \lim_{T \to \infty} \frac{1}{T} \int_0^T x(t)\, dt \tag{11.2}$$

を**時間平均** (temporal average) という．平均値が時間に依存しないランダム過程を**定常ランダム過程** (stationaly random process) といい，集合平均と時間平均が等しい場合を**エルゴードランダム過程** (ergodic random process) という．これからはとくにことわらない限りエルゴード過程を前提とする．

11.1.2 確率密度関数

ある事象 x が起こる確率を $p(x)$ とし，すべての事象に対しての総和 $P(x)$ を1となるようにすると，

$$P(x) = \int_{-\infty}^{x} p(x)\,dx \tag{11.3}$$

$$P(\infty) = \int_{-\infty}^{\infty} p(x)\,dx = 1 \tag{11.4}$$

である．$p(x)$，$P(x)$ をそれぞれ**確率密度関数**，**累積分布関数**（または**確率分布関数**）とよぶ．x の**平均値** (mean) μ は

$$\mu = E[x] = \int_{-\infty}^{\infty} x p(x)\,dx \tag{11.5}$$

で与えられ，2乗平均は

$$E[x^2] = \int_{-\infty}^{\infty} x^2 p(x)\,dx \tag{11.6}$$

で与えられる．有用なのは，平均値の周りの2乗平均 σ^2 で，

$$\sigma^2 = E\left[(x-\mu)^2\right] = \int_{-\infty}^{\infty} (x-\mu)^2 p(x)\,dx \tag{11.7}$$

で計算される．σ^2 を**分散** (variance) といい，σ を**標準偏差** (standard deviation) とよぶ．また，標準偏差を平均値で割った値

$$V = \frac{\sigma}{\mu} \tag{11.8}$$

を**変動係数** (coefiicient of variation) という．

11.1.3 正規分布（ガウス分布）

正規分布または**ガウス** (Gauss) **分布**は，次の確率密度関数を持つ分布として定義される．

$$p(x) = \frac{1}{\sqrt{2\pi}\,\sigma} \exp\left\{-\frac{1}{2}\left(\frac{x-\mu}{\sigma}\right)^2\right\} \tag{11.9}$$

ここで，μ が平均値，σ が標準偏差であるが，

$$t = \frac{x-\mu}{\sigma}$$

と変数変換をすると，

$$p(t) = \frac{1}{\sqrt{2\pi}} \exp\left(-\frac{t^2}{2}\right) \tag{11.10}$$

となり，平均が 0 で分散が 1 の分布となる．これを**標準正規分布**という．ここで累積分布関数は，

$$P(-\infty < t < \infty) = \frac{1}{\sqrt{2\pi}} \int_{-\infty}^{\infty} \exp\left(-\frac{t^2}{2}\right) dt = 1$$

で 1 となる．というより，積分値が 1 となるよう式 (11.9) の $p(x)$ に係数 $\sqrt{1/2\pi}$ をかけたわけである．$p(x)$ を図示すれば図 **11.1** のようになる．図 **11.1**（b）の網かけ部分の面積が累積分布関数 $P(x)$ になる．

（a）正規分布の確率密度関数

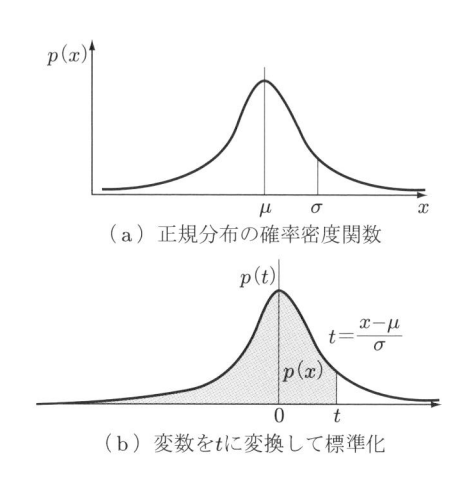

（b）変数を t に変換して標準化

図 **11.1** 正規分布

正規分布は最も広く用いられている分布モデルであり，機械構造の分野でも静的な外力，振動外力の分布，強度の分布などに直接用いられる．正規分布については次の性質がある．

- x の値の約 2/3 は $\mu \pm \sigma$ の範囲にある．
- x の約 95% は $\mu \pm 2\sigma$ の範囲にある．
- x の約 99.7% は $\mu \pm 3\sigma$ の範囲にある．
- 3σ 上限値（または下限値）は $[0, \mu + 3\sigma]$ の範囲で定義され，99.87% がその中に含まれる．

例題 11.1

3σ 上限値を採用すれば 99.9% が含まれることを示せ．

解答

式 (11.3) を直接使って，

$$P(-\infty < t < 3) = \frac{1}{\sqrt{2\pi}} \int_{-\infty}^{3} \exp\left(-\frac{t^2}{2}\right) dt = 0.9987$$

が得られる．上記の積分は数値積分法を使えばよいが，自分で計算しなくても正規分布表として公式集に記載されている．なお，99%，95%，90% となる t はそれぞれ 2.33, 1.64, 1.28 である．

11.1.4 ランダム外力の分布

　ランダム外力を受けた振動系の応答の例を図 11.2 に示す．平均値は 0 であり，2 乗平均値 σ^2 で計算される σ が応答の絶対値の平均値となる．これを図 11.3(a) に示す．これはガウス分布とみなすことができる．最大荷重としてこの 3σ 上限値を採用することは，ランダム振動に限っては適切でなく，もっと大きな応答が起こり得る可能性がかなりある．たとえば，100 Hz の振動が 10 秒続けば 1000 回の振動となり，3σ 上限値で 99.9% の確率であっても，その 10 秒の時間内で 1 回は 3σ 上限値より大きな値に遭遇することになるからである．

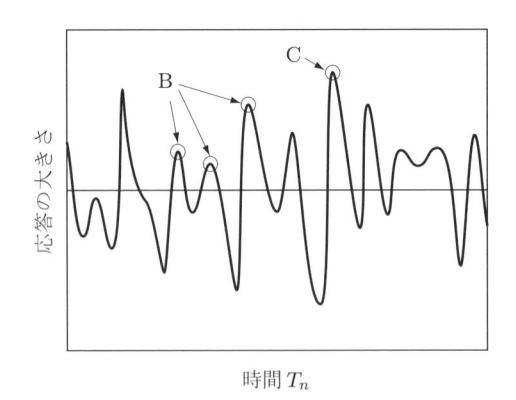

図 11.2　ランダム応答の時系列

　図 11.2 の応答の，正方向の局所的な極値 B の分布が図 11.3(b) である．横軸は極値の大きさで，この分布はレーリー分布となることを後で示す．この分布は疲労強度に関連して重要である．
　さて，実際の問題では，振動を受けている全時間内の最大値を求め，それに耐えられる強度の構造を設計することが目的である．図 11.2 のすべての時間 T_n の中の最大値を C とする．このようなデータ取得を多数回行うと，最大値 C の分布は図 11.3(c)

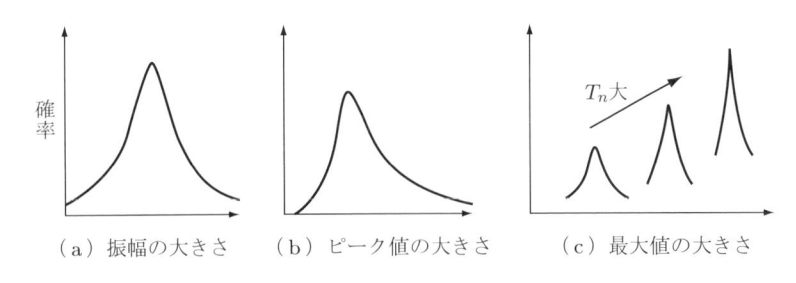

(a) 振幅の大きさ　(b) ピーク値の大きさ　(c) 最大値の大きさ

図 **11.3** ランダム応答の極値

のような分布となる．このとき，計測時間 T_n が長ければ長いほど高い極値が観測されるので，平均値は大きく，分散は小さくなると予想される．ここでは，設計荷重として図 **11.3**(c) の分布を見積もることが目的となる．そのため，まず図 **11.3**(b) のレーリー分布になる，与えられた時間内におけるある値 α を超える回数 ν_α と，大きさ α までの極値の数 N_α を求める問題を取り扱う．その準備として，最初に結合確率密度関数を説明する．

11.1.5 結合確率密度関数

まず，B がレーリー分布となることを証明するため，結合確率密度関数を説明する．平均値がゼロの定常ランダム過程の変位 $x(t)$ を考える．この過程は任意のパワースペクトル密度 $S_{xx}(\omega)$ を持つとする．ここで，変位，速度，加速度として，三つの変数 x_1, x_2, x_3 を

$$x_1(t) = x(t), \quad x_2(t) = \dot{x}(t), \quad x_3(t) = \ddot{x}(t) \tag{11.11}$$

とする．変位と速度の**結合確率密度関数** $p(x_1, x_2)$ は

$$p(x_1, x_2) = \frac{1}{(\sqrt{2\pi})^2 \sqrt{|m|}} \exp\left(-\frac{1}{2}\{x - \bar{x}\}^T [m]^{-1} \{x - \bar{x}\}\right) \tag{11.12}$$

で与えられる．ここに，

$$\{x\} = \left\{\begin{array}{c} x_1 \\ x_2 \end{array}\right\}$$

であり，$\{\bar{x}\}$ は平均値であるが，本書では振動現象を扱うので，平均をゼロとして

$$\{\bar{x}\} = 0$$

である．$[m]$ は**共分散行列**で，

210   第 11 章　ランダム振動にともなう破壊

$$[m] = \begin{bmatrix} m_0 & 0 \\ 0 & m_2 \end{bmatrix} \tag{11.13}$$

と表され，この行列の要素 m_0, m_2 はパワースペクトル密度 $S_{xx}(\omega)$ を使って

$$m_n = \int_{-\infty}^{\infty} \omega^n S_{xx}(\omega) \, d\omega \tag{11.14}$$

で定義される．たとえば，正規分布の場合，10.2 節の自己相関関数 R_{xx} の定義から

$$m_0 = R_{xx}(0) = E\big[x_1(t)x_1(t+0)\big] = \sigma_x^2 \tag{11.15}$$

$$m_2 = R_{\dot{x}\dot{x}}(0) = E\big[\dot{x}_2(t)\dot{x}_2(t+0)\big] = \sigma_{\dot{x}}^2 \tag{11.16}$$

である．また，式 (11.13) の中の $[m]$ の非対角項は $R_{x\dot{x}}$ と $R_{\dot{x}x}$ であるが，これらが 0 になることは次のようにして確かめられる．まず，

$$\frac{dR_{xx}(\tau)}{d\tau} = \frac{d}{d\tau}E\big[x(t)x(t+\tau)\big] = E\big[x(t)\dot{x}(t+\tau)\big] = R_{x\dot{x}}(\tau)$$

であり，さらに，

$$\frac{dR_{xx}(-\tau)}{d\tau} = \frac{d}{d\tau}E\big[x(t)x(t-\tau)\big] = \frac{d}{d\tau}E\big[x(t-\tau)x(t)\big] = -R_{\dot{x}x}(\tau)$$

であり，$R_{xx}(\tau) = R_{xx}(-\tau)$ でなければならないので，

$$R_{x\dot{x}}(\tau) = -R_{\dot{x}x}(\tau)$$

となる．ここで，$\tau = 0$ とすれば

$$R_{x\dot{x}}(0) = -R_{\dot{x}x}(0)$$

であり，一方，定義から

$$R_{x\dot{x}}(0) = E\big[x(t)\dot{x}(t)\big] = E\big[\dot{x}(t)x(t)\big] = R_{\dot{x}x}(0)$$

であるので，

$$R_{x\dot{x}}(0) = R_{\dot{x}x}(0) = 0$$

となって $[m]$ の非対角項がなくなる．

次に，$[m]$ の行列式と逆行列を計算すると，

$$|m| = m_0 m_2, \quad [m]^{-1} = \begin{bmatrix} 1/m_0 & 0 \\ 0 & 1/m_2 \end{bmatrix}$$

となり，これを式 (11.12) に代入すれば，

$$p(x_1, x_2) = \frac{1}{(\sqrt{2\pi})^2 \sqrt{m_0 m_2}} \exp\left(-\frac{1}{2}\left\{\frac{x_1^2}{m_0} + \frac{x_2^2}{m_2}\right\}\right) \quad (11.17)$$

を得る．この式を使って，変位 x_1 がある正の値 α を単位時間に超える回数 ν_α を求めてみる．

11.2 閾値横断

本書での閾値とは，振動問題で注目する，ある振幅，加速度，あるいは応力値の限界値であると定義する．本節では，この閾値を横断あるいは通過する確率を導くことにする．

11.2.1 値 α を単位時間に超える回数 $\nu_{\alpha+}$

変位 x_1 がある正の値 α を単位時間に超える (level crossing という) 場合，図 11.4 (a) のように速度 x_2 は正でなければならない．単位時間に超える回数を $\nu_{\alpha+}$ とする．添え字の + は上方向に超えることを表す．この場合，都合のよい変位 x_1 と速度 x_2 との組み合わせは図 11.4 (b) のような領域となるので

$$\nu_{\alpha+} = \frac{1}{dt} \int_0^\infty dx_2 \int_{\alpha - x_2 dt}^{\alpha} p(x_1, x_2)\, dx_1$$

であるが，$dt \to 0$ を考えると

$$x_1 \approx \alpha, \quad \frac{dx_1}{dt} = x_2$$

であるので，

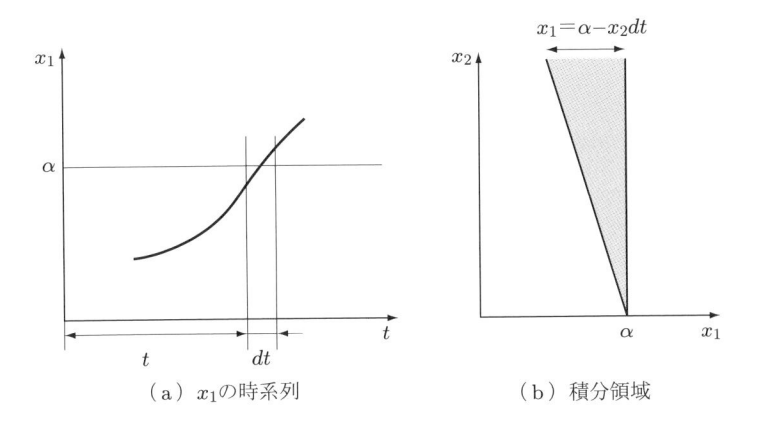

(a) x_1 の時系列　　(b) 積分領域

図 11.4　積分区間

$$\nu_{\alpha+} = \int_0^\infty x_2 p(\alpha, x_2)\, dx_2 \tag{11.18}$$

となる．この式はライス (Rice) の式[34]とよばれる．この式は必ずしも正規分布である必要はなく，$p(x_1, x_2)$ の形に制限はないので，どのような定常過程にも適用できる．したがって，$\nu_{\alpha+}$ は時間には無関係である．

$x_1(t)$ が平均値 0 の定常な**正規過程**（ガウス分布となる過程）である場合の $\nu_{\alpha+}$ を求めてみると，式 (11.17) より

$$p(x, \dot{x}) = \frac{1}{2\pi\sigma_x \sigma_{\dot{x}}} \exp\left(-\frac{x^2}{2\sigma_x^2} - \frac{\dot{x}^2}{2\sigma_{\dot{x}}^2}\right)$$

であるので，定義式に代入して計算すると，

$$\nu_{\alpha+} = \frac{1}{2\pi\sigma_x \sigma_{\dot{x}}} \exp\left(-\frac{\alpha^2}{2\sigma_x^2}\right) \int_0^\infty x_2 \exp\left(-\frac{x_2^2}{2\sigma_{\dot{x}}^2}\right) dx_2$$

となる．ここで，

$$X = \exp\left(-\frac{x_2^2}{2\sigma_{\dot{x}}^2}\right)$$

と置き換えをすると，

$$dX = -\frac{2x_2 dx_2}{2\sigma_{\dot{x}}^2} \exp\left(-\frac{x_2^2}{2\sigma_{\dot{x}}^2}\right) = -\frac{x_2 dx_2}{\sigma_{\dot{x}}^2} X$$

となり，積分区間は $(0, \infty)$ が $(1, 0)$ となって，積分の中は

$$\int_0^\infty x_2 \exp\left(-\frac{x_2^2}{2\sigma_{\dot{x}}^2}\right) dx_2 = -\sigma_{\dot{x}}^2 \int_1^0 dX = \sigma_{\dot{x}}^2$$

と計算される．よって，

$$\nu_{\alpha+} = \frac{\sigma_{\dot{x}}}{2\pi\sigma_x} \exp\left(-\frac{\alpha^2}{2\sigma_x^2}\right) \tag{11.19}$$

となる．α がゼロの場合，ν_{0+} は負から正になるとき，すなわち正の方向にゼロを横切る (positive zero crossings) 単位時間当たりの回数となり，

$$\nu_{0+} = \frac{\sigma_{\dot{x}}}{2\pi\sigma_x} \tag{11.20}$$

となる．この**ゼロクロッシング**の数を，ランダム過程の**等価振動数** (equivalent frequency)，または**等価期待振動数** (expected equivalent frequency) とよぶ．式 (11.20) は，式 (11.14) を使って

$$\nu_{0+} = \frac{1}{2\pi}\sqrt{\frac{m_2}{m_0}} = \frac{1}{2\pi}\sqrt{\frac{\int_{-\infty}^\infty \omega^2 S_{xx}(\omega)\, d\omega}{\int_{-\infty}^\infty S_{xx}(\omega)\, d\omega}} \tag{11.21}$$

と計算できる．

11.2.2 ランダム過程の等価振動数

ランダム過程の等価振動数については前節で導入したが，具体的にどのようなものになるかを，固有振動数 f_1 を持つ1自由度振動系について求めてみる．1自由度系の振動方程式は

$$m\ddot{x} + c\dot{x} + kx = f(t)$$

であり，調和振動の場合，フーリエ変換を使って，

$$X(\omega) = H(\omega)F(\omega), \quad H(\omega) = \frac{1}{m(\omega_1^2 - \omega^2) + 2jm\zeta\omega\omega_1}$$

と周波数領域に移すことができる．分散 σ_x^2 を計算すると，

$$\sigma_x^2 = R_{xx}(0) = \int_{-\infty}^{\infty} S_{xx}(\omega) e^{j\omega 0} \, d\omega = \int_{-\infty}^{\infty} |H(\omega)|^2 S_{FF}(\omega) \, d\omega$$

となる．最後の式の変形には式 (10.53) を使っている．外力がホワイトランダム（振動数のすべての領域で一定のパワースペクトル密度を持つ）と仮定すると，

$$F(\omega) = S_{FF}$$

と，ω に無関係な定数となり，**表10.4**，あるいは例題 10.7 において

$$A_0 = m\omega_1^2, \quad A_1 = 2\zeta\omega_1 m, \quad A_2 = m$$

とし，$B_0 = 1$，$B_1 = 0$ として

$$\int_{-\infty}^{\infty} |H(\omega)|^2 \, d\omega = \frac{\pi}{m 2\zeta\omega_1 \omega_1^2}$$

であるので，

$$\sigma_x^2 = \frac{\pi S_{FF}}{2\zeta m^2 \omega_1^3}$$

となる．同様に，$\sigma_{\dot{x}\dot{x}}$ については $B_0 = 0$，$B_1 = 1$ として

$$\sigma_{\dot{x}\dot{x}}^2 = \int_{-\infty}^{\infty} \omega^2 S(\omega) \, d\omega = \frac{\pi S_{FF}}{2\zeta m^2 \omega_1}$$

であるので，等価振動数は

$$\nu_{0+} = \frac{\sigma_{\dot{x}}}{2\pi\sigma_x} = \frac{1}{2\pi}\sqrt{\frac{2\zeta m^2 \omega_1^3}{2\zeta m^2 \omega_1}} = \frac{\omega_1}{2\pi} = f_1 \qquad (11.22)$$

11.2.3 単位時間に現れる極値 α までの数 N_α

本節では，図 **11.2** で表されているたくさんの局所的な極値 B が，狭帯域ランダム過程ではレーリー分布，一般にはライス分布といわれるもので表されることを導く．

まず，極値の数の定義であるが，単位時間当たりの**極値の数**を N とする．このうち，極値の値が α 以下であるものの数を N_α とする．このように定義すると，$N_{\alpha+d\alpha}$ と N_α との差は，変位の差 $d\alpha$ があることによって，α までは到達したが $\alpha+d\alpha$ までは到達できず，下向きに帰っていった回数を表していると考えられる．等価振動数を導いたときと同じように，結合確率分布関数を導入する．極値は，速度 x_2 がゼロで，加速度 x_3 が負の場合として定義できる．よって，変位，速度，加速度の三つの変数による結合確率密度関数が必要である．この確率密度関数は

$$p(x_1, x_2, x_3) = \frac{1}{(2\pi)^{3/2}\sqrt{|m|}} \exp\left(-\frac{1}{2}\{x-\bar{x}\}^T [m]^{-1} \{x-\bar{x}\}\right) \tag{11.23}$$

で与えられ，共分散行列は

$$[m] = \begin{bmatrix} m_0 & 0 & -m_2 \\ 0 & m_2 & 0 \\ -m_2 & 0 & m_4 \end{bmatrix} \tag{11.24}$$

である．正規分布の場合には，

$$p(x_1, x_2, x_3) = \frac{1}{(2\pi)^{3/2}(m_2\Delta)^{1/2}} \\ \times \exp\left[-\frac{1}{2}\left(\frac{x_2^2}{m_2} + \frac{m_4 x_1^2 + 2m_2 x_1 x_3 + m_0 x_3^2}{\Delta}\right)\right] \tag{11.25}$$

で与えられる．ここに，

$$\Delta = m_0 m_4 - m_2^2 > 0 \tag{11.26}$$

である．

さて，単位時間に現れる極値の大きさが α までの極値の数 N_α は，

$$N_\alpha = \int_{-\infty}^{\alpha} \left[\int_{-\infty}^{0} p(x_1, 0, x_3)|x_3|\, dx_3\right] dx_1 \tag{11.27}$$

を積分すれば得られる．この積分は後で行うとして，すべての**極値の数**は x_1 に関する積分の上限を ∞ とすることで得られて，この数を N_A とすると，

$$N_A = \frac{1}{(2\pi)^{3/2}(m_2\Delta)^{1/2}} \times I_{x1} \times I_{x3}$$

と書き表せる．これは $x_2 = 0$ で，かつ積分 I_{x1}, I_{x3} に分ける部分は exp の中が

$$-\frac{1}{2}\frac{m_4 x_1^2 + 2m_2 x_1 x_3 + m_0 x_3^2}{\Delta} = \frac{m_4\left(x_1 + \frac{m_2}{m_4}x_3\right)^2 + \left(m_0 - \frac{m_2^2}{m_4}\right)x_3^2}{-2\Delta}$$

と変形できることによるもので，x_1 に関する積分を先に行うと，

$$I_{x1} = \int_{-\infty}^{\infty} \exp\left[-\frac{\left(x_1 + \frac{m_2}{m_4}x_3\right)^2}{2\frac{\Delta}{m_4}}\right] dx_1 = \sqrt{2\pi}\sqrt{\frac{\Delta}{m_4}}$$

$$I_{x3} = \int_{-\infty}^{0} |x_3| \exp\left[-\frac{x_3^2}{2m_4}\right] dx_3 = m_4$$

である．これはガウス分布の累積分布関数が 1 になることの証明に使う方法で計算できる．よって，

$$N_A = \frac{1}{2\pi}\sqrt{\frac{m_4}{m_2}} \qquad (11.28)$$

と計算できるので，m_2, m_4 の定義より

$$N_A = \frac{1}{2\pi}\sqrt{\frac{m_4}{m_2}} = \frac{1}{2\pi}\sqrt{\frac{\int_{-\infty}^{\infty} \omega^4 S_{xx}(\omega)\,d\omega}{\int_{-\infty}^{\infty} \omega^2 S_{xx}(\omega)\,d\omega}} \qquad (11.29)$$

である．ここで，ゼロクロッシングの数 ν_{0+} と極値の総数 N_A との比を

$$I_r = \frac{\nu_{0+}}{N_A} = \sqrt{\frac{m_2^2}{m_0 m_4}} \qquad (11.30)$$

とおいてみると，式 (11.26) より

$$0 < I_r \leq 1$$

である．I_r の値は，図 **11.5** からわかるように，振動波形が単一正弦波に近ければ（すなわち狭帯域ランダムであれば）1 に近くなる．I_r は**イレギュラリティ** (irregularity) とよばれる．また，N_A は極値の総数であるので，負の領域にある極値も数える．

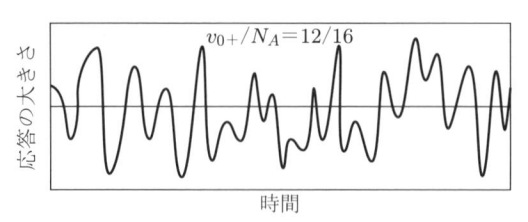

(a) 狭帯域ランダムの場合　$v_{0+}/N_A = 12/16$

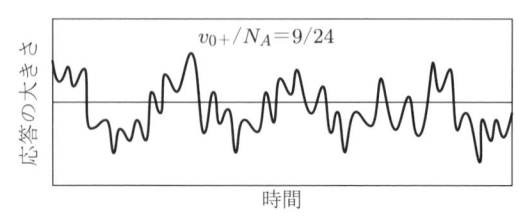

(b) 広帯域ランダムの場合　$v_{0+}/N_A = 9/24$

図 **11.5** ゼロクロッシングの数 ν_{0+} と極値の数 N_A の比 I_r の例

例題 **11.2**

応答が ω_1 から ω_2 までのホワイトランダムであるときの I_r を求めよ．

(解答)

パワースペクトルの大きさを A とする．m_0，m_2，m_4 を計算すると，

$$m_0 = \int_{\omega_1}^{\omega_2} A\,d\omega = A(\omega_2 - \omega_1)$$

$$m_2 = \int_{\omega_1}^{\omega_2} \omega^2 A\,d\omega = \frac{A}{3}(\omega_2^3 - \omega_1^3)$$

$$m_4 = \int_{\omega_1}^{\omega_2} \omega^2 A\,d\omega = \frac{A}{5}(\omega_2^5 - \omega_1^5)$$

で，$\omega_1/\omega_2 = \gamma$ とすると，

$$I_r = \sqrt{\frac{5}{9}\frac{(1-\gamma^3)^2}{(1-\gamma)(1-\gamma^5)}}$$

となる．γ を横軸として I_r をプロットすると図 **11.6** のようになる．$\gamma = 0$ のときはホワイトランダム（広帯域ランダム）で，このとき，$I_r \simeq 0.75$ であり，$\gamma = 1$ のとき単一振動数（狭帯域ランダム）で $I_r = 1$ となる．

さて，改めて式 (11.27) の N_α を求めてみる．先に x_3 に関して積分する．まず，

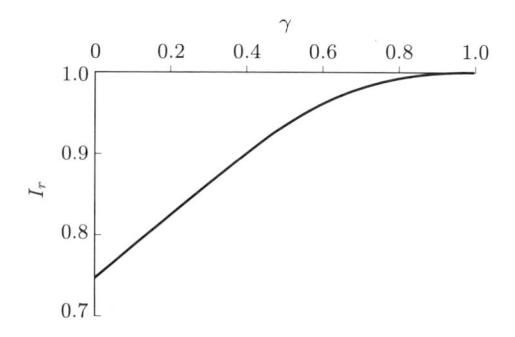

図 **11.6** イレギュラリティ I_r の値の例

$$\int_{-\infty}^{0} p(x_1, 0, x_3)|x_3|\, dx_3$$

$$= \frac{1}{(2\pi)^{3/2}} \frac{1}{m_0 m_2} \left[\frac{-m_2 m_4 x_1^2}{2\sqrt{m_2 \Delta}} + m_2^2 x_1 \sqrt{\pi}\, 2m_0 m_2 \exp\left(-\frac{x_1^2}{2m_0}\right) \right.$$

$$\left. \times \left(1 + \frac{2}{\sqrt{\pi}} \int_0^{\frac{m_2^{3/2} x_1}{\sqrt{2m_0 m_2 \Delta}}} \exp\left[-\frac{x^2}{2}\right] dx \right) \right]$$

が得られる．この積分過程の詳細については多谷[35]に詳しい．さらに x_1 について積分するが，この積分領域を $[-\infty, \alpha]$ とする．ここで，

$$\varepsilon^2 = 1 - \frac{m_2^2}{m_0 m_4} = \frac{\Delta}{m_0 m_4} = 1 - I_r^2 \tag{11.31}$$

とおくと，

$$N_\alpha = \left[\sqrt{\frac{\varepsilon^2}{2\pi m_0}} \exp\left[-\frac{\alpha^2}{2\varepsilon^2 m_0}\right] \right.$$

$$\left. + \frac{\alpha\sqrt{1-\varepsilon^2}}{2m_0} \exp\left[-\frac{\alpha^2}{2m_0}\right] \left(1 + \frac{2}{\sqrt{\pi}} \int_0^{\frac{\alpha\sqrt{1-\varepsilon^2}}{\varepsilon\sqrt{2m_0}}} \exp\left[-\frac{x^2}{2}\right] dx \right) \right]$$

$$\times \frac{1}{2\pi} \sqrt{\frac{m_4}{m_2}}$$

が得られる．この式を I_r を使って書き直し，N_A で割って確率密度関数 $p(\alpha)$ の形にすると

第11章 ランダム振動にともなう破壊

$$p(\alpha) = \frac{N_\alpha}{N_A} = \frac{1}{\sqrt{2\pi}} \left[\varepsilon \exp\left(\frac{-\alpha^2}{2\sigma_x^2 \varepsilon^2}\right) + I_r \frac{\alpha}{\sigma_x} \exp\frac{-\alpha^2}{2\sigma_x^2} \right.$$
$$\left. \times \int_{-\infty}^{\alpha I_r/(\sigma_x \varepsilon)} \exp\frac{-x^2}{2} dx \right] \quad (11.32)$$

となる．この分布を**ライス分布**という．なお，ε は**スペクトル幅パラメータ** (spectral width parameter) とよばれる．

もし狭帯域ランダム過程であれば，

$$I_r \simeq 1, \quad \varepsilon \simeq 0$$

であるので，[ ] の中の第1項はゼロとなり，第2項の積分の上界は $+\infty$ となる．したがって，

$$\int_{-\infty}^{+\infty} \exp\frac{-x^2}{2} dx = \sqrt{2\pi}$$

である．よって，式 (11.32) は狭帯域ランダム過程のとき（すなわち $I_r \simeq 1$ のとき），

$$p(\alpha) = \frac{\alpha}{\sigma_x^2} \exp\left(-\frac{\alpha^2}{2\sigma_x^2}\right) \quad (11.33)$$

となる．式 (11.33) で表される α の分布を**レーリー分布**という．I_r をパラメータとしてライス分布を図示すれば図 **11.7** のようになり，$I_r = 0$ のとき式 (11.32) において $\varepsilon = 1$ とおいて，

$$p(\alpha) = \frac{1}{\sqrt{2\pi}} \exp\left(-\frac{\alpha^2}{2\sigma_x^2}\right) \quad (11.34)$$

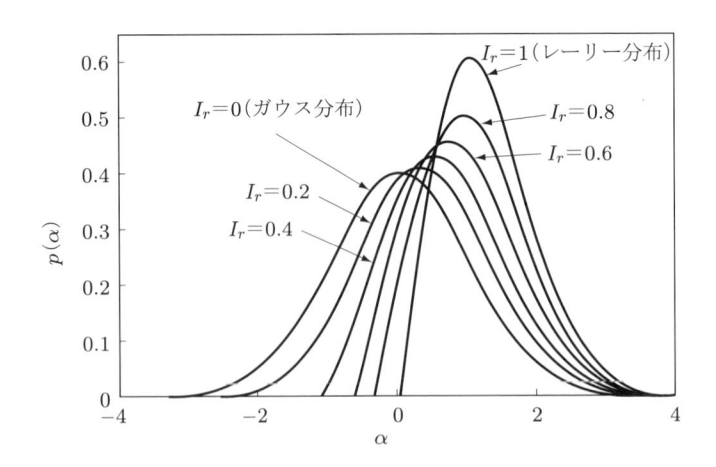

図 **11.7** ライス分布

となってガウス分布となる．

　機械構造物のように，減衰の小さな系の応答は狭帯域ランダム過程とみなせることが多く，極値の分布はレーリー分布とみなせば過大評価にもなるので，レーリー分布を使う提案[36]は，構造損傷の評価において安全率を大きくとることになる．

例題 11.3

例題 10.9 の水平加振を受ける片持はりの各部分（加速度については節点 3，4，5，応力については節点 1，3，4）での等価振動数，極値の数，イレギュラリティを求めよ．

解答

表 7.1 の結果を使ってプログラム 11.1 を作成し，等価振動数 ν_{0+} と極値（ピーク）の数 N_A を計算する．結果を表 11.1 と表 11.2 にまとめる．等価振動数の値は場所によって異なり，また加速度と応力でも異なることがわかる．

（プログラム 11.1　はりの等価振動数の計算）

```
%-------root mean square---------------
%この計算の前にプログラム7.1と10.2を実行しておくこと
%        加速度応答について
SF0=zeros(3,1);SF2=zeros(3,1);SF4=zeros(3,1);
DF=0.2;%振動数の刻み
for J=1:NF
FJ=10+(J-1)*0.2;%振動数
WX=abs(WXX([3 5 7],J));
SF0=SF0+DF*WX;%m0
SF2=SF2+DF*WX*(FJ*FJ);%m2
SF4=SF4+DF*WX*(FJ^4);%m4
end
SQA=sqrt(SF0)%分散（平均的加速度応答）
EQNUA=sqrt(SF2./SF0)/2/pi%等価振動数
NOPA=sqrt(SF4./SF2)/2/pi%極値の数
% -----root mean square---------------
%        応力の応答について
%          ここでは曲げモーメント
SS0=zeros(3,1);SS2=zeros(3,1);SS4=zeros(3,1);
for J=1:NF
FJ=(J-1)*0.2;
WS=abs(WSS([2 4 6],J));
SS0=SS0+DF*WS;%m0
SS2=SS2+DF*WS*(FJ*FJ);%m2
SS4=SS4+DF*WS*(FJ^4);%m4
end
```

```
SQS=sqrt(SS0)%分散（平均的モーメントの応答）
EQNUS=sqrt(SS2./SS0)/2/pi%等価振動数
NOPS=sqrt(SS4./SS2)/2/pi%極値の数
```

表 11.1　加速度応答の等価振動数

節点	3	4	5
σ	51.7	35.3	85.5
ν_{0+}	27.5	8.92	23.5
N_A	29.5	25.8	29.4
I_r	0.933	0.302	0.795

表 11.2　応力応答の等価振動数

節点	1	2	3
σ	84.5	550.6	0.47
ν_{0+}	6.61	4.31	15.24
N_A	24.9	19.6	25.3
I_r	0.262	0.170	0.603

11.3　初通過破壊と極値の分布

図 11.2 のようなランダム振動で，たとえば 1 回のデータ採取時間 T_n を 1 分間とし，その時間内の最大値 C を決める．これを 100 回（多いほどいいが）観察してその分布をとると，経験的に図 11.3(c) のような分布が得られる．これが数学的にどのように表されるかを考える．これから得られる知見は**初通過破壊**に適用される．

11.3.1　極値の分布がレーリー分布の場合

ある時間間隔 T_i 内での時系列の中で，極値の数が m 個あるとき，その中の最大値を Y_i とする．この測定を独立に n 回行うとする．すべての Y_i が y より小さな確率を $F_{Y_n}(y)$ とすると，その時系列の中のすべての極値の値 X_i $(i=1 \sim m)$ が y より小さいので，次のようになる．

$$F_{Y_n}(\alpha) = P(X_1 < \alpha, X_2 < \alpha, \ldots, X_m < \alpha)$$
$$= F_{X_1}(\alpha) F_{X_2}(\alpha), \ldots, F_{X_m}(\alpha) = \bigl[F_X(\alpha)\bigr]^m$$

これは累積分布関数であるので，確率分布関数は

$$p(\alpha) = \frac{dF_{Y_n}(\alpha)}{d\alpha} = m\bigl[F_X(\alpha)\bigr]^{m-1} \frac{dF_X(\alpha)}{d\alpha}$$

となる．極値の代表的な分布はレーリー分布であるので，式 (11.33) より

$$f_x(\alpha) = \frac{dF_x(\alpha)}{d\alpha} = \frac{\alpha}{\sigma_x^2} \exp\left(-\frac{\alpha^2}{2\sigma_x^2}\right) \tag{11.35}$$

となる．これを積分すると $F(\alpha)$ となるので，

11.3 初通過破壊と極値の分布

$$F_x(\alpha) = \int_0^\alpha f_X(\alpha)\,d\alpha = 1 - \exp\left(-\frac{\alpha^2}{2\sigma_x^2}\right) \tag{11.36}$$

が得られ，極値の分布がレーリー分布の場合の，極値分布 (distribution of extreme values) の確率密度関数が

$$p(\alpha) = m\left[1 - \exp\left(-\frac{\alpha^2}{2\sigma_x^2}\right)\right]^{m-1} \frac{\alpha}{\sigma_x^2} \exp\left(\frac{-\alpha^2}{2\sigma_x^2}\right) \tag{11.37}$$

となる．m をパラメータにとって，式 (11.37) で表される**極値分布**を図示すると，図 **11.8** のように m が大きくなるにつれて分布の極値が α の大きい方にシフトしていく．これは，図 **11.3**(c) に示した概念図と同じである．$m=1$ の時はレーリー分布そのものであり，m が大きいということは，図 **11.3**(c) において T_n が長くなることに相当する．

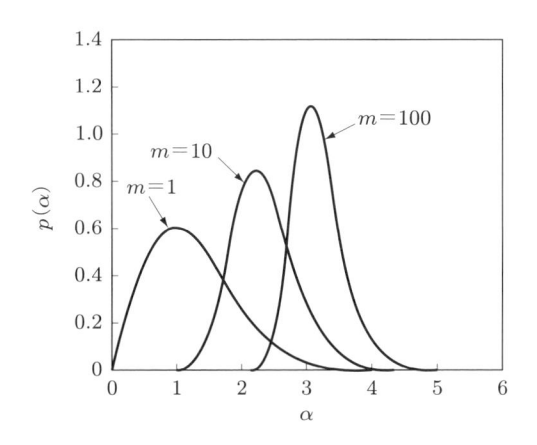

図 **11.8** 極値分布（レーリー分布の場合）

次の項からは，別の観点から極値分布を考えてみる．

11.3.2 まれに起こる事象の確率分布

ランダム振動で，めったにやってこない大きな荷重や，まれにしか起こらない応答など，低い確率 p で起こる事象が，n 回で m 回起こる確率 $f(m)$ を求める．この分布は**二項分布**となり

$$f(m) = {}_nC_m p^m (1-p)^{n-m} = \frac{n!}{m!\,(n-m)!} p^m (1-p)^{n-m} \tag{11.38}$$

である．n 回の試行で起こる平均回数 μ は，

222　第11章　ランダム振動にともなう破壊

$$\mu = np \tag{11.39}$$

であり，nが非常に大きいとして式 (11.38) を変形してみると，

$$f(m) = \frac{1}{m!} 1 \times \left(1 - \frac{1}{n}\right) \times \left(1 - \frac{2}{n}\right) \times \cdots \times \left(1 - \frac{x-1}{n}\right) \mu^x \left(1 - \frac{\mu}{n}\right)^{n-x}$$

となり，$n \to \infty$ とすると右辺中間の ( ) の中は 1 であるので，

$$f(m) = \frac{\mu^x}{m!} \left(1 - \frac{\mu}{n}\right)^{n-x}$$

となる．ここで，

$$\left(1 - \frac{\mu}{n}\right)^{n-x} = \left(1 - \frac{\mu}{n}\right)^{-x} \left(1 - \frac{\mu}{n}\right)^n$$

と変形して，先ほどと同じく $n \to \infty$ のもとで

$$\left(1 - \frac{\mu}{n}\right)^{-x} \to 1$$

であるので，e の定義式

$$e = \lim_{n \to \infty} \left(1 + \frac{1}{n}\right)^n$$

を使えば，

$$\lim_{n \to \infty} \left(1 + \frac{-\mu}{n}\right)^n = \exp(-\mu)$$

となる（注釈 11.1 参照）．よって，

$$f(m) = \frac{\mu^m}{m!} \exp(-\mu) \tag{11.40}$$

となる．これは**ポアソン分布**の確率密度関数といわれる．二項分布をポアソン分布に変形していったのは，分布を連続関数とすることにより，級数展開や微積分を容易にするためである．

【注釈 11.1】e^μ の定義式について

e は，a^x を x で微分すると a^x，すなわち微分しても同じ値になる数 a である．したがって，

$$\frac{d(a^x)}{dx} = \frac{a^{x+dx} - a^x}{dx} = \frac{a^x(a^{dx} - 1)}{dx} = a^x$$

である．ここで，

$$\frac{(e^{dx} - 1)}{dx} = 1$$

であるので，

11.3 初通過破壊と極値の分布 223

$$e^{dx} = 1 + dx$$

である．したがって，

$$e^{\mu dx} = 1 + \mu dx$$

と書くこともできる．dx は小さな値であるので，$dx \to 1/n$ として，

$$e = (1 + \mu dx)^{1/(\mu dx)} = \lim_{n \to \infty} \left[\left(1 + \frac{\mu}{n}\right)^n\right]^{1/\mu}$$

であるので，

$$e^{\mu} = \lim_{n \to \infty} \left(1 + \frac{\mu}{n}\right)^n$$

となる．

例題 11.4

ロケットを5回打ち上げて，そのすべてが成功する確率を求めよ．ただし，10回に1回は失敗するものとする．

解答

まず，二項分布で求めてみると，式 (11.38) を使って

$$_5C_0 (0.1)^0 0.9^5 = 0.590$$

と正解を得る．次に，ポアソン分布をあてはめてみると，式 (11.40) において $\mu = 0.1 \times 5 = 0.5$ として，

$$f(0) = \frac{\mu^0}{0!} \exp(-0.5) = 0.607$$

となる．両者のわずかな差の原因は，1/10 の確率で起こることを，めったに起こらない事象として計算していることである．

11.3.3　N 回の独立な極大値観察

さて，ランダム過程にもどって，時間 T の間に平均 μ 回発生する事象が m 回発生する確率 p_m を考える．p_m は式 (11.40) よりただちに

$$p_m = \frac{\mu^m}{m!} \exp(-\mu)$$

と与えられる．また，μ/T は単位時間当たりの α を超える閾値横断の数で，

$$\frac{\mu_\alpha}{T} = \nu_{\alpha+}$$

となる．本節では，1度でも振幅 α を超えたら構造が壊れると考えるので，1回も振幅 α に達しない確率 p_0（0回達する確率）を求めることが重要となる．時間 T の経過後に壊れている確率は，先ほどの式で $m = 0$ とおいて，

$$p_0 = \exp(-\nu_{\alpha+}T)$$

である．以後，p_0 について，添字 0 を $\nu_{\alpha+}$ の α で置き換えて表示する．ただし，ポアソン分布の式での変数が m であったのに比べて，この式では T が変数となっており，累積分布関数として

$$P_\alpha = \int_0^\infty p_\alpha \, dT = \frac{1}{\nu_{\alpha+}}$$

となるので，全確率は 1 となっていない．全確率を 1 とするため

$$p_\alpha(T) = \nu_{\alpha+} \exp(-\nu_{\alpha+}T) \tag{11.41}$$

とする．改めて累積分布関数は

$$P_\alpha(T) = \int_0^T p_\alpha \, dT = 1 - \exp(-\nu_{\alpha+}T) \tag{11.42}$$

となる．$p_\alpha(T)$ はめったに起こらない事象（$p_\alpha(T) \ll 1$）であるので，$\exp(-\nu_{\alpha+}T)$ を級数展開して

$$P_\alpha(T_0) = 1 - \left(1 + (-\nu_{\alpha+}T_0) + \frac{(-\nu_{\alpha+}T_0)^2}{2!} + \cdots \right) \approx \nu_{\alpha+}T_0 \tag{11.43}$$

となる．このランダム過程が正規過程のとき，極値の分布はレーリー分布となっているので，式 (11.19) より

$$\nu_{\alpha+}T = \frac{\sigma_{\dot{x}}}{2\pi\sigma_x} \exp\left(-\frac{\alpha^2}{2\sigma_x^2}\right) T \tag{11.44}$$

であり，ここで，式 (11.20) より等価振動数 ν_{0+} の周期 T_0 を導入して，

$$\frac{\sigma_{\dot{x}}}{2\pi\sigma_x} = \frac{1}{T_0}$$

とすれば，式 (11.41) は

$$p_\alpha(T) = \exp\left[-\frac{T}{T_0} \exp\left(-\frac{\alpha^2}{2\sigma_n^2}\right)\right] \tag{11.45}$$

となる．累積分布関数は，式 (11.45) を積分して

$$P_\alpha(T) = 1 - \exp\left[-\frac{T}{T_0} \exp\left(-\frac{\alpha^2}{2\sigma_n^2}\right)\right] \tag{11.46}$$

である．$P_\alpha(T_0)$ は時刻 $0 < T < T_0$ で構造物が初通過によって破壊する確率で，**初通過破壊確率**という．このように，極値分布は exp の中に exp の関数を含んでいることが特徴である．

例題 11.5

$x(t)$ が等価振動数 200 Hz の定常狭帯域の正規過程のとき，99% の確かさで $\alpha = 5\sigma$ に到達しない許容作動時間 T_0 を求めよ．

解答

式 (11.43) より 1% の確率で到達するので，

$$P_\alpha(T_0) = \nu_{\alpha+} T_0 = 0.01$$

である．式 (11.33) において式 (11.22) を考慮して，

$$\nu_{\alpha+} = f_0 \exp\left(-\frac{\alpha^2}{2\sigma^2}\right) = 200 \exp(-12.5)$$

であるので，この 2 式から T_0 を求めて，

$$T_0 = \frac{0.01}{200 \times 3.72 \times 10^{-6}} = 13.47$$

となる．この結果の解釈としては，このシステムを 13.5 秒間だけ運転し，それを 100 回行うと，そのうち 1 回は破壊が起こることを示している．

例題 11.6

10^7 サイクルの振動の間に，99.87% の確率で超えない α の値は，σ の何倍か計算せよ．

解答

前例題と同じく，式 (11.43) より

$$P_\alpha(T_0) = \nu_{\alpha+} T_0 = 1 - 0.9987 = 0.0013$$

であるので，$V = \alpha/\sigma$ として，さらに，式 (11.44) において等価振動数を ν_{0+} とすれば，$\nu_{0+} T = 10^7$ であるので，

$$10^7 \exp(-0.5 V^2) = 0.0013$$

を得る．両辺の対数をとって，

$$-0.5 V^2 = \ln(1.3 \times 10^{-10}) = -22.76$$

で $V = 6.75$ を得る．

初通過破壊が起こる時刻 T の期待値 $\bar{T} = E[T]$ は，次のようになる．$P_\alpha(T)$ の確率密度関数 $p_\alpha(T)$ は，式 (11.42) より

$$p_\alpha(T) = \frac{dP_\alpha(T)}{dT} = \frac{d}{dT}\{1 - \exp(-\nu_{\alpha+}T)\} = \nu_{\alpha+}\exp(-\nu_{\alpha+}T)$$

であるので，

$$\bar{T} = E[T] = \int_0^\infty T p_\alpha(T)\,dT = \frac{1}{\nu_{\alpha+}} \tag{11.47}$$

を得る．また T の分散 σ_T^2 は，

$$\begin{aligned}\sigma_T^2 &= E\left[(T - \bar{T})^2\right] \\ &= \int_0^\infty \left(T - \frac{1}{\nu_{\alpha+}}\right)^2 \nu_{\alpha+}\exp(-\nu_{\alpha+}T)\,dT = \frac{1}{\nu_{\alpha+}^2}\end{aligned} \tag{11.48}$$

となる．ここで積分公式

$$\int x\exp(ax)\,dx = \frac{\exp(ax)}{a}\left(x - \frac{1}{a}\right)$$

$$\int x^2\exp(ax)\,dx = \frac{\exp(ax)}{a}\left(x^2 - \frac{2x}{a} + \frac{2}{a^2}\right)$$

を使っている．

式 (11.45) で表される極値分布の α の平均値 μ_α と分散 σ_α は，ダベンポート (Davenport) により導かれて ([23], Chap. 21)，

$$\mu_\alpha = \sqrt{2\ln(\nu_{0+}T)} + \frac{\gamma}{\sqrt{2\ln(\nu_{0+}T)}} \tag{11.49}$$

$$\sigma_\alpha = \frac{\pi}{\sqrt{6}}\frac{1}{\sqrt{2\ln(\nu_{0+}T)}} \tag{11.50}$$

で与えられる．ここに，γ は**オイラー定数**で，

$$\gamma = -\int_0^\infty \exp(-x)\ln x\,dx = 0.5772$$

である．

極値分布のもう一つの形であるレーリー分布では，N サイクルのうち 1 度 α 以上になるのは，式 (11.36) において $V = \alpha/\sigma_x$ とおいて，

$$1 - \exp\left(-\frac{V^2}{2}\right) = 1 - \frac{1}{N}$$

である．よって，

$$V = \mu_\alpha = \frac{\alpha}{\sigma_x} = \sqrt{2\ln(N)} \tag{11.51}$$

となり，形としては式 (11.49) に近い値が得られる．これらの平均値と，例題 11.6 で計算した 99.9% の値とを**表 11.3** に示す．μ_{NR} の添え字 R はレイリー分布であることを表し，μ_{ND} の D はダベンポートの D を表す．例題 11.6 においてこのように求めた平均値と分散から値を求めると，

$$\mu_{ND} + 3\sigma_{ND} = \sqrt{2\ln 10^7} + \frac{0.577}{\sqrt{2\ln 10^7}} + 3 \times \frac{\pi}{\sqrt{6}} \frac{1}{\sqrt{2\ln 10^7}}$$
$$= 5.68 + 0.10 + 3 \times 0.226 = 6.46$$

となる．これら二つの分布は正規分布ではないため，例題 11.6 で求めた値 6.75 と誤差が生じている．

表 11.3 極値の平均値と分散

N	μ_{NR} 式 (11.51) レーリー分布	μ_{ND} 式 (11.49) 極値分布	99.87%
10^2	3.03	3.23	4.74
10^3	3.72	3.87	5.21
10^4	4.29	4.43	5.63
10^5	4.80	4.92	6.03
10^6	5.26	5.37	6.40
10^7	5.68	5.78	6.75

11.4 ランダム振動による疲労破壊

ある応力レベル S_i で試験片を**疲労試験**すると N_i 回で壊れる．応力レベルを変えて試験を繰り返すと，**図 11.9** の丸印のような試験結果が得られる．結果を整理して S_i と N_i との関係を求めると，

$$NS^b = c \tag{11.52}$$

という式で近似されることが知られている．ここに，b，c は材料による定数である．b は材料の種類によって異なるが，5 から 20 程度の数値であり，両辺の対数をとると

$$\log N + b \log S = \log c$$

である．本書で考えているのは，振動による初期応力のない**応力振幅**であるが，一般の疲労については，

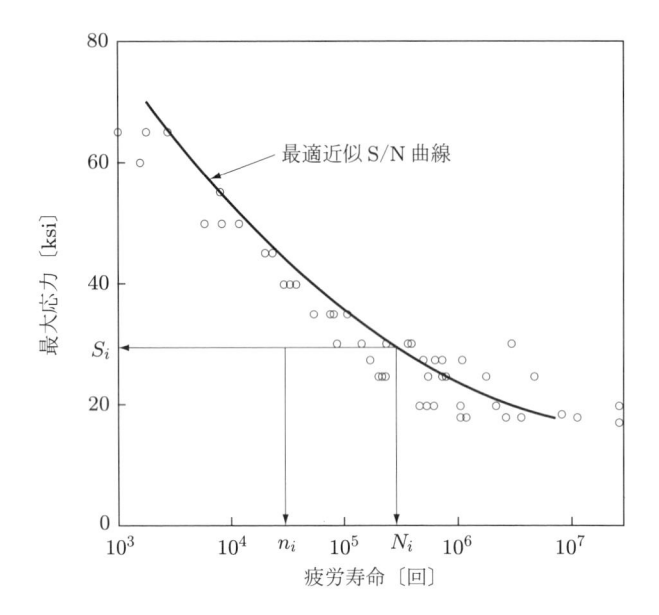

図 11.9 応力-寿命関係（S-N 曲線）の例（アルミ合金 7075 について，出典 [37] Fig 3.7.4.1.8(d) より抜粋）

表 11.4 金属のS-N曲線の例（応力の単位 ksi，MIL-HDBK-5H[37] より抜粋）

金属	記号	$\log N + b \log S = \log c$	出典
鉄合金（板）	PH15-7Mo	$\log N + 8.32 \log S = 23.24$	p. 2–183
アルミ合金（棒）	2024-T4	$\log N + 9.09 \log S = 20.83$	p. 3–111
アルミ合金（板）	2024-T3	$\log N + 3.97 \log S = 11.1$	p. 3–115
アルミ合金（棒）	7075-T6	$\log N + 7.73 \log(S-10) = 18.21$	p. 3–382
アルミ合金（板）	7075-T6	$\log N + 5.80 \log S = 14.86$	p. 3–385

$$\log N = A_1 + A_2 \log(S_{\text{eq}} - A_4)$$

$$S_{\text{eq}} = S_{\max}(1-R)^{A_3}$$

と近似するのがよいとされており，R は最小応力と最大応力との比で

$$R = \frac{S_{\min}}{S_{\max}}$$

である．S_{eq} は**等価応力**とよばれる．荷重が振動荷重のみの場合には $R = 0$ であるが，通常，静的荷重がかかっている状態で振動的荷重が加わる場合，$R \neq 0$ である．試験結果からカーブフィットされた例を MIL-HDBK-5H[37] から抜粋して**表 11.4** に示す．この表における応力の単位は ksi (kilo-pound per square inch) であるので，

$1\,\text{ksi} = 6.89\,\text{MPa}$ であることに注意して SI 単位系に直すと，たとえばアルミニウム 7075-T6 では，表 11.4 より $b = 5.8$, $c = 10^{14.86} \times 6.895^{5.8} = 7.27 \times 10^{18.86}$（単位 MPa）であり，

$$\log N + 5.80 \log S = 0.86 + 18.86 = 19.72$$

と log-log プロットすると図 11.10 のように直線になる．図 11.9 あるいは図 11.10 で示される，応力 S と負荷回数 N との関係，すなわち応力と疲労寿命との関係を **S-N**（エスエヌ）**曲線**という．c の値は，$N = 1$ のとき 1 回の**破壊応力**（7075 ではおよそ $0.5\,\text{GPa}$）となるはずであるが，それよりは高い（$S = 2.5\,\text{GPa}$）．これは，N が大きいときの実験式だからである．

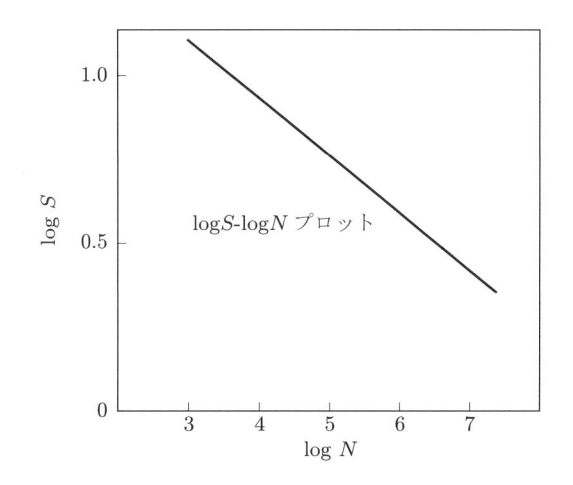

図 11.10 S-N 曲線の log-log プロット例

さて，疲労は累積するものなので，いろんな応力レベルの負荷がかかったときの**破壊法則**として**パームグレン - マイナー** (Palmgren–Miner) 則（略してマイナー則とよばれることが多い）がよく使われる．この法則は応力レベル S_i で n_i 回負荷をかけたとして，さまざまな応力レベルでの累積回数 D が，

$$D = \sum_i \frac{n_i}{N_i} = 1 \tag{11.53}$$

として 1 になったときに破壊するという仮説である．この法則が多くの欠点を持っていることはよく知られているが，その簡潔性と実用性から，解析的な基準として広く採用されている．この法則は振動荷重でなく，静的な繰り返し荷重でも使われるもの

であるが，ここではランダム振動に適用して，疲労破壊するまでの時間 T を求めてみよう．

時間 T の間の応力振幅の回数の期待値は，ν_{0+} を期待振動数として $\nu_{0+}T$ である．これらの応力の振幅が α と $\alpha + d\alpha$ の間にある期待値は

$$n_\alpha = (\nu_{0+}T)f(\alpha)\,d\alpha$$

であるので，$f(\alpha)$ で示される確率密度関数がレーリー分布の式 (11.35) に従うものとすると，

$$f(\alpha) = \frac{\alpha}{\sigma_x^2}\exp\left(-\frac{\alpha^2}{2\sigma_x^2}\right)$$

である．ここで n_α を n_i とおいて，

$$n_i = (\nu_{0+}T)\frac{\alpha}{\sigma_x^2}\exp\left(-\frac{\alpha^2}{2\sigma_x^2}\right)d\alpha$$

であり，式 (11.52) より S を α として $N_i = c\alpha^{-b}$ とかけるので，

$$\frac{n_i}{N_i} = \nu_{0+}T\frac{\alpha^{1+b}}{c\sigma_x^2}\exp\left(-\frac{\alpha^2}{2\sigma_x^2}\right)d\alpha$$

となり，これの和を積分に置き換えて，

$$1 = \sum_i \frac{n_i}{N_i} = \frac{\nu_{0+}T}{c\sigma_x^2}\int_0^\infty \alpha^{1+b}\exp\left(-\frac{\alpha^2}{2\sigma_x^2}\right)d\alpha \tag{11.54}$$

を得る．ここで，Γ をガンマ関数として，

$$\int_0^\infty x^z \exp\left(-\frac{x^2}{2\sigma^2}\right)dx = \frac{(\sqrt{2}\,\sigma)^{z+1}}{2}\Gamma\left(\frac{z+1}{2}\right) \tag{11.55}$$

となるので，破壊までの時間 T は

$$T = \frac{c}{\nu_{0+}(\sqrt{2}\,\sigma_x)^b\,\Gamma\left(1+\dfrac{b}{2}\right)} \tag{11.56}$$

となる．

【注釈 11.2】式 (11.55) の証明

$$I = \int_0^\infty x^z \exp\left(-\frac{x^2}{2\sigma^2}\right)dx$$

において

$$t = \frac{x^2}{2\sigma^2}$$

とおけば,

$$dt = \frac{2x}{2\sigma^2} dx, \quad x = \sqrt{2}\,\sigma t^{1/2}$$

となるので, 代入すれば,

$$I = \sigma^2 \int_0^\infty (\sqrt{2}\,\sigma)^{z-1} t^{n/2-1} e^{-t}\, dt = \frac{(\sqrt{2}\,\sigma)^{z+1}}{2} \int_0^\infty t^{(z-1)/2} e^{-t} dt$$
$$= \frac{(\sqrt{2}\,\sigma)^{z+1}}{2} \Gamma\left(\frac{z+1}{2}\right)$$

となる.

【注釈 11.3】 Γ 関数の数値化

$\Gamma(x)$ は, x が整数 n のとき

$$\Gamma(n+1) = n!$$

である. また, x が整数でないときには,

$$\Gamma(4.8) = 3.8 \times 2.8 \times 1.8 \times \Gamma(1.8) = 17.84$$

という関係式を使う. $1 \geq x \geq 2$ の範囲での数表を**表 11.5** に示す.

表 11.5 ガンマ関数 $\Gamma(x)$ の値

x	$\Gamma(x)$
1.0	1.0000
1.1	0.9514
1.2	0.9182
1.3	0.8975
1.4	0.8873
1.5	0.8862
1.6	0.8935
1.7	0.9086
1.8	0.9314
1.9	0.9618

例題 11.7

例題 11.3 の数値解析結果を用いて，土台で加振される片持ちはりの根元部分の応力に注目して疲労破壊を考察せよ．ただし，材料の疲労特性は**表 11.4** のアルミ合金 7075 板材のデータを使え．

解答

曲げモーメントの値が節点 2 で大きいので，この断面で強度を評価することとする．この点での曲げモーメントは $M = 550\,\text{N m}$ であり，この断面の断面二次モーメント I は $I = 8.92 \times 10^{-7}$ である．曲げモーメントに対して応力 σ は断面の端で最大値となる．中央面からの高さ $h/2 = 0.05\,\text{m}$ であるので，式 (2.11) より

$$\sigma_{\max} = \frac{Mz}{I} = \frac{550 \times 0.05}{8.92 \times 10^{-7}} = 3.1 \times 10^7\,\text{Pa} = 31\,\text{MPa}$$

となる．等価振動数が $\nu_{0+} = 4.3\,\text{Hz}$ である．また，注釈 11.3 より，$b = 5.8$ のとき $\Gamma(1+b/2) = \Gamma(3.9) = 5.28$ であるので，破壊までの時間 T は式 (11.56) を使って，

$$T = \frac{7.27 \times 10^{18.86}}{4.3 \times (\sqrt{2} \times 31)^{5.8} \times 5.28}$$

$$= \frac{52.6 \times 10^{18}}{3.3 \times 10^9 \times 5.28} = 3.03 \times 10^9\,\text{s} = 96.1\,\text{年}$$

と得られる．または 13×10^9 回が寿命である．上記計算では等価振動数として 4.3 Hz を採用しているが，1 次の共振振動数 27.9 Hz でカウントすると 15 年の寿命となる．マイナー則の適用では通常 2〜4 倍の安全率（疲労では scatter factor）がかけられるので，設計寿命としては 24 年，または 4 年となる．

演習問題の解答

演習問題 2

1 矩形断面の式を使って引き算,あるいは足し算を行う.

$$I_x = \frac{b_1 h_1^3}{12} - \frac{(b_1 - b_2) h_2^3}{12}$$

$$I_y = \frac{(h_1 - h_2) b_1^3}{12} + \frac{h_2 b_2^3}{12}$$

2 はりの断面高さを h として式 (2.11) を用いる.

$$M = -EI \frac{d^2 w}{dx^2} (2c_2 + 6c_3 \times x) = FL - Fx$$

M の最大値は $x = 0$(付け根部)で FL で,そのときの最大応力 $\sigma_{\max}$ は $z = \pm h/2$ で生じて式 (2.11) より

$$\sigma_{\max} = \frac{FLh}{2I}$$

演習問題 3

1 以下のような二つの m ファイルを作る.

```
function[K]=ensyuu31(NELT,EI,EL)%メインプログラム
% NELT:要素数, EI:曲げ剛性, EL:はりの全長
NT=2*(NELT+1); %境界条件を導入する前の全自由度数
K=zeros(NT,NT); %全体剛性行列の配列を宣言
L=EL/NELT; %要素長さ
for I=1:NELT %要素数だけ繰り返す
  [SK]=ensyuu31S1(EI,L); %各要素の剛性行列計算
  IT=(1:4)+2*(I-1); %各要素の全体座標系の中の自由度
  K(IT,IT)=K(IT,IT)+SK;%全体剛性行列への組み込み
end
end
-----------------------------------------
function[SK]=ensyuu31S1(EI,L) %式 (3.7)
SK=(EI/L^3)*[12,-6*L,-12,-6*L;
             -6*L,4*L*L,6*L,2*L*L;
```

```
                      -12,6*L,12,6*L;
                      -6*L,2*L*L,6*L,4*L*L];
       end
```

2 要素数 NELT が 4 の場合について示す．先のプログラムで $L = l/\text{NELT}$ なので

```
NELT=4;P=-0.2;EL=10;EI=500;L=EL/NELT;%データ入力
[K]=ensyuu31(NELT,EI,EL);%全体剛性行列の作成
```

として，境界条件を導入する前の $[K]$ を計算する．境界条件としては，節点 1 で固定なので，境界条件を導入した全体剛性行列 $[GK]$ は，

```
ITT=3:((NELT+1)*2);%拘束部分を取り除いた自由度
GK=K(ITT,ITT);%境界条件を考慮した全体剛性行列
```

で計算できて，変形量は

```
F=0*(1:((NELT+1)*2));%外力ベクトルのゼロ化
F((2*(1:(NELT+1)))-1)=P*L;%w 方向の圧力
F(1)=P*L/2;F(2*(NELT+1)-1)=P*L/2;%両端は 1/2
F=F(ITT)';%縦ベクトル化
W=GK\F;%連立 1 次方程式を解く
```

自由端での変位の計算結果を**解表 3.1** に理論解と比べて示す．

解表 3.1 最大変位の収束性

有限要素法			理論解
4 要素	5 要素	10 要素	式 (2.18)
−0.510	−0.507	−0.502	−0.500

演習問題 4

1 式 (4.25) にみられるように，変位は曲げ剛性 D に反比例する．D は厚さの 3 乗に比例するので答は 2 倍．

2
$$a_{11} = \frac{16}{\pi^2} p_0$$

として，

$$w\left(\frac{a}{2}, \frac{a}{2}\right) = \frac{16 p_0}{D \pi^6} \frac{1}{(2/a^2)^2} = 0.00416 \frac{p_0 a^4}{D}$$

演習問題 5

1 復元力は $mg\theta$. $\omega_0 = \sqrt{g/L}$.

2 まず，回転運動に関する慣性力は $I_p\ddot{\phi}$ である．棒が ϕ だけ回転している場合，横から見ると単振子状態である．端の角度を θ とすると，棒の微小部分 ρdx の復元力は $(\rho dx) \times (x/R)\theta$ であるので，復元モーメントとしてそれに x をかける．よって，回転運動に対して復元モーメントは $mg\theta R$ となる．あとは，$R\phi = L\theta$ の関係を使えば $\omega_0 = \sqrt{mgR^2/(I_p L)}$ が得られる．

3 x だけ沈んだときの浮力による復元力は $r^2\pi\rho x$ である．これと慣性力 $m\ddot{x}$ がつり合うので，$\omega_0 = \sqrt{r^2\pi\rho/m}$.

4 片側の液体が x だけ上がると，反対側の液体は同じ分下がることに注意．$\omega_0 = \sqrt{2g/L}$.

演習問題 6

1 リストを以下に示す．[X]=NRmethod(0.1,0.00002) とし，初期値を 0.1，誤差（精度）を 0.00002 以下として計算すれば 0.1129 を得る．

```
function[X]=NRmethod(X0,EPSX)
X=X0;%初期値
for N=1:10
  F=cot(X)-78.125*X;%関数
  DF=-1/(sin(X)^2)-78.125;%その微分
  XN=X-F/DF;% 反復公式
  if abs(XN-X) < EPSX %収束条件
    break % 条件が合えば打ち切り
  end
  X=XN %新しい X
end
```

2 式 (6.46) の λ を表 **6.4** から採用する．アルミの物性は表 **1.1** より $E = 7 \times 10^{10}$ kg/s^2 m, $\nu = 0.34$, $\rho = 2800$ kg/m^3 を使う．D は式 (4.16) より

$$D = \frac{Et^3}{12(1-\nu^2)} = \frac{7 \times 10^{10} \times 0.004^3}{12(1-0.34)} = 565.6$$

表より $\lambda = 26.7$. 式 (6.46) より

$$\omega_1 = \frac{26.7}{1^2}\sqrt{\frac{565.6}{2800 \times 0.004}} = 190$$

固有振動数 f_1 は $f_1 = \omega_1/(2\pi) = 30.2$ Hz.

3 ねじり剛性は式 (2.28) を使う．表 **1.1** より $G = 2.8 \times 10^{10}$ kg/s^2 m.

$$EI_x = E\frac{a_1 b_1^3}{12} = 7 \times 10^{10}\frac{0.05 \times 0.02^3}{12} = 2333 \text{ kg m}^3/\text{s}$$

$$EI_y = E\frac{b_1 a_1^3}{12} = 7 \times 10^{10}\frac{0.02 \times 0.05^3}{12} = 14583 \text{ kg m}^3/\text{s}$$

$$GJ = 2.8 \times 10^{10} \frac{0.02^3 \times 0.05}{3} \left\{ 1 - \frac{192}{\pi^5} \frac{0.02}{0.05} \tanh\left(\frac{\pi}{2}\frac{0.05}{0.02}\right) \right\} = 936 \,\mathrm{kg\,m^3/s}$$

4 式 (6.19) よりただちに，次のようになる．

$$M = \rho a_2 b_2 c_2 = 2800 \times 0.08 \times 0.10 \times 0.04 = 0.896 \,\mathrm{kg}$$

$$I_z = \frac{M(a_2^2 + b_2^2)}{12} = 0.896 \times \frac{0.08^2 + 0.10^2}{12} = 1.225 \times 10^{-3} \,\mathrm{kg\,m^3}$$

5 この系は先端の立方体に厚みがあり，はりの端と立方体の重心が同じ座標でつながっていないので，解析的には解けない．数値的には有限要素法のソリッド要素（3次元ソリッド要素）で解けば最も現実に近いであろうが，ここでは近似的に解いてみる．それでも設計段階での検討には十分な精度はある．この系は x 方向と y 方向の曲げ，および z 軸周りのねじりの振動があるので，この三つについて考えねばならない．曲げ剛性については x 方向と y 方向とで異なることに注意しなければならない．ここではねじりについてのみ解を示す．

まず，はりの慣性力を考える必要があるかどうかを検討する．はりの質量と先端の立方体の質量比は

$$\frac{m}{M} = \frac{a_1 b_1 L}{a_2 b_2 c_2} = 0.94$$

なので，簡易式 (6.11) を使わず，式 (6.9) をニュートン-ラフソン法で解く．この場合，はりの長さを L とした場合と立方体の重心に延長した $L + c_2/2$ の二つの場合で解いてみる．式 (6.10) において

$$\mu = \frac{I_1}{\rho I_p L} = \frac{1.225 \times 10^{-3}}{2800 \times 2.42 \times 10^{-4} \times 0.3} = 6.03 \times 10^{-3}$$

ここで，ρI_p については式 (6.18) を使って

$$\rho I_p = \rho \frac{0.02^2 + 0.05^2}{12} = 2800 \times 2.42 \times 10^{-4}$$

としている．あとは，

$$\cot \lambda = 0.00603 \lambda$$

を解けばよい．すると，$\lambda = 1.5614$ が得られる．これを使って

$$f_1 = \frac{1}{2\pi} \frac{1.5614}{0.3} \sqrt{\frac{936}{2800 \times 2.42 \times 10^{-4}}} = 30.8 \,\mathrm{Hz}$$

が得られる．簡易式 (6.11) を使ってみると，

$$f_1 = \frac{1}{2\pi} \sqrt{\frac{936/0.3}{1.225 \times 10^{-3} + \frac{2800 \times 2.42 \times 10^{-4} \times 0.3}{3}}} = 33.8 \,\mathrm{Hz}$$

となる．はりの長さを $L + c_2/2 = 0.32$ にすると，解くべき方程式は

$$\cot \lambda = 0.00565 \lambda$$

となり，$\lambda = 1.5620$ が得られて，この例題の場合，立方体の取りつけ位置の影響はほとんど現れない．

演習問題 7

1 $[A]^T\{y_j\} = \lambda_j\{y_j\}$ の転置をとれば $\{y_j\}^T[A] = \lambda_j\{y_j\}$ であるので
$$(\lambda_i - \lambda_j)\{y_j\}^T\{x_i\} = \{y_j\}^T\lambda_i\{x_i\} - \lambda_j\{y_j\}^T\{x_i\}$$
$$= \{y_j\}^T[A]\{x_i\} - \{y_j\}^T[A]\{x_i\} = 0$$

2 [A] を $N \times N$ の行列，NEIG をほしい固有値の数，RAMDA に NEIG 個の固有値，VEC に対応する固有ベクトルが計算されるようなプログラムを作ると，以下のようになる．

```
function [VEC,RAMDA]=POWERD(A,NSYM,N,NEIG)
% N 次の行列 [A] の固有値と固有ベクトルを
%      大きいほうから NEIG 個べき乗法により求める
% NSYM = 0 [A] が非対称行列 (対称行列でも問題ない)
% NSYM = 1 [A] が対称行列に限る
VEC=zeros(N,NEIG);%固有ベクトルが VEC に出力される
RAMDA=zeros(NEIG,1);%固有値が RAMDA に出力される
for NE=1:NEIG
RMM=0;X=2*(rand(N,1)-0.5);%初期ベクトル
 for I=1:100%最大 100 回の反復計算
   XK=A*X;
   [RMK,IM]=max(abs(XK));
   RM=XK(IM);
   X=XK/RM;
   E=abs((RMK-abs(RMM))/RMK);
  if E<=0.00002,break,end%固有値の精度設定
   RMM=RM;
 end
if I>=99
'eigen vector did not converge'
 else
end
if NSYM==1
    YK=XK;
 else
%左固有ベクトルの計算
 RNN=0;Y=2*(rand(N,1)-0.5);%初期ベクトル
 for I=1:100%最大 100 回の反復計算
    YK=(A')*Y;
    [RNK,IN]=max(abs(YK));
    RN=YK(IN);
    Y=YK/RN;
```

```
   E=abs((RNK-abs(RNN))/RNK);
   if E<=0.00002,break,end%固有値の精度設定
   RNN=RN;
  end
 end
 ANORM=(YK')*XK;
 YKS=YK/ANORM;
  VEC(1:N,NE)=XK/max(abs(XK));
  RAMDA(NE,1)=RM;
  A=A-RM*(XK*YKS');%求められた固有ベクトルの除去
end
```

3 メインプログラムとして以下のようなプログラムを作り実行する.
(入力)

```
K=[2 -1 0;-1 2 -1;0 -1 1];
M=[2 0 0;0 2 0;0 0 1];
A=inv(K)*M;
[VEC,RAMDA]=POWERD(A,0,3,3)
```

(結果)

```
VEC =    0.5000    1.0000    0.4999
         0.8660   -0.0000   -0.8659
         1.0000   -1.0000    1.0000
RAMDA =  7.4641    1.0000    0.5359
```

4 OCTAVE を使う場合には 8.4 節を参照されたい.
(入力)

```
K=[2 -1 0;-1 2 -1;0 -1 1];
M=[2 0 0;0 2 0;0 0 1];
A=inv(K)*M;
[VEC,RAMDA]=eig(M,K)    %M*VEC = K*VEC*RAMDA
```

(結果)

```
VEC =   -0.2113   -0.5774    0.7887
         0.3660   -0.0000    1.3660
        -0.4226    0.5774    1.5774
RAMDA =  0.5359         0         0
              0    1.0000         0
              0         0    7.4641
```

5 式 (7.42) の $[G]$ は式 (3.3) より

$$\frac{\partial w}{\partial x} = \frac{1}{L}\left\{-6\xi+6\xi^2,\ L(-1+4\xi-3\xi^2),\right.$$
$$\left.6\xi-6\xi^2,\ L(2\xi-3\xi^2)\right\} \times \begin{Bmatrix} w_1 \\ \beta_{y1} \\ w_2 \\ \beta_{y2} \end{Bmatrix}$$

の形で得られて,式 (7.43) の定義式において積分すれば,

$$[K_G] = \frac{A\sigma_x^0}{60L}\begin{bmatrix} 72 & -6L & -72 & -6L \\ -6L & 8L^2 & 6L & -2L^2 \\ -72 & 6L & 72 & 6L \\ -6L & -2L^2 & 6L & 8L^2 \end{bmatrix}$$

を得る.ここに,A ははりの断面積,σ_x^0 は引張または圧縮力を受けたはりの応力である.

演習問題 9

1 式 (5.30) で $\zeta = 0$ として,

$x(t) = x_s(1 - \cos\omega_0 t)$

2 5.5.2 項と同じ方法を使う.$t < \tau$ のとき,荷重はステップなので,応答は

$$R = \frac{x(t)}{x_s} = 1 - \cos\omega_0 t = 1 - \cos\left(2\pi\alpha\frac{\tau}{T}\right)$$

となる.ここに,$\alpha = \tau/T$ で,T は系の固有周期で $T = 2\pi/\omega_0$ である.
$t > \tau$ のとき,荷重は矩形波となり,

$$R = \frac{x(t)}{x_s} = (1-\cos\omega_0 t) - (1-\cos\omega_0(t-\tau))$$
$$= \cos\omega_0 t(\cos\omega_0\tau - 1) + \sin\omega_0 t \sin\omega_0\tau$$
$$|R| = \sqrt{(\cos\omega_0\tau-1)^2 + (\sin\omega_0\tau)^2} = 2\left|\sin\left(\frac{\omega_0\tau}{2}\right)\right|$$

で最大値は 2 となる.横軸に (インパルスの持続時間 τ)/(系の固有周期 T) を,縦軸に応答の最大値の無次元化量 $R_{\max}$ をとって図示すれば**解図 9.1** のようになる.

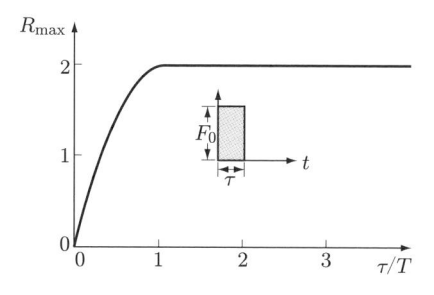

解図 9.1 矩形波と半正弦波入力の衝撃応答スペクトル

演習問題 10

1 それぞれの質点について力のつり合いを考える．
$$m_1\ddot{x}_1 + k_1 x_1 + k_2(x_1 - x_2) + c(\dot{x}_1 - \dot{x}_2) = F_0 e^{j\omega t}$$
$$m_2\ddot{x}_2 + k_2(x_2 - x_1) + c(\dot{x}_2 - \dot{x}_1) = 0$$

2 演習問題 10.1 の式で $x_1 = A_1 e^{j\omega t}$, $x_2 = A_2 e^{j\omega t}$ とおいて計算する．周波数応答関数は 10.4.3 項に示した方法で計算できるが，ここでの問題は 2 自由度なので，代数的に計算できて
$$H_{x_1 F_0} = \frac{A_1}{F_0} = \frac{R_N}{R_D}$$
$$R_N = (k_2 - m_2\omega^2) + j\omega c$$
$$R_D = (k_1 - m_1\omega^2)(k_2 - m_2\omega^2) - m_2\omega^2 k_2 + j\omega c(k_1 - m_1\omega^2 - m_2\omega^2)$$

となり，数値を入れて図示すれば**解図 10.1** のようになる．

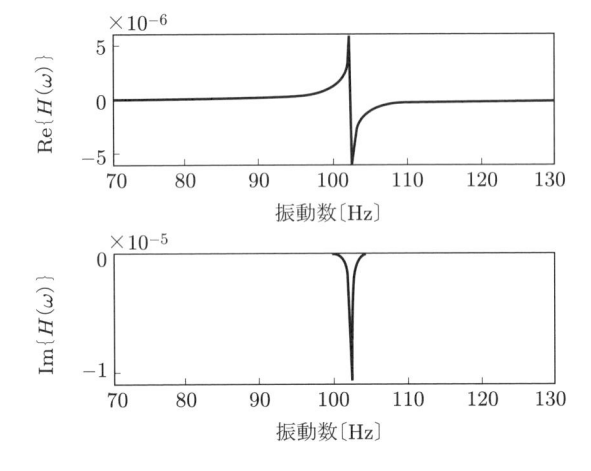

解図 10.1 2 自由度系の周波数応答関数

3 計算すれば**解図 10.2** のように，m_2 を調整しない場合に比べて m_1 の応答は桁違いに小さくなる（虚部の大きさにおいて約 1/10）．ただし，m_2 は大きく振動している．このように，主系（m_1-k_1 システム）と同じ固有振動数を持つように取りつける規模の小さな従系（m_2-k_2 システム）を，**動吸振器**（ダイナミックダンパー；dynamic damper）という．

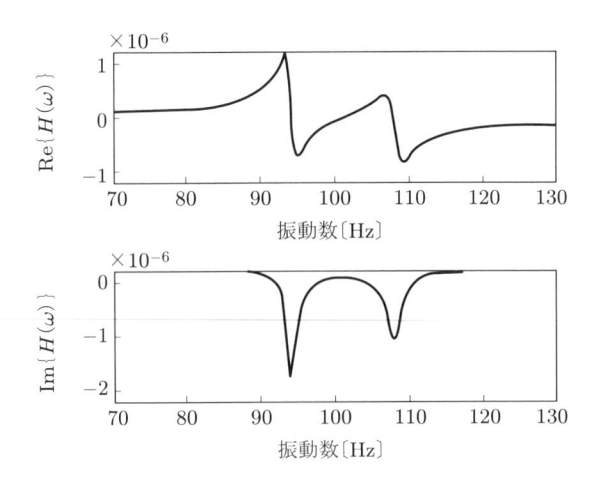

解図 10.2 m_2 を調整してダイナミックダンパーとした場合

参考文献

[1] JSME テキストシリーズ：振動学，丸善，2005.
[2] 國枝正春：実用機械振動学，理工学社，1984.
[3] 北本卓也：Octave を用いた数値計算入門，ピアソン・エデュケーション，2002.
[4] 上坂吉則：MATLAB+Scilab プログラミング事典，ソフトバンククリエイティブ，2007.
[5] 古賀雅伸：MATX による数値計算，東京電機大学出版局，2001.
[6] 倉西正嗣：応用弾性学，共立全書 71，pp. 20–21, 1953.
[7] 林毅編：軽構造の理論とその応用（上下），日科技連，1966.
[8] 日本機械学会：機械工学便覧
[9] 小林繁夫：航空機構造力学，丸善，1992.
[10] H.C. Martin: *Introduction to Matrix Methods of Structural Analysis*, McGraw-Hill, 1966, Section 4.2. （邦訳）吉識雅夫監訳：マトリックス法による構造力学の解法，培風館，1967.
[11] K.J. Bathe and E.L. Wilson: *Numerical Methods in Finite Element Analysis*, Prentice-Hall, Inc., 1976. （邦訳）菊池文雄訳：有限要素法の数値計算，科学技術出版社，1979.
[12] 信原泰夫，桜井達美，吉村信敏：有限要素法のプログラムデザイン，培風館，1972.
[13] 関谷壮，斉藤渥：薄板構造力学（復刻版），共立出版，1992.
[14] R.J. Allwood and G.M.M. Cornes: "A Polygonal Finite Element for Plate Bending Problems Using the Assumed Stress Approach", *Int. J. for Numerical Methods in Engineering*, Vol. 1, 1969, pp. 135–149.
[15] 小松敬治，戸田勧：円筒シェルの梁状曲げ振動について，航空宇宙技術研究所報告 NAL TR-502, 1977.
[16] S.P. Timoshenko: *Vibration Problems in Engineering*, Van Nostrand Co., Inc., 3rd edition, pp. 291–299, 1955.
[17] J. Thomas and B.A.H. Abbas: "Finite Element Model for Dynamic Analysis of Timoshenko Beam", *J. of Sound and Vibration*, Vol. 1, No. 3, pp. 291–299, 1975.
[18] 鷲津久一郎他編：有限要素法ハンドブック，培風館，1981.
[19] A.W. Leissa: "Vibration of Plates", *NASA SP-160*, 1969.
[20] 大野豊，磯田和男監修：新版数値計算ハンドブック，オーム社，1990.
[21] 川井忠彦：マトリックス法振動および応答，pp. 192–194, 培風館，1971.
[22] T.P. Sarafin (ed.): *Spacecraft Structures and Mechanisms*, Microcosm, Inc and Kluwer Academic Publishers (published jointly), 1995.
[23] R.W. Clough and J. Penzien: *Dynamics of Structures*, McGraw-Hill, 1975. （邦訳）大崎順彦他訳：構造物の動的解析，科学技術出版社，1993（原著 2nd edition）．
[24] 大崎順彦：地震動のスペクトル解析入門，鹿島出版会，1976.

[25] A.K. Gupta: *Response Spectrum Method in Seismic Analysis and Design of New Structures*, CRC Press, 1992.
[26] D.A. Smallwood and A.R. Nord: "Matching Shock Spectra with Sums of Decaying Sinusoids Compensated for Shaker Velocity and Displacement Limitations", *Shock and Vibration Bulletin*, No. 44, Part 3, pp. 43–56, 1974.
[27] 日野幹雄：スペクトル解析，朝倉書店，1977.
[28] モード解析ハンドブック編集委員会編：モード解析ハンドブック，コロナ社，2000.
[29] J.S. Bendat and A.G. Piersol: *RANDOM DATA: Analysis and Measurement Procedures*, John Wiley & Sons, Inc., 1971. （邦訳）得丸英勝他訳：ランダムデータの統計的処理，培風館，1976.
[30] R.K. Otnes and L. Enochson: *Applied Time Series Analysis*, John Wiley and Sons, 1978.
[31] N.M.M. Maia and J.M.M. Silva (editors): *Theoretical and Experimental Modal Analysis*, Research Studies Press LTD., pp. 102–109, 1997.
[32] S.H. Crandall and W.D. Mark: *Random Vibration in Mechanical Systems*, Academic Press, 1973. （邦訳）岡村秀勇訳：機械技術者のためのランダム振動，コロナ社，1975.
[33] J.W. Miles: "On Structural Fatigue Under Random Loading", *Journal of the Aeronautical Sciences*, pp. 753–762, Nov. 1954.
[34] S.O. Rice: "Mathematical Analysis of Random Noise", *Bell Syst. Tech. J.*, 23, 282–332 (1944), 24, 46–156 (1945), reprinted in N. Wax: *Selected Papers on Noise and Stochastic Processes*, Dover, New York, 1954.
[35] 多谷虎男：不規則振動解析，学会出版センター，1981.
[36] A. Powell: "On the Fatigue Failure of Structures Due to Vibrations Excited by Random Pressure", *J. Acoust. Soc. Am.*, Vol. 30, 1958, p. 1130.
[37] Military Handbook,Metallic Materials and Elements for Aerospace Vehicle Structures, MIL-HDBK-5H, 1998, Department of Defence, USA.
[38] J.P. Den Hartog: *Mechanical Vibrations, 4th edition*, McGraw-Hill, 1956. （邦訳）機械振動論，改訂版　（谷口修，藤井澄二共訳），コロナ社，1960.
[39] 小林繁夫：振動学，丸善，1994.
[40] 吉本堅一，松下修巳：Mathematicaで学ぶ振動とダイナミクスの理論，森北出版，2004.
[41] 振動工学ハンドブック編集委員会編：振動工学ハンドブック，養賢堂，1981.
[42] O.C. Zienkiewicz: *The Finite Element Method, Third Edition*, McGraw-Hill, 1977. （邦訳）吉識雅夫監訳：マトリックス有限要素法，三訂版，培風館，1984.
[43] E.F. Bruhn: *Analysis and Design of Flight Vehicle Structures*, Jacobs Publishing, Inc., 1973.
[44] Y.K. Lin: *Probabilistic Theory of Structural Dynamics*, McGraw-Hill, 1967. （邦訳）森大吉郎他訳：構造動力学の確率論的方法，培風館，1972.
[45] J. Wijker: *Mechanical Vibrations in Spacecraft Design*, Springer-Verlag, 2004.
[46] N.C. Nigam and S. Narayanan: *Applications of Random Vibrations*, Narosa Publishing House, New Delhi, 1994.
[47] 星谷勝：確率論的手法による振動解析，鹿島出版会，1974.

[48] P.H. Wirsching, T.L. Paez, and K. Ortiz: *Random Vibrations, Theory and Practice*, John Wiley and Sons, Inc., 1995.

振動学の古典的な教科書としては，[38], [16] があるが，原本／訳本とも絶版となっており現在入手できない．和書としては [1], [2] が入門書として推薦できる．また，連続体の振動まで記述してある [39] も上級編として推薦できる．回転体まで Mathematica 併用で記述してある [40] はユニークな教科書である．振動全般については [41] が詳しい．

有限要素法の教科書としては，Zienkiewicz のものがバイブルとなっており，現在第 4 版まで出版（邦訳も）されているが，版を重ねるごとに分厚くなって初心者には読みにくくなっている．できれば最新のものでなく古い版 [42] の方が本質をつかみやすい．Bathe の教科書 [11] は振動に力が入れてあり，これもよい教科書である．有限要素法の詳しいことについてはハンドブック [18] に記述してある．

板やシェル構造を扱うには構造力学全般の知識が必要である．[7] は大変優れた参考書であるが，現在図書館でしか見つけることはできないであろう．その圧縮版として，航空機と題名がついているが，[9] は一般機械構造物の技術者にも十分通用する．洋書としては [43] が設計現場での標準参考書となっている．

本書では，モード解析，とくに試験について書けなかったが，[28], [31] など近年多くの本が出版されている．モード解析の試験法としてもスペクトル解析は重要であるが，[27], [29] が優れた教科書である．一方で，ランダム振動については 1960 年代から 1970 年代に出版された名著（[44], [32], [23] など）がことごとく絶版となり，現在この方面の勉強をしようとすると困る状況にある．古本屋で見つけられたらぜひとも入手されることをお勧めする．

さくいん

■英字
ACM 要素　57
CFRP　7, 57
Co-Quad plot　193
FEM　28
FFT　177
FRF　190
GNUPLOT　13
level crossing　211
MATLAB　12
MaTX　12
Octave　12
Scilab　12
S-N 曲線　6, 229
U 字管　84

■あ行
アクセレランス　192
アルファ減衰　123
安全率　10
一様収束　113
一般化変位　162
イレギュラリティ　215
インパルス応答　83
インパルス応答関数　81, 191
ウィナー－ヒンチンの関係式　187
ウィルソンの θ 法　157
ウィンドウ関数　180
エイリアシング　178
エルゴードランダム過程　205
オイラー定数　226
オイラーの座屈荷重　125
応答倍率　80
応力　2
応力振幅　227
オーダー評価　103
オートスペクトル　187
表板　57

■か行
ガウス分布　206
確率分布関数　206
確率密度関数　206
慣性力　46
幾何剛性行列　127
逆フーリエ変換　175
共振　80
共振角振動数　75
共振現象　103
強制振動解　70
共分散行列　209
局所座標系　41
極値の数　214, 215
極値分布　221
曲率　19
許容応力　10
クロススペクトル　187
結合確率密度関数　209
減衰行列　123
減衰固有角振動数　72
減衰比　72
合応力　52
剛性　3
剛性行列　31
剛性減衰　123
剛性方程式　31
構造減衰　73, 123
構造減衰係数　123
高速フーリエ変換　177
剛体モード　164
降伏点　5
コードアングル　42
固有円振動数　70
固有角振動数　70
固有振動解析　105
固有振動数　70
固有値　106
固有ベクトル　106
コンプライアンス　192

■さ行
サンドイッチ板　56
材料設計　7
座屈　9
座屈荷重　125
サブスペース法　122
サンプリング定理　178
時間平均　205
軸力　125
自己相関関数　185
2 乗平均　206
実験的モード解析　193
質量行列　47
質量減衰　73, 123
シフティング　108
自由減衰波形　72
集合平均　205
自由振動解　70
集中質量行列　112
重調和方程式　53
周波数応答関数　190
主軸角　42
初期応力　124
初通過破壊　205, 220
初通過破壊確率　225
心材　56
伸縮振動　85
振動制御　80
振動絶縁　79, 80
振動伝達　76
スカイライン法　35
ステップ応答　82
スペクトル幅パラメータ　218
正規過程　212
正規座標　162
正規分布　206
整合質量行列　113
ゼロクロッシング　212
線形加速度法　157
全質量　166
線スペクトル　176

さくいん

全体座標系　41
せん断応力　4
せん断流れ　26
せん断ひずみ　4
塑　性　2
損失係数　124

■た　行

対数減衰率　72
体積含有率　8
ダイナミックダンパー　69, 240
耐　力　6
たたみこみ積分　83
縦振動　85
縦弾性係数　3
単位インパルス　83
単位初期応力　127
弾　性　2
弾性係数　4
弾性モード　164
単振子　83
断面係数　20
断面二次極モーメント　25
断面二次モーメント　19, 166
断面モーメント　52
断面力　52
チモシェンコはり　16, 100
超越方程式　90
直交性　106
定常ランダム過程　205
伝達率　76
等価応力　228
等価期待振動数　212
等価質量　99, 101
等価振動数　212
等価（線形）粘性減衰比　73
動吸振器　240
同時反復法　122
トラス構造　1

■な　行

ナイキスト振動数　178
二項分布　221
ニュートン - ラフソン法　90

ニューマークの β 法　157
ねじり剛性　25
ねじり振動　86
ねじり率　24
粘性減衰係数　69

■は　行

ハイブリッド応力法　60
ハウスホルダー法　122
破壊応力　10, 229
破壊法則　229
破壊モード　11
ハニカムサンドイッチ板　56
パームグレン - マイナー則　229
はり　16
パワースペクトル　183
パワースペクトル密度　184
パワー法　122
反共振点　191
バンド行列法　35
ひずみ　2
ひずみエネルギー　45
比弾性率　7
標準型　105
標準正規分布　207
標準偏差　206
疲　労　6
疲労試験　227
疲労耐久限　6
疲労破壊　205
ピン結合　1
複合材料　7
複合則　8
複素フーリエ級数　174
フックの法則　3
物体力　46
フーボルト法　157
フーリエ級数　173
フーリエ係数　174
フーリエスペクトル　176
フーリエ積分　175
フーリエ変換　175
プリプレグシート　57
分岐座屈　128

分　散　206
平均値　206
平面応力状態　49
べき乗法　122, 128
ベータ減衰　123
ベルヌーイ - オイラーはり　16
変位関数　30
変換行列　41
変数分離　86
変動係数　206
ポアソン比　3
ポアソン分布　222
ポテンシャルエネルギー最小の原理　47

■ま　行

マイルズの式　196
曲げ剛性　20, 53
免　震　80
モーダルパラメータ　192
モード解析　162
モード寄与率　164
モード座標　162
モード重畳法　162

■や　行

ヤコビ法　122
ヤング率　3
有限要素法　28
有効モード質量　163
有効モード質量比　166
横弾性係数　4

■ら　行

ライス分布　218
ラーメン構造　1
臨界減衰係数　70
累積分布関数　206
ルンゲ - クッタ - ギル法　157
レジデュ　193
レーリー減衰　73, 123
レーリー分布　218
連続スペクトル　176

著者略歴

小松　敬治（こまつ・けいじ）
- 1949 年　広島県広島市に生まれる
- 1972 年　東京大学工学部航空学科卒業
- 1972 年　航空宇宙技術研究所入所
- 1993 年　航空宇宙技術研究所衝撃研究室長
- 1995 年　航空宇宙技術研究所構造動力学研究室長
- 2003 年　（独）宇宙航空研究開発機構宇宙科学研究所教授
- 2004 年　総合研究大学院大学物理科学研究科教授（兼務，2010 まで）
- 2010 年　東京大学大学院工学研究科教授（兼務）
- 2015 年　（独）宇宙航空研究開発機構名誉教授
  　　　　現在に至る
  　　　　日本機械学会フェロー，工学博士
  　　　　専攻：構造力学，流力弾性学，航空宇宙工学

著書　Progress in Boundary Element Methods, Volume 2（1983，共著），Pentech Press
　　　モード解析の基礎と応用（1986，分担執筆），丸善
　　　モード解析ハンドブック（2000，分担執筆），コロナ社
　　　人工衛星と宇宙探査機（2001，共著），コロナ社
　　　スペクトル解析ハンドブック（2004，分担執筆），朝倉書店
　　　人工衛星の力学と制御ハンドブック（2007，分担執筆），培風館
　　　機械構造弾性力学（2013），森北出版
　　　スロッシング（2015），森北出版

機械構造振動学　　　　　　　　　　　　Ⓒ 小松敬治　2009

2009 年　3 月 12 日　第 1 版第 1 刷発行　【本書の無断転載を禁ず】
2020 年 10 月 14 日　第 1 版第 3 刷発行

著　　者　小松敬治
発 行 者　森北博巳
発 行 所　森北出版株式会社
　　　　　東京都千代田区富士見 1-4-11（〒102-0071）
　　　　　電話 03-3265-8341 ／ FAX 03-3264-8709
　　　　　https://www.morikita.co.jp/
　　　　　日本書籍出版協会・自然科学書協会・工学書協会　会員
　　　　　JCOPY ＜（一社）出版者著作権管理機構　委託出版物＞

落丁・乱丁本はお取替えいたします　　印刷／ワコープラネット・製本／協栄製本
　　　　　　　　　　　　　　　　　　組版／プレイン

Printed in Japan ／ ISBN978-4-627-66611-5

出版案内

Scilabで学ぶ
わかりやすい数値計算法

川田昌克／著

菊判・224 頁・ISBN978-4-627-09611-0

工学のさまざまな分野において広く用いられている数値計算法を，Matlabのクローンソフトであるフリーの数値計算ソフトScilabを用いてわかりやすく解説した入門書．付録にScilabのインストールから基本的な使用法をまとめた．

ホームページからもご注文できます

http://www.morikita.co.jp/